기초 탄탄, 성적 쑥쑥
시험에 나올만한 문제는 모두 모았다!

문제은행

3000제
꿀꺽수학

중3하

수학은국격

수학 시험에서 항상 100점을 맞는 비결은 무엇인가?

수학의 고수가 되는 길은 무엇인가?

많은 학생들이 수학은 어렵고 골치 아픈 과목이라고 생각한다. 그러나 스스로에게 맞는 공부 방법을 찾아 꾸준히 노력한다면 수학의 고수가 되는 일도 현실이 될 수 있다.

수학을 잘 하려면 같은 문제를 여러 번 반복해서 풀어야 한다.

일단 수학 문제의 바다로 뛰어든 다음 그 바다를 헤엄쳐 나가야 한다.

STEP 1_ 교과서 이해

교과서 보기 수준의 문제를 수록하여 교과서 개념을 완벽하게 이해할 수 있도록 구성하였다.

▶ 수학의 기초 실력을 탄탄하게 확립하는 단계이다. 수학은 무엇보다 기본 개념이 중요하므로 빠트리지
  밀고 정복하도록 하사.

STEP 2_ 개념탄탄

학교 시험에 나올 만한 문제 중에서 간단한 계산, 기본 개념 이해를 확인할 수 있는 문제로
구성하였다.

▶ 기본적인 계산, 개념 이해도를 확인할 수 있는 단계이다. 학교 시험의 기초가 되는 중요한 과정이므로
  확실히 익혀 두자.

STEP 3_ 실력완성

계산, 이해, 문제 해결 능력을 고루 신장시킬 수 있도록 다양한 문제 유형으로 구성하였다.

▶ 학교 시험에서 출제 가능한 모든 문제 유형이 총망라되었다. 고득점의 베이스를 마련할 수 있는 중요
  한 과정이므로 최소한 세 번 이상 반복하여 학습하도록 하자.

STEP 4_ 유형클리닉

각 중단원 별로 실수하기 쉬운 유형이나 고난도의 유형을 모아 핵심적인 해결포인트를 함께
제시하였다.

▶ 각 문제별 해결포인트를 참고하여 더욱 완벽한 문제 해결을 위해 노력하자.

수학은 문제 풀이에서 시작해서 문제 풀이로 끝나는 과목이라고 해도 과언이 아니다. 아무리 수학의 기본 원리와 공식을 줄줄 꿰고 있더라도 문제에 적용할 수 없다면 좋은 성적을 얻기 힘들다. 결국, 수학을 잘 하기 위해서는 「많은 문제를 반복해서 여러 번」 풀어 보는 것이 가장 좋은 방법이다.

〈꿀꺽수학〉은 학교 시험에 나올 수 있는 문제를 총망라하여 단계별로 구성한 문제은행이다.

특히, 비슷한 유형의 문제가 각 단계별로 난이도를 달리하여 여러 번 반복해서 풀어 볼 수 있도록 구성되어 수학에 자신감이 부족한 학생들에게는 최상의 문제집이 될 것이다.

이 책의 구성

STEP 5_ 서술형 만점 대비

서술형 연습을 위한 코너 채점기준표를 참고하여 단계별 점수를 확인할 수 있게 구성하였다.

▶ 서술형의 비중이 높아지고 있으므로 문제 풀이에서 꼭 필요한 단계를 빠트리지 않도록 충분히 연습하도록 하자.

STEP 6_ 도전 1등급

대단원별로 변별력 제고를 위한 고난도의 문제와 핵심 해결 전략을 제시하였다.

▶ 각 문제의 핵심 해결 전략을 참고하여 완벽하게 학교 시험에 대비하자.

STEP 7_ 대단원 성취도 평가

중간/기말고사 대비를 위하여 대단원별 성취도를 평가할 수 있도록 구성하였다.

▶ 수학의 기초 실력을 탄탄하게 확립하는 단계이다. 수학은 무엇보다 기본 개념이 중요하므로 빠트리지 말고 정복하도록 하자.

SPECIAL STEP 내신 만점 테스트

학교 시험 대비를 위한 코너, 중간고사 대비 2회분, 기말고사 대비 2회분으로 구성하였다.

IV
대푯값과 산포도

{ 1. 대푯값과 산포도 }

Step 1
교과서 이해

정답 p. 2

1 대푯값

01 자료 전체의 특징을 대표적으로 나타내는 값을 그 자료의 [ ]이라고 한다.

02 전체 변량의 총합을 변량의 개수로 나눈 값을 [ ]이라고 한다.

03 자료의 변량을 작은 값부터 순서대로 나열할 때, 중앙에 위치하는 값을 그 자료의 [ ]이라고 한다.

04 자료의 변량 중에서 가장 많이 나타나는 값을 그 자료의 [ ]이라고 한다.

05 다음 자료의 평균을 구하여라.

6 7 6 5 4 10 5 6 9 7

06 다음 자료의 평균이 72일 때, x의 값을 구하여라.

70 67 x 72 63 80

07 다음 표는 동이네 중학교 3학년 학생 수를 반별로 조사하여 나타낸 것이다. 한 반의 학생 수의 평균이 31명일 때, 5반의 학생 수를 구하여라.

반	1	2	3	4	5	6	7
학생 수(명)	29	30	32	31		28	31

[08~10] 다음 자료의 중앙값을 구하여라.

08 1, 2, 6, 3, 5

09 9, 1, 8, 3, 7, 4, 6

10 3, 4, 9, 7, 4, 5, 6, 4, 3, 8, 3

11 자료 35, 44, 45, x의 중앙값이 41일 때, x의 값을 구하여라.

12 다음 자료의 최빈값을 구하여라.

| 4 5 7 7 8 2 4 4 |

[13~16] 다음 자료의 최빈값을 구하여라.

13 4, 5, 7, 4, 9, 9, 1, 7, 2, 9

14 6, 3, 1, 2, 5, 3, 7, 5, 4, 1, 2, 5

15 3, 2, 3, 4, 5, 6, 3, 1, 3, 5, 1, 1, 3, 2, 4

16 9, 4, 6, 7, 5, 6, 1, 7, 6, 5, 3, 5, 7, 8, 6, 5, 4, 6, 8, 3, 5

17 다음 자료는 학생 20명의 1분 동안의 맥박 수를 측정하여 나타낸 것이다. 맥박 수의 최빈값과 중앙값을 각각 구하여라.

(단위 : 회)

| 71 73 70 67 71 72 70 69 67 68 |
| 74 70 66 66 68 69 72 67 68 70 |

18 다음 자료는 학생 7명의 턱걸이 횟수를 조사하여 나타낸 것이다. 이 자료의 평균과 최빈값이 같을 때, x의 값을 구하여라.

(단위 : 회)

| 10 7 x 7 6 7 8 |

19 5개의 변량을 그 값이 작은 것부터 순서대로 나열하였더니 7, 9, 10, 12, x이었다. 이 자료의 평균과 중앙값이 같을 때, x의 값을 구하여라.

20 다음 자료는 경미네 모둠 학생 10명의 팔굽혀펴기 기록을 조사하여 나타낸 것이다. 평균이 5회일 때, 이 자료의 최빈값과 중앙값을 각각 구하여라.

(단위 : 회)

| 2 4 5 x 8 7 6 3 6 3 |

2 산포도와 편차

21 자료의 분포 상태를 알아보기 위해 변량들이 흩어져 있는 정도를 하나의 수로 나타낸 값을 그 자료의 ☐☐☐라고 한다.

22 변량에서 평균을 뺀 값을 그 변량의 ⬚ 라고 한다.

23 학생 5명의 몸무게에 대한 편차가 각각 다음과 같을 때, x의 값을 구하여라.

(단위 : kg)

-3	5	x	-2	1

24 다음 표는 A, B, C, D, E 5명의 학생의 줄넘기 기록의 편차를 나타낸 것이다. 5명의 줄넘기 기록의 평균이 190회일 때, C의 줄넘기 기록을 구하여라.

학생	A	B	C	D	E
편차(회)	4	-12		8	-6

25 다음 자료는 혜미네 모둠 6명의 수학 수행평가 점수를 나타낸 것이다. 각 변량에 대한 편차를 구하여라.

(단위 : 점)

14	13	12	15	19	17

3 분산과 표준편차

26 편차를 제곱한 값의 평균을 ⬚ 이라고 한다.

27 분산의 음이 아닌 제곱근을 ⬚ 라고 한다.

28 다음 표는 A, B, C, D, E, F 6명의 학생의 몸무게의 편차를 구하여 제곱한 값을 나타낸 것이다. 이때 6명의 학생의 몸무게의 분산과 표준편차를 각각 구하여라.

(단, 몸무게의 단위는 kg이다.)

학생	A	B	C	D	E	F
(편차)^2	4	9	4	0	9	16

29 다음은 어떤 자료의 표준편차를 구하는 과정을 나타낸 것이다. 순서대로 나열하여라.

(ㄱ) 각 변량에 대한 편차를 구한다.
(ㄴ) 평균을 구한다.
(ㄷ) 분산을 구한다.
(ㄹ) 편차의 제곱을 구한다.
(ㅁ) 분산의 음이 아닌 제곱근을 구한다.

30 5개의 변량에 대한 편차가 각각 1, -3, 0, -2, 4일 때, 분산을 구하여라.

[31~34] 다음 자료의 표준편차를 구하여라.

31 7, 9, 9, 15

32 13, 15, 21, 19, 17

33 5, 5, 6, 6, 6, 2

34 6, 8, 7, 5, 4, 5, 7

35 분산이 변량의 제곱의 평균에서 평균의 제곱을 뺀 값과 같음을 이용하여 다음 자료의 표준편차를 구하여라.

6	10	9	8	7

4 도수분포표에서의 평균, 분산, 표준편차

36 다음 표는 어떤 자료의 편차와 도수를 나타낸 것이다. 이 자료의 분산과 표준편차를 각각 구하여라.

편차	-2	-1	0	1	2	3
도수	3	5	5	4	2	1

[37~39] 오른쪽 도수분포표는 남학생 20명의 신발 크기를 조사하여 나타낸 것이다. 다음에 답하여라.

신발 크기(mm)	도수(명)
260	3
265	5
270	7
275	3
280	2
합계	20

37 평균을 구하여라.

38 분산을 구하여라.

39 표준편차를 구하여라.

[40~42] 오른쪽 도수분포표는 어느 학급 학생 20명의 수학 쪽지 시험 점수를 조사하여 나타낸 것이다. 다음에 답하여라.

점수(점)	도수(명)
$60^{이상}$ ~ $70^{미만}$	4
70 ~ 80	8
80 ~ 90	6
90 ~ 100	2
합계	20

40 평균을 구하여라.

41 분산을 구하여라.

42 표준편차를 구하여라.

43 오른쪽 도수분포표는 어느 학급 학생 25명을 대상으로 한 달 동안 읽은 책의 수를 조사하여 나타낸 것이다. 이 자료의 분산을 구하여라.

점수(점)	도수(명)
$0^{이상}$ ~ $4^{미만}$	4
4 ~ 8	5
8 ~ 12	7
12 ~ 16	5
16 ~ 20	4
합계	25

01 어느 중학교 3학년은 남학생이 102명, 여학생이 98명이다. 이들의 국어 성적을 조사하였더니 전체 학생의 평균은 72.49점이고, 남학생의 평균은 72점이었다. 이때 여학생의 평균을 구하여라.

02 네 명의 체조 선수 A, B, C, D가 경기를 한 결과, A선수의 점수는 B선수보다 0.5점이 낮고, C선수보다는 0.2점이 높으며, 네 명의 점수의 평균보다는 0.3점이 낮다고 한다. A선수의 점수가 8.6점일 때, D선수의 점수를 구하여라.

03 다음 중 대푯값에 속하는 것을 모두 골라 그 기호를 써라.

(ㄱ) 평균	(ㄴ) 분산
(ㄷ) 편차	(ㄹ) 최빈값
(ㅁ) 표준편차	(ㅂ) 중앙값

04 다음 자료 중에서 평균을 대푯값으로 하기에 적절하지 <u>않은</u> 것은?

① 8, 8, 8, 8, 8, 8
② 50, 50, 51, 52, 52, 53
③ 100, 110, 130, 140, 150, 120
④ 10, 11, 10, 12, 10, 100
⑤ 20, 20, 20, 30, 30, 30

05 다음 □ 안의 (개)~(라)에 알맞은 것을 바르게 짝지은 것은?

> 민수네 반 학생 5명의 몸무게를 재었더니 각각 62kg, 52kg, 56kg, 60kg, 98kg이었다. 이들의 평균은 (개) kg이지만, 4명의 몸무게가 (개) kg보다 작고, 1명의 몸무게만 (개) kg보다 크다. 따라서 (개) kg을 5명의 학생의 몸무게의 (나) 으로 하는 것은 적절하지 않다. 이 경우에는 이 자료의 중앙에 위치하는 값인 (다) kg을 대푯값으로 하는 것이 적절하다. 이때 (다) kg은 대푯값 중 (라) 에 해당한다.

(개)	(나)	(다)	(라)
① 65.6,	대푯값,	60,	최빈값
② 65.6,	대푯값,	60,	평균
③ 65.6,	대푯값,	60,	중앙값
④ 65.6,	산포도,	60,	평균
⑤ 65.6,	산포도,	60,	중앙값

06 다음 표는 A, B, C, D, E 5명의 학생들의 10회에 걸친 사회 쪽지 시험 결과에 대한 평균과 표준편차를 나타낸 것이다. 성적이 가장 고른 학생을 말하여라.

학생	A	B	C	D	E
평균(점)	88	92	90	91	93
표준편차(점)	5	4	6	3	8

07 오른쪽 히스토그램은 어느 중학교 3학년 1반 학생들의 통학 시간을 조사하여 나타낸 것이다. 통학 시간의 평균을 a분, 최빈값을 b분, 중앙값을 c분이라고 할 때, $a+b-c$의 값을 구하여라.

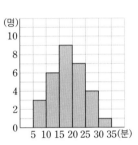

08 자료 'a, b, c, d, e'의 평균이 M일 때, 자료 '$a+4$, $b+8$, $c-3$, $d+1$, $e-1$'의 평균을 M에 대한 식으로 나타내어라.

09 다음 표는 현주가 일주일 동안 실시한 윗몸일으키기 횟수의 편차를 나타낸 것이다. 윗몸일으키기 횟수의 표준편차를 구하여라.

요일	월	화	수	목	금	토	일
편차(회)	3	−1	2		0	1	−3

10 5명의 학생의 키에 대한 편차가 각각 a, −4, −3, 1, 4일 때, 표준편차를 구하여라.
(단, 키의 단위는 cm이다.)

11 다음 중 옳지 <u>않은</u> 것은?

① 편차는 평균에서 변량을 뺀 값이다.
② 편차의 합은 0이다.
③ 평균보다 작은 변량의 편차는 음이다.
④ 편차의 절댓값이 작을수록 평균에 가깝다.
⑤ 표준편차는 평균을 중심으로 변량들이 흩어져 있는 정도를 나타낸다.

12 n개의 변량 x_1, x_2, $\cdots$, x_n의 평균이 100이고, 분산이 100일 때, x_1^2, x_2^2, $\cdots$, x_n^2의 평균을 구하여라.

01 n개의 변량 x_1, x_2, $\cdots$, x_n의 평균이 6일 때, 다음 자료의 평균을 구하여라.

$$\frac{1}{3}(x_1+2), \ \frac{1}{3}(x_2+2), \ \cdots, \ \frac{1}{3}(x_n+2)$$

서술형

02 어느 중학교 3학년 1반의 수학 시험의 평균은 65점, 2반의 수학 시험의 평균은 70점이다. 1반과 2반 전체의 평균이 68점일 때, 1반과 2반의 학생 수의 비를 가장 간단한 자연수의 비로 나타내어라.

(단, 풀이 과정을 자세히 써라.)

03 3개의 변량 a, b, c의 평균이 21일 때, 6개의 변량 25, 20, a, b, c, 18의 평균은?

① 19   ② 20
③ 21   ④ 22
⑤ 23

04 다음 중 옳지 <u>않은</u> 것은?

① 각 변량의 편차의 평균은 0이다.
② 편차의 절댓값이 작은 변량일수록 평균에 가깝다.
③ 표준편차는 대푯값의 일종이다.
④ 분산의 음이 아닌 제곱근이 표준편차이다.
⑤ 변량들이 고르게 분포되어 있을수록 표준편차는 작아진다

05 다음은 미선이의 10일간의 수면 시간을 조사하여 나타낸 것이다. 수면 시간의 평균, 중앙값, 최빈값을 각각 A시간, B시간, C시간이라고 할 때, A, B, C의 대소 관계를 바르게 나타낸 것은?

9 7 8 7 8 8 6 6 7 8

① $A<B<C$ ② $A<C<B$
③ $B<A<C$ ④ $C<A<B$
⑤ $C<B<A$

06 다음은 6개의 자료를 그 값이 작은 것부터 순서대로 나열한 것이다. 이 자료의 중앙값이 10일 때, 평균을 구하여라.

4 6 x 12 13 17

07 오른쪽 표는 예원이가 친구들의 취미 활동을 조사하여 나타낸 것이다. 이 자료의 최빈값은?

취미 활동	학생 수(명)
음악 감상	5
독서	12
영화 감상	7
스포츠 댄스	4
컴퓨터 게임	5

① 음악 감상　　② 독서
③ 영화 감상　　④ 스포츠 댄스
⑤ 컴퓨터 게임

08 네 개의 변량 8, 10, 17, a의 중앙값이 10일 때, a의 값을 구하여라.

09 오른쪽 도수분포표에 대한 설명이 옳은 것을 〈보기〉에서 모두 고르면?

계급	도수
$0^{이상}$ ~ $10^{미만}$	7
10 ~ 20	14
20 ~ 30	11
30 ~ 40	5
40 ~ 50	2
50 ~ 60	1
합계	40

┃ 보기 ┃
(ㄱ) 최빈값은 15이다.
(ㄴ) 중앙값은 20이다.
(ㄷ) 평균은 21이다.

① (ㄱ)　　　　② (ㄴ)
③ (ㄱ), (ㄷ)　　④ (ㄴ), (ㄷ)
⑤ (ㄱ), (ㄴ), (ㄷ)

서술형

10 예진이는 네 번의 시험에서 각각 85점, 88점, 92점, x점을 받았다. 시험 점수의 중앙값은 90점이지만 평균은 90점 미만이었다. 이때 x의 값이 될 수 있는 자연수의 개수를 구하여라. (단, 풀이 과정을 자세히 써라.)

11 오른쪽 도수분포표는 형석이네 반 학생들의 수학 성적을 조사하여 나타낸 것이다. 이 자료의 평균이 68점일 때, x, y의 값은?

계급(점)	도수(명)
$50^{이상}$ ~ $60^{미만}$	5
60 ~ 70	x
70 ~ 80	4
80 ~ 90	y
90 ~ 100	1
합계	20

① $x=5$, $y=5$　　② $x=6$, $y=4$
③ $x=7$, $y=3$　　④ $x=8$, $y=2$
⑤ $x=9$, $y=1$

12 두 자연수 a, b에 대하여 자료 '1, 2, a, b, 5'의 중앙값은 4이고, 자료 '8, a, b, 12'의 중앙값은 7일 때, $a+b$의 값을 구하여라. (단, $a<b$)

13 오른쪽 도수분포표는 현주네 반 학생 30명이 일주일 동안 군것질을 한 횟수를 조사하여 나타낸 것이다. 이 자료의 평균을 a회, 중앙값을 b회, 최빈값을 c회라고 할 때, $a+b+c$의 값을 구하여라.

계급(회)	도수(명)
$0^{이상} \sim \ 2^{미만}$	8
2 $\sim$ 4	6
4 $\sim$ 6	9
6 $\sim$ 8	4
8 $\sim$ 10	3
합계	30

14 다음 표는 솔지의 4회에 걸친 수학 성적에 대한 편차를 나타낸 것이다. 수학 성적의 평균이 83점일 때, 2회 때의 수학 성적은?

횟수(회)	1	2	3	4
편차	-1	x	-5	2

① 83점   ② 85점
③ 87점   ④ 89점
⑤ 91점

(서술형)

15 자료 '2, 4, 6, 8, x'의 표준편차가 2일 때, x의 값을 구하여라.
(단, 풀이 과정을 자세히 써라.)

16 다음 자료는 A, B 두 모둠의 수학 성적을 나타낸 것이다. 다음 중 옳은 것은?

(단위 : 점)

[A모둠] 74, 80, 86, 82, 78, 80, 80, 80, 80
[B모둠] 70, 90, 60, 100, 70, 80, 90, 50, 90

① A모둠의 평균과 B모둠의 평균은 같다.
② A모둠은 평균, 중앙값, 최빈값이 모두 같다.
③ B모둠의 평균과 중앙값은 같다.
④ B모둠의 중앙값은 평균보다 작다.
⑤ B모둠의 최빈값은 중앙값보다 작다.

17 5개의 변량 a, b, c, d, e의 합이 10이고, $a^2+b^2+c^2+d^2+e^2=100$ 일 때, a, b, c, d, e의 분산을 구하여라.

(서술형)

18 5개의 변량 14, x, 16, y, 18의 평균이 16, 분산이 5일 때, x^2+y^2의 값을 구하여라.
(단, 풀이 과정을 자세히 써라.)

19 4개의 변량 a, b, c, d의 평균이 21이고, 표준편차가 3일 때, 4개의 변량 $a+2$, $b+2$, $c+2$, $d+2$의 평균과 표준편차를 차례로 구하면?

① 21, 3
② 21, 5
③ 23, 3
④ 23, 5
⑤ 23, 9

20 n개의 변량 x_1, x_2, x_3, $\cdots$, x_n의 평균이 10이고 표준편차가 $\sqrt{2}$일 때, 변량 x^2_1, x^2_2, x^2_3, $\cdots$, x^2_n의 평균을 구하여라.

21 5개의 변량 a, b, c, d, e의 평균이 7이고 분산이 5일 때, 5개의 변량 $2a$, $2b$, $2c$, $2d$, $2e$의 평균과 분산을 각각 구하여라.

22 다음 도수분포표는 지현이네 반 학생 20명의 과학 성적을 조사하여 만든 것이다. 이 자료의 분산을 e라고 할 때, $a+b+c+d+e$의 값을 구하여라.

계급(점)	도수(명)	계급값	(계급값)×(도수)	편차	(편차)²×(도수)
60이상 ~ 70미만	4	65	260	-14	784
70 ~ 80	6	75	450	c	d
80 ~ 90	8	a	b	6	288
90 ~ 100	2	95	190	16	512
합계	20				

23 다음 표는 영표가 지난 주에 등교할 때, 버스를 기다린 시간에 대한 편차를 나타낸 것이다. 버스를 기다린 시간의 평균이 10분이고 분산이 8일 때, 수요일과 금요일에 버스를 기다린 시간을 각각 구하여라. (단, $x>0$)

요일	월	화	수	목	금
편차(분)	5	-3	x	-2	$-x$

24 오른쪽 도수분포 다각형은 은아네 반 학생들의 영어 성적을 조사하여 나타낸 것이다. 이 자료의 표준편차가 $2\sqrt{a}$점일 때, a의 값은?

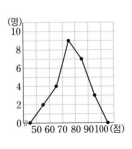

① 15
② 22
③ 29
④ 30
⑤ 31

25 오른쪽 히스토그램은 민국이네 반 학생 20명의 국어 성적을 조사하여 나타낸 것인데 일부가 찢어져 보이지 않는다. 이 자료의 표준편차를 구하여라.

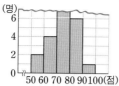

서술형

26 7개의 변량 x_1, x_2, x_3, ⋯, x_7의 평균은 4이고, 표준편차는 2이다. $x_8 = 5$, $x_9 = 7$, $x_{10} = 10$일 때, 10개의 변량 x_1, x_2, x_3, ⋯, x_{10}의 평균과 분산을 각각 구하여라.

(단, 풀이 과정을 자세히 써라.)

27 다음 표는 재영이네 반의 A모둠과 B모둠 학생들이 제기차기를 한 결과를 나타낸 것이다. A모둠과 B모둠 학생 20명 전체의 제기차기 횟수의 분산을 구하여라.

	학생 수(명)	평균(회)	표준편차(회)
A모둠	12	15	2
B모둠	8	20	3

28 아래의 표는 중학교 3학년 학생들의 1학기 기말 고사 수학 성적의 결과이다. 다음 설명 중 옳은 것은?

	1반	2반	3반	4반	5반
평균(점)	72	78	78	81	75
표준편차(점)	8.6	7.9	4.2	10.4	9.2

① 1반에는 성적이 90점 이상인 학생이 없다.
② 1반의 학생 수가 2반의 학생 수보다 많다.
③ 3반의 성적이 2반의 성적보다 고르다.
④ 성적이 90점 이상인 학생은 3반보다 4반에 더 많이 있다.
⑤ 수학 점수가 가장 높은 학생은 4반에 있다.

29 다음 도수분포다각형은 윤미네 중학교 3학년 1반과 2반 학생들의 일주일 동안의 독서 시간을 조사하여 나타낸 것이다. 〈보기〉에서 옳은 것을 모두 골라라.

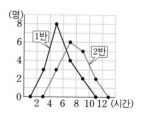

┤ 보기 ├

(ㄱ) 평균은 1반이 더 크다.
(ㄴ) 1반과 2반의 중앙값은 같다.
(ㄷ) 최빈값은 1반이 더 크다.
(ㄹ) 2반의 중앙값과 최빈값은 같다.

유형 01

5개의 변량 5, 6, 7, a, b의 평균이 5이고 분산이 2일 때, a, b의 곱 ab의 값을 구하여라.

> **해결포인트** $(\text{평균}) = \dfrac{(\text{변량})의\ \text{총합}}{(\text{변량})의\ \text{개수}}$ 이고 분산은 편차의 제곱의 평균, 즉 $(\text{분산}) = \dfrac{(\text{편차})^2의\ \text{총합}}{(\text{변량})의\ \text{개수}}$ 임을 이용하여 에 관한 식을 얻는다.

유형 02

아래 도수분포표는 바로네 반 학생들의 봉사 활동 시간을 조사하여 나타낸 것이다. 이 자료의 표준편차를 구하여라.

봉사 시간(시간)	도수(명)
$0^{이상} \sim\ \ 2^{미만}$	4
2 $\sim$ 4	8
4 $\sim$ 6	16
6 $\sim$ 8	8
8 $\sim$ 10	4
합계	40

> **해결포인트** $(\text{평균}) = \dfrac{(\text{변량})의\ \text{총합}}{(\text{변량})의\ \text{개수}}$, $(\text{편차}) = (\text{변량}) - (\text{평균})$, $(\text{분산}) = \dfrac{(\text{편차})^2의\ \text{총합}}{(\text{변량})의\ \text{개수}}$ 이고 표준편차는 분산의 음이 아닌 제곱근임을 이용한다.

확인문제

1-1 두 수 x, y의 평균이 8이고 분산이 5일 때, $x^2 + y^2$의 값을 구하여라.

1-2 5개의 변량 a, b, 9, 10, 13의 평균이 11이고 분산이 2일 때, a, b의 값을 각각 구하여라. (단, $a < b$)

확인문제

2-1 다음 도수분포표는 어느 반 학생 30명의 역사 점수를 조사하여 나타낸 것이다. 이 자료의 표준편차를 y라 할 때, $x+y$의 값을 구하여라.

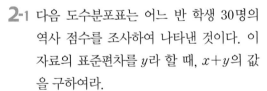

계급(점)	도수(명)
$40^{이상} \sim\ 50^{미만}$	1
50 $\sim$ 60	3
60 $\sim$ 70	x
70 $\sim$ 80	8
80 $\sim$ 90	9
90 $\sim$ 100	4
합계	30

1 6개의 변량 a, b, c, 3, 6, 6의 평균이 5 이고 표준편차가 2일 때, 3개의 변량 a, b, c의 표준편차를 구하여라.

(단, 풀이 과정을 자세히 써라.)

3 5개의 변량 a, b, c, d, e의 평균이 2, 표준편차가 5일 때,

$$f(t) = (a-t)^2 + (b-t)^2 + (c-t)^2 + (d-t)^2 + (e-t)^2$$

의 최솟값을 구하여라.

(단, 풀이 과정을 자세히 써라.)

2 5개의 변량 4, x, 5, $11-x$, 10의 분산이 9.2일 때, x의 값을 구하여라.

(단, 풀이 과정을 자세히 써라.)

4 가로의 길이가 x, 세로의 길이가 y, 높이가 z인 직육면체의 12개의 모서리의 길이의 평균이 8, 표준편차가 2이다. 이때 직육면체의 6개의 면의 넓이의 평균을 구하여라. (단, 풀이 과정을 자세히 써라.)

정답 p. 12

01 네 개의 변량 4, 6, x, 9의 평균은 세 개의 변량 4, 6, x의 평균보다는 크고, 6, x, 9의 평균보다는 작다고 한다. 이때 자연수 x의 최댓값을 구하여라.

(평균)$=\dfrac{(변량)의\ 총합}{(변량)의\ 개수}$ 임을 이용한다.

02 다음 조건을 모두 만족하는 자연수 x의 개수를 구하여라.

> ㈎ 5개의 변량 12, 15, 23, 30, x의 중앙값은 23이다.
> ㈏ 4개의 변량 26, 30, 35, x의 중앙값은 28이다.
> ㈐ 4개의 변량 17, 20, 24, x의 중앙값은 22이다.

변량을 크기가 작은 것부터 순서대로 나열하여 변량의 개수가 홀수이면 중앙에 있는 값이 중앙값이고, 변량의 개수가 짝수이면 중앙에 있는 두 값의 평균이 중앙값이다.

03 다음 표는 진호가 6회에 걸쳐 받은 양궁 점수를 나타낸 것이다. 양궁 점수의 평균이 8점일 때, 표준편차가 가장 작게 나오도록 하는 자연수 a, b의 순서쌍 (a, b)를 구하여라. (단, $a<b$)

회	1	2	3	4	5	6
점수(점)	6	8	9	10	a	b

표준편차가 가장 작게 나오려면 분산이 가장 작아야 함을 이용한다.

04 태영이가 활동하는 사진반 학생 12명의 키의 평균을 구하는데 키가 168 cm인 태영이의 키를 잘못 측정하여 평균이 2 cm 낮게 구해졌다. 이때 태영이의 키를 얼마로 측정한 것인지 구하여라.

(평균)$=\dfrac{(변량)의\ 총합}{(변량)의\ 개수}$ 임을 이용한다.

05 다음 세 자료 A, B, C의 표준편차를 각각 a, b, c라 할 때, a, b, c의 대소 관계를 바르게 나타낸 것은?

> [자료A] 1, 2, 3, 4, 5, 6, 7, 8, 9, 10
> [자료B] 11, 12, 13, 14, 15, 16, 17, 18, 19, 20
> [자료C] 2, 4, 6, 8, 10, 12, 14, 16, 18, 20

① $a=b=c$ 　② $a=b<c$ 　③ $a<b=c$

④ $a=c<b$ 　⑤ $a<b<c$

세 자료 A, B, C의 변량을 각각 a_i, b_i, $c_i(i=1, 2, \cdots, 10)$라고 하면 $b_i=a_i+10$, $c_i=2a_i$인 관계가 성립함을 이용한다.

06 오른쪽 표에서 두 모둠 A, B를 합한 20명의 점수의 표준편차를 구하여라.

	A모둠	B모둠
학생 수(명)	8	12
평균(점)	12	17
표준편차(점)	4	6

먼저 20명 전체의 평균을 구한 후, 분산이 변량의 제곱의 평균에서 평균의 제곱을 뺀 값과 같음을 이용한다.

07 5개의 변량 $(x-1)^2$, $(x-2)^2$, $(x-3)^2$, $(x-4)^2$, $(x-5)^2$의 평균을 M이라 할 때, M의 값이 최소가 되도록 하는 x의 값을 구하여라.

(평균)$=\dfrac{\text{(변량)의 총합}}{\text{(변량)의 개수}}$ 이므로 주어진 5개의 변량의 평균 M은 x에 대한 이차식으로 나타난다.

08 자료 'a, b, c, 8, 9, 9, 12, 14'의 중앙값은 11, 최빈값은 12일 때, $a+b+c$의 값을 구하여라.

주어진 자료에서 9가 2개 있으므로 최빈값이 12가 되려면 12는 최소한 3개 이상이어야 한다.

객관식 [각 5점]

01 네 개의 변량 x, 42, 51, 52의 중앙값이 48일 때, x의 값은?

① 43   ② 44   ③ 45

④ 46   ⑤ 47

02 자료 '2, 10, 3, a, 9, b, 5'의 평균과 최빈값이 모두 5일 때, $a-b$의 값은? (단, $a \geq b$)

① 0   ② 1   ③ 3

④ 4   ⑤ 5

03 성호가 4회에 걸쳐 본 수학 시험 성적의 평균이 90점이었다. 한 번 더 시험을 본 후 5회의 수학 시험 성적의 평균이 91점 이상이 되려면 5회째의 시험에서 성호는 최소한 몇 점 이상을 받아야 하는가?

① 91점   ② 92점   ③ 93점

④ 94점   ⑤ 95점

04 다음 자료 중 중앙값이 가장 큰 것은?

① 5, 3, 3, 2, 6, 6   ② 1, 6, 4, 8, 9, 3

③ 4, 5, 8, 3, 4, 7   ④ 3, 2, 8, 4, 6, 3

⑤ 7, 8, 2, 3, 7, 4

05 다음 자료 중에서 평균을 대푯값으로 하기에 가장 적절하지 <u>않은</u> 것은?

① 20, 20, 30, 40, 50, 50   ② 1, 2, 2, 1, 2, 170

③ 7, 7, 7, 7, 7, 7   ④ 100, 200, 300, 200, 100, 100

⑤ 10, 10, 10, 10, 20, 30

06 다음 중 옳은 것은?

① 자료 전체의 특징을 대표적으로 나타내는 값을 계급값이라고 한다.
② 중앙값은 항상 주어진 자료 중에 존재한다.
③ 편차가 작을수록 변량들은 평균에 가까이 있다.
④ 분산은 편차의 평균이다.
⑤ 분산이 클수록 변량들은 평균에서 멀리 떨어져 있다.

07 다음 두 자료 A, B에 대한 설명으로 옳지 않은 것을 모두 고르면? (정답 2개)

[자료A] 2, 3, 2, 0, 1, 2, 4, 2
[자료B] 5, 6, 7, 4, 5, 7, 8, 6

① 자료 A의 평균과 자료 B의 평균은 서로 다르다.
② 자료 A의 최빈값은 2이다.
③ 자료 B의 중앙값은 6이다.
④ 자료 A의 표준편차와 자료 B의 표준편차는 서로 같다.
⑤ 자료 A가 자료 B보다 평균으로부터 더 넓게 흩어져 있다.

08 오른쪽 표는 A, B, C, D, E 5명에 대하여 1분당 맥박 수의 평균이 65회일 때의 편차를 나타낸 것이다. 다음 중 옳지 않은 것은?

학생	A	B	C	D	E
편차	-1	x	3	-2	5

① x의 값은 -5이다.
② A는 평균보다 맥박 수가 작다.
③ 평균보다 맥박 수가 많은 사람은 2명이다.
④ D의 맥박 수는 67회이다.
⑤ 맥박 수의 분산은 12.8이다.

09 5개의 변량 1, 3, 5, x, y의 평균이 4이고 표준편차가 2일 때, x^2+y^2의 값은?

① 61   ② 62   ③ 63
④ 64   ⑤ 65

10 오른쪽 자료는 어느 학급 학생들의 봉사 활동 시간을 그 크기가 작은 값부터 크기순으로 나열한 것이다. 봉사 활동 시간의 평균을 a시간, 중앙값을 b시간, 최빈값을 c시간이라고 할 때, a, b, c의 대소 관계를 바르게 나타낸 것은?

(단위 : 시간)

3	6	6	6	6	10	10	10
11	12	12	12	14	15	15	68

① $a<b<c$ ② $b<a<c$ ③ $a<c<b$

④ $b<c<a$ ⑤ $c<b<a$

11 4개의 변량 2, 4, a, b의 평균이 4이고 분산이 6일 때, ab의 값은?

① 4 ② 8 ③ 10

④ 12 ⑤ 16

12 오른쪽 도수분포표는 연주네 반 학생들의 과학 성적을 나타낸 것이다. 이 자료의 평균이 75점이고 분산이 110일 때, $x+y$의 값은?

계급(점)	도수(명)
$50^{이상}$ ~ $60^{미만}$	2
60 ~ 70	x
70 ~ 80	7
80 ~ 90	6
90 ~ 100	y
합계	

① 3 ② 4 ③ 5

④ 6 ⑤ 7

주관식 [각 6점]

13 오른쪽 줄기와 잎 그림은 어느 학급 학생 20명이 30초 동안 윗몸일으키기를 한 횟수를 조사하여 나타낸 것이다. 이 자료의 중앙값을 a회, 최빈값을 b회라고 할 때, $a+b$의 값을 구하여라.

(2|4는 24회)

줄기	잎
0	2 3 3 4 4 8
1	0 1 3 4 5 6 6 6 7 7 8
2	4 9 9

14 다음 두 조건을 모두 만족하는 자연수 a의 값을 구하여라.

> (가) 변량 19, 12, 15, a, 24의 중앙값은 19이다.
> (가) 변량 14, 19, a, 21, 22, 28의 중앙값은 20이다.

15 5개의 변량에 대하여 편차가 각각 -3, -5, a, b, 6이고, 분산이 16일 때, ab의 값을 구하여라.

16 한 상자에 들어 있는 10개의 달걀을 4개와 6개의 묶음으로 나누었다. 4개들이 묶음에 있는 달걀의 무게의 평균은 60g, 분산은 4이고, 6개들이 묶음에 있는 달걀의 무게의 평균은 60g, 분산은 3이다. 이때 달걀 10개 전체의 무게의 분산을 구하여라.

서술형 주관식

17 5개의 변량 -3, 1, x, y, 6의 평균이 2이고 분산이 9.2일 때, 상수 x, y의 값을 각각 구하여라. (단, $0 < x < y$이고, 풀이 과정을 자세히 써라.) [8점]

18 5개의 변량 $x+1$, $2x+2$, $3x+3$, $4x+4$, $5x+5$의 분산이 2일 때, 0이 아닌 상수 x의 값을 구하여라. (단, 풀이 과정을 자세히 써라.) [8점]

V

피타고라스 정리

피타고라스 정리

정답 p. 16

1 피타고라스 정리

01 직각삼각형에서 직각을 낀 두 변의 길이를 각각 a, b라 하고, 빗변의 길이를 c라 하면 $a^2+b^2=\boxed{}$이 성립한다.

[02~05] 다음 직각삼각형에서 x의 값을 구하여라.

02

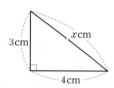

03

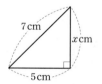

04

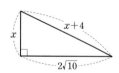

05

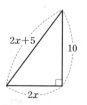

[06~07] 다음 그림에서 x의 값을 구하여라.

06

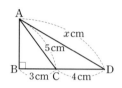

07

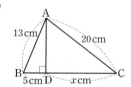

[08~09] 다음 그림에서 x, y의 값을 구하여라.

08

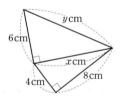

09

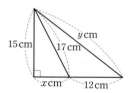

10 오른쪽 그림의 직각 삼각형 ABC에서 점 D가 $\overline{BC}$의 중점이고, $\overline{AB}=10$cm, $\overline{AC}=6$cm일 때, $\overline{AD}$의 길이를 구하여라.

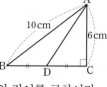

[11~12] 다음 그림의 직각삼각형에서 x, y 의 값을 구하여라.

11

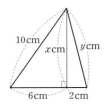

12

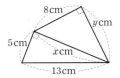

---

2 피타고라스 정리의 확인 (1)

13 다음은 오른쪽 그림과 같이 ∠A=90°인 직각삼각형 ABC의 각 변을 한 변으로 하는 세 정사각형에서 $\overline{AM} \perp \overline{BC}$일 때, □ADEB=□BFML임을 확인하는 과정이다. □ 안의 (가), (나), (다)에 알맞은 것을 써넣어라.

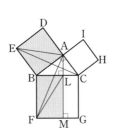

△EBC와 △ABF에서
$\overline{EB}=\overline{AB}$, $\overline{BC}=$ (가) , ∠EBC=∠ABF
이므로 △EBC≡△ABF((나) 합동)
$\overline{EB}/\!/\overline{DC}$, $\overline{BF}/\!/\overline{AM}$이므로
△EBA=△EBC=△ABF= (다)
∴ □ADEB=□BFML

[14~15] 오른쪽 그림은 직각삼각형 ABC의 각 변을 한 변으로 하는 세 정사각형을 그린 것이다. □ADEB의 넓이가 $16\,\mathrm{cm}^2$, □ACHI의 넓이가 $9\,\mathrm{cm}^2$일 때, 다음을 구하여라.

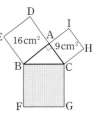

14 □BFGC의 넓이를 구하여라.

15 $\overline{BC}$의 길이를 구하여라.

16 오른쪽 그림은 직각삼각형 ABC의 각 변을 한 변으로 하는 세 정사각형을 그린 것이다. □ACHI의 넓이가 $87\,\mathrm{cm}^2$, □BFGC의 넓이가 $59\,\mathrm{cm}^2$일 때, □ADEB의 넓이를 구하여라.

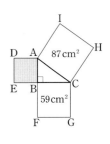

17 오른쪽 그림은 직각삼각형 ABC의 각 변을 한 변으로 하는 세 정사각형을 그린 것이다. □BFML의 넓이를 구하여라.

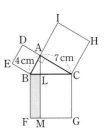

3 피타고라스 정리의 확인 (2)

18 다음은 오른쪽 그림과 같이 합동인 4개의 직각삼각형을 이용하여 한 변의 길이가 $a+b$ 인 정사각형 CDEF를

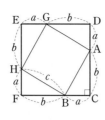

만든 것이다. 이를 이용하여 피타고라스 정리를 확인하는 과정이 다음과 같을 때, □ 안의 (개), (내), (내)에 알맞은 것을 써넣어라.

$$□CDEF = 4△ABC + \boxed{(개)} \text{이므로}$$

$$\boxed{(내)} = 4 \times \frac{1}{2}ab + c^2 \qquad \therefore c^2 = \boxed{(다)}$$

[19~21] 아래 그림과 같은 정사각형 ABCD에서 $\overline{AE} = \overline{BF} = \overline{CG} = \overline{DH} = 5\,\text{cm}$,
$\overline{AH} = \overline{BE} = \overline{CF} = \overline{DG} = 12\,\text{cm}$일 때, 다음을 구하여라.

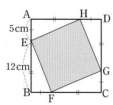

19 $\overline{EH}$의 길이를 구하여라.

20 □EFGH의 둘레의 길이를 구하여라.

21 □EFGH의 넓이를 구하여라.

4 피타고라스 정리의 확인 (3)

22 오른쪽 그림은 합동인 4개의 직각삼각형을 이용하여 정사각형을 만든 것이다. 이를 이용하여 피타고라스 정

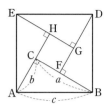

리를 확인하는 과정이 다음과 같을 때, □ 안의 (개), (내), (내)에 알맞은 것을 써넣어라.

$$□ABDE = 4△ABC + \boxed{(개)} \text{이므로}$$

$$c^2 = 4 \times \frac{1}{2}ab + \boxed{(내)} \qquad \therefore c^2 = \boxed{(다)}$$

23 오른쪽 그림은 합동인 4개의 직각삼각형을 이용하여 정사각형을 만든 것이다.
□CFGH의 넓이가 9

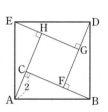

이고 $\overline{AC} = 2$일 때, □ABDE의 넓이를 구하여라.

24 오른쪽 그림은 합동인 4개의 직각삼각형을 이용하여 정사각형을 만든 것이다. 어두운 부분의 넓이를 구하여라.

5 피타고라스 정리의 확인 (4)

25 다음은 오른쪽 그림을 이용하여 피타고라스 정리를 확인하는 과정이다. □ 안의 (가), (나), (다)에 알맞은 것을 써넣어라.

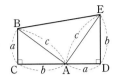

□BCDE＝△ABC＋△BAE＋△ADE

이므로

$\boxed{\text{(가)}} = \frac{1}{2}ab + \boxed{\text{(나)}} + \frac{1}{2}ab$

$\therefore c^2 = \boxed{\text{(다)}}$

[26~27] 오른쪽 그림과 같은 사다리꼴 ABCD에서 △ABE≡△ECD

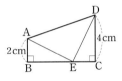

이고, $\overline{AB}=2\,cm$, $\overline{CD}=4\,cm$일 때, 다음을 구하여라.

26 △AED의 넓이를 구하여라.

27 □ABCD의 넓이를 구하여라.

6 피타고라스 정리의 역

28 세 변의 길이가 각각 a, b, c인 삼각형 ABC에서 $a^2+b^2=c^2$인 관계가 성립하면 이 삼각형은 빗변의 길이가 □인 직각삼각형이다.

29 세 변의 길이가 다음과 같은 삼각형 중에서 직각삼각형인 것을 모두 찾아라.

(ㄱ) 3, 4, 5 (ㄴ) 3, 7, $\sqrt{57}$

(ㄷ) 4, 7, 9 (ㄹ) 5, 7, $\sqrt{74}$

30 다음 중 직각삼각형인 것을 모두 골라라

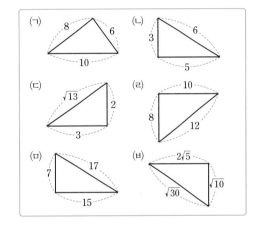

31 오른쪽 그림의 삼각형 ABC에서 ∠C＝90°가 되도록 하는 x의 값을 구하여라.

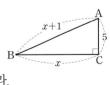

32 세 변의 길이가 3, 4, x인 삼각형이 직각삼각형일 때, x의 값을 모두 구하여라.

7 삼각형의 각의 크기와 변의 길이

33 삼각형 ABC에서 $\overline{AB}=c$, $\overline{BC}=a$, $\overline{AC}=b$
일 때,

(1) $c^2 < a^2+b^2$이면 $\angle C \square 90°$

(2) $c^2 = a^2+b^2$이면 $\angle C \square 90°$

(3) $c^2 > a^2+b^2$이면 $\angle C \square 90°$

34 삼각형 ABC에서 $\overline{AB}=c$, $\overline{BC}=a$, $\overline{AC}=b$
일 때,

(1) $\angle C < 90°$이면 $c^2 \square a^2+b^2$

(2) $\angle C = 90°$이면 $c^2 \square a^2+b^2$

(3) $\angle C > 90°$이면 $c^2 \square a^2+b^2$

[35~37] 삼각형의 세 변의 길이가 다음과 같
을 때, 물음에 답하여라.

(ㄱ) 2, $2\sqrt{3}$, 4	(ㄴ) 12, 13, 17
(ㄷ) 7, 24, 25	(ㄹ) 8, 15, 19
(ㅁ) 9, 12, 14	(ㅂ) 5, 6, 8
(ㅅ) 6, 7, 9	(ㅇ) 2, 3, 4

35 예각삼각형을 모두 골라 기호를 써라.

36 직각삼각형을 모두 골라 기호를 써라.

37 둔각삼각형을 모두 골라 기호를 써라.

38 세 변의 길이가 각각 4cm, 6cm, $a$cm인
삼각형이 둔각삼각형일 때, a의 값의 범위를
구하여라. (단, $a>6$)

8 피타고라스 정리의 확인 (5)

39 오른쪽 그림과 같이 직
각삼각형 ABC의 세
변을 지름으로 하는 반
원을 그릴 때, 어두운
부분의 넓이가 P, Q, R
사이의 관계식을 구하여라.

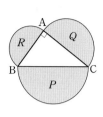

40 오른쪽 그림과 같이
$\angle B = 90°$이고,
$\overline{AB} = 3\sqrt{2}$cm인 직각삼
각형 ABC의 세 변을
지름으로 하는 반원을
그렸다. $\overline{BC}$를 지름으로 하는 반원의 넓이가
3π cm²일 때, $\overline{AC}$의 길이를 구하여라.

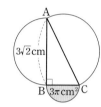

41 다음은 오른쪽 그림
의 직각삼각형 ABC
의 세 변을 지름으
로 하는 반원에서
어두운 부분의 넓이를 구하는 과정이다. $\square$
안의 (가), (나), (다)에 알맞은 것을 써넣어라.

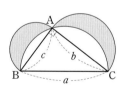

직각삼각형 ABC에서 $\overline{AB}$, $\overline{AC}$를 지름으
로 하는 반원의 넓이를 각각 S_1, S_2라 하고
$\overline{BC}$를 지름으로 하는 반원의 넓이를 S_3이라
하면

(어두운 부분의 넓이)=S_1+S_2+ (가) $-S_3$

직각삼각형의 세 변을 지름으로 하는 세 반
원 사이의 관계에 의하여 $S_1+S_2=$ (나) 이
므로

(어두운 부분의 넓이)= (다)

01 세 변의 길이가 각각 n, $n+2$, $n+4$인 삼각형이 직각삼각형일 때, n의 값을 구하여라.

02 오른쪽 그림에서 x의 값은?

① 4 　② $\dfrac{9}{2}$

③ 5 　④ $\dfrac{11}{2}$

⑤ 6

03 오른쪽 그림과 같은 직각삼각형 ABC에서 $\overline{AB}$의 길이를 구하여라.

04 오른쪽 그림과 같은 원에서 호 AB의 길이가 2π cm일 때, 현 AB의 길이를 구하여라.

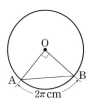

05 오른쪽 그림에서 $\overline{AB}=\overline{BC}=\overline{CD}=\overline{DE}=1$일 때, $\overline{AE}$의 길이를 구하여라.

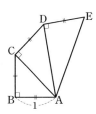

06 오른쪽 그림과 같은 정사각형 ABCD에서 $\overline{AE}=\overline{BF}=\overline{CG}$ $=\overline{DH}=2$ 이고 □EFGH의 넓이가 20일 때, □ABCD의 넓이는?

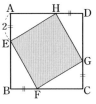

① 25　　　② 30

③ 32　　　④ 36

⑤ 45

07 오른쪽 그림은 $\overline{AC}=1$, $\angle C=90°$인 직각삼각형 ABC와 합동인 삼각형을 맞추어 정사각형 ABDE를 만든 것이다. □FGHC의 넓이가 4일 때, □ABDE의 넓이를 구하여라.

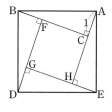

08 삼각형 ABC에서 $\overline{AB}=5\,\text{cm}$, $\overline{BC}=7\,\text{cm}$, $\overline{CA}=9\,\text{cm}$일 때, △ABC는 어떤 삼각형인가?

① $\angle A=90°$인 직각삼각형
② $\angle A>90°$인 둔각삼각형
③ $\angle B>90°$인 둔각삼각형
④ $\angle C>90°$인 둔각삼각형
⑤ 예각삼각형

09 삼각형의 세 변의 길이가 다음과 같을 때 예각삼각형인 것을 모두 고르면? (정답 2개)

① 4, 5, 7   ② $2\sqrt{2}$, 3, 4
③ 6, 7, 8   ④ 7, 15, 20
⑤ $\sqrt{5}$, $2\sqrt{5}$, 5

10 오른쪽 그림과 같이 $\overline{AB}=9\,\text{cm}$, $\overline{BC}=15\,\text{cm}$인 직각삼각형 ABC가 있다. 점 A에서 $\overline{BC}$에 내린 수선의 발을 D라 할 때, $\overline{AD}$의 길이를 구하여라.

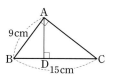

11 다음은 사각형 ABCD의 두 대각선이 직교할 때, $\overline{AB}^2+\overline{CD}^2=\overline{BC}^2+\overline{DA}^2$임을 밝히는 과정이다. □ 안에 알맞은 것을 써넣어라.

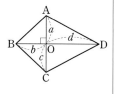

오른쪽 그림에서 피타고라스 정리에 의해
$\overline{AB}^2=a^2+b^2 \cdots\cdots$ ㉠
$\overline{BC}^2=b^2+c^2 \cdots\cdots$ ㉡
$\overline{CD}^2=c^2+d^2 \cdots\cdots$ ㉢
$\overline{DA}^2=d^2+a^2 \cdots\cdots$ ㉣
㉠+㉢을 하면 $\overline{AB}^2+\overline{CD}^2=$ ☐
㉡+㉣을 하면 $\overline{BC}^2+\overline{DA}^2=$ ☐
∴ $\overline{AB}^2+\overline{CD}^2=\overline{BC}^2+\overline{DA}^2$

01 오른쪽 그림에서 □ABCD는 한 변의 길이가 7cm인 정사각형이고,

$\overline{AE}=\overline{BF}=\overline{CG}$
$=\overline{DH}=4$cm

일 때, □EFGH의 넓이를 구하여라.

04 오른쪽 그림과 같이 한 변의 길이가 2인 정사각형 ABCD에서

$\overline{AP}=\overline{BQ}=\overline{CR}$
$=\overline{DS}=1$

일 때, 정사각형 PQRS의 넓이를 구하여라.

02 오른쪽 그림은 직각삼각형 ABC의 각 변을 한 변으로 하는 정사각형을 그린 것이다. 다음 중 나머지 넷과 그 넓이가 <u>다른</u> 것은?

① △AFC
② △FAB
③ △ABC
④ △ACD
⑤ △ADH

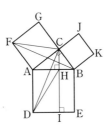

05 오른쪽 그림과 같이 ∠C=90°인 직각삼각형 ABC에서 $\overline{AB}=10$, $\overline{BD}=5$, $\overline{AD}=6$일 때, $\overline{CD}$의 길이를 구하여라.

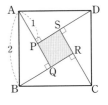

03 오른쪽 그림과 같이 ∠C=90°인 직각삼각형 ABC에서 $\overline{AB}\perp\overline{CF}$ 이고, $\overline{AB}=5$cm, $\overline{BC}=3$cm이다. □ADEB가 정사각형일 때, △FDG의 넓이를 구하여라.

(단, 풀이 과정을 자세히 써라.)

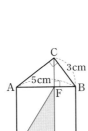

06 오른쪽 그림과 같이 ∠B=90°인 직각삼각형 ABC에서 $\overline{AD}=17$, $\overline{BD}=8$, $\overline{CD}=12$일 때, $\overline{AC}$의 길이를 구하여라.

07 오른쪽 그림은 두 직 각삼각형의 빗변을 맞추어 놓은 것이다. 이때 $\overline{AB}$의 길이는?

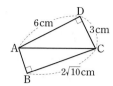

① 2cm   ② $\sqrt{5}$cm

③ $2\sqrt{5}$cm   ④ 3cm

⑤ $\sqrt{10}$cm

서술형

08 오른쪽 그림의 삼각형 ABC에서 $\overline{AD} \perp \overline{BC}$이고, $\overline{AB}=15$, $\overline{AC}=20$, $\overline{CD}=16$일 때, $x+y$의 값을 구하여라.

(단, 풀이 과정을 자세히 써라.)

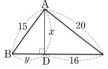

09 오른쪽 그림의 사 각형 ABCD에서 $\overline{BC}$의 길이는?

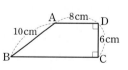

① 10cm   ② 12cm

③ 14cm   ④ 16cm

⑤ 18cm

서술형

10 오른쪽 그림과 같 이 두 대각선의 길 이가 각각 16cm, 30cm인 마름모의 한 변의 길이를 구하여라.

(단, 풀이 과정을 자세히 써라.)

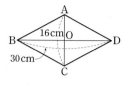

11 오른쪽 그림에서 $\overline{AP}=\overline{AB}=\overline{BC}$ $=\overline{CD}=\overline{DE}$ $=\overline{EF}=\overline{FG}$ $=1$ 일 때, $\overline{PG}$의 길이는?

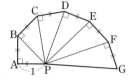

① 2   ② $\sqrt{5}$

③ $\sqrt{6}$ ④ $\sqrt{7}$

⑤ $2\sqrt{2}$

12 오른쪽 그림과 같이 $\angle C=90°$인 직각삼 각형 ABC에서 x의 값은?

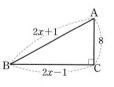

① 6   ② 7

③ 8   ④ 9

⑤ 10

13 오른쪽 그림과 같은 삼각형 ABC에서 ∠A>90°일 때, 다음 중 옳은 것은?

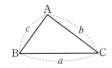

① $c^2>a^2+b^2$
② $a^2<b^2+c^2$
③ $a^2=b^2+c^2$
④ $a^2>b^2+c^2$
⑤ $b^2<a^2+c^2$

14 삼각형의 세 변의 길이가 다음과 같을 때, 예각삼각형인 것은?

① $\sqrt{3}$, 2, $\sqrt{5}$　　② 5, 12, 13
③ 1, $\sqrt{2}$, $\sqrt{3}$　　④ 3, 4, 5
⑤ 2, 3, 4

서술형

15 세 변의 길이가 각각 $x-7$, $x+18$, x인 삼각형이 직각삼각형이 되도록 하는 x의 값을 구하여라. (단, 풀이 과정을 자세히 써라.)

서술형

16 오른쪽 그림과 같이 ∠A=90°인 직각삼각형 ABC에서 $\overline{AD}\perp\overline{BC}$이고, $\overline{BD}=5\,cm$, $\overline{CD}=4\,cm$일 때, $\overline{AB}$의 길이는?

① $6\,cm$　　　　② $2\sqrt{10}\,cm$
③ $3\sqrt{5}\,cm$　　④ $4\sqrt{3}\,cm$
⑤ $5\sqrt{2}\,cm$

17 오른쪽 그림과 같이 ∠A=90°인 직각삼각형 ABC에서 $\overline{BE}=5\,cm$, $\overline{CD}=6\,cm$, $\overline{DE}=4\,cm$일 때, $\overline{BC}$의 길이를 구하여라.

18 오른쪽 그림의 사각형 ABCD에서 $\overline{AC}\perp\overline{BD}$일 때, x^2-y^2의 값은?

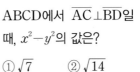

① $\sqrt{7}$　　　② $\sqrt{14}$
③ 7　　　　④ 14
⑤ 28

19 오른쪽 그림과 같이 ∠A=90°인 직각삼각형 ABC의 각 변을 지름으로 하는 반원을 그렸을 때, 어두운 부분의 넓이를 구하여라.

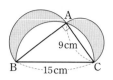

20 오른쪽 그림과 같이 한 변의 길이가 8cm인 정사각형 ABCD의 한 꼭짓점 A가 $\overline{BC}$의 중점 Q에 오도록 접었을 때, $\overline{PQ}$의 길이를 구하여라.

(단, 풀이 과정을 자세히 써라.)

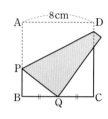

21 오른쪽 그림의 삼각형 ABC에서 점 D는 선분 AC의 중점이고, 점 G는 △ABC의 무게중심이다. $\overline{AB}=6cm$, $\overline{BC}=8cm$일 때, $\overline{BG}$의 길이는?

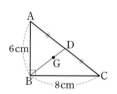

① $\dfrac{2}{3}$ cm   ② $\dfrac{4}{3}$ cm

③ 3 cm   ④ $\dfrac{10}{3}$ cm

⑤ 5 cm

22 직선 모양의 강가에서 9 km와 6 km 떨어진 지점에 각각 마을 A, B가 있다. 두 마을 A, B에 이르는 거리의 합이 최소가 되도록 강가에 하수처리장을 만들려고 한다. A마을에서 하수처리장을 거쳐 B마을로 가는 거리를 구하여라.

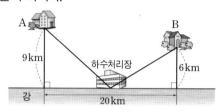

23 오른쪽 그림과 같이 직사각형 ABCD의 내부에 한 점 P를 잡아 네 꼭짓전 A, B, C, D와 연결하였을 때, $\overline{BP}^2+\overline{DP}^2$의 값은?

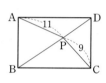

① 185   ② 192

③ 198   ④ 202

⑤ 205

24 오른쪽 그림과 같이 직사각형 ABCD를 $\overline{BD}$를 접는 선으로 하여 접었다. $\overline{AD}$와 $\overline{BQ}$의 교점 P에서 $\overline{BD}$에 내린 수선의 발을 R라 할 때, $\overline{PR}$의 길이를 구하여라.

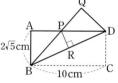

유형 **01**

오른쪽 그림과 같은 등변사다리꼴 ABCD 의 넓이를 구하여라.

해결**포인트** 점 A에서 $\overline{BC}$에 내린 수선의 발을 H라 하면 △ABH는 직각삼각형이므로 피타고라스 정리를 이용하여 높이 $\overline{AH}$의 길이를 구할 수 있다.

확인문제

1-1 오른쪽 그림과 같이 ∠ADC=∠BCD=90°인 사다리꼴 ABCD 에서 $\overline{BD}$의 길이를 구하여라.

1-2 오른쪽 그림과 같이 $\overline{AD}/\!/\overline{BC}$인 등변사다리꼴 ABCD에서 대각선 BD의 길이를 구하여라.
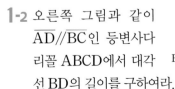
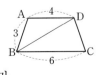

유형**02**

오른쪽 그림과 같이 ∠A=90°인 직각삼각형 ABC에서 $\overline{AM}\perp\overline{BC}$이고 □BEDC는 정사각형이다. $\overline{AB}=12$, $\overline{BC}=13$일 때, △ACD 의 넓이를 구하여라.
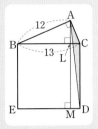

해결**포인트** 직각삼각형의 세 변을 각각 한 변으로 하는 정사각형을 그리면 빗변이 아닌 두 변을 한 변으로 하는 두 정사각형의 넓이의 합은 빗변을 한 변으로 하는 정사각형의 넓이와 같다.

확인문제

2-1 오른쪽 그림과 같이 ∠A=90°인 직각삼각형 ABC에서 $\overline{BC}=10\,cm$일 때, 두 정사각형 AFGB, CDEA의 넓이의 합을 구하여라.
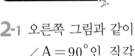

2-2 오른쪽 그림과 같이 삼각형 ABC의 세 변 AB, AC, BC를 한 변으로 하는 세 정사각형의 넓이가 각각 $26cm^2$, $52cm^2$, $78m^2$일 때, △ABC의 넓이를 구하여라.
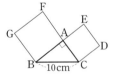
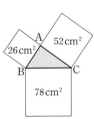

유형 03

오른쪽 그림과 같이 ∠A=90°인 직각삼각형 ABC에서 $\overline{AD}\perp\overline{BC}$이고, $\overline{AD}=2\sqrt{3}$, $\overline{BC}=8$일 때, $\overline{BD}$의 길이를 구하여라. (단, $\overline{BD}<\overline{DC}$)

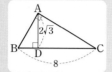

> **해결포인트** △ABC에서
> ∠A=90°, $\overline{AD}\perp\overline{BC}$일 때
> ① $a^2=b^2+c^2$　② $c^2=ax$
> ③ $b^2=ay$　④ $h^2=xy$
> ⑤ $bc=ah$

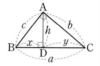

확인문제

3-1 오른쪽 그림과 같이 ∠A=90°인 직각삼각형 ABC에서 $\overline{BC}\perp\overline{AH}$일 때, $\overline{BH}$의 길이를 구하여라.

3-2 오른쪽 그림과 같은 삼각형 ABC에서 $\overline{BC}\perp\overline{AH}$이고, $\overline{AB}=2\sqrt{5}$, $\overline{AC}=\sqrt{5}$, $\overline{BC}=5$일 때, $\overline{AH}$의 길이를 구하여라.

유형 04

오른쪽 그림과 같이 직각삼각형 ABC의 세 변을 지름으로 하는 반원을 그렸다. $\overline{AB}=15$cm, $\overline{BC}=17$cm일 때, 어두운 부분의 넓이를 구하여라.

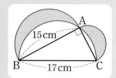

> **해결포인트** 위의 그림의 직각삼각형에서 $\overline{AB}$, $\overline{AC}$를 지름으로 하는 반원의 넓이를 각각 S_1, S_2라 하고, $\overline{BC}$를 지름으로 하는 반원의 넓이를 S_3이라 하면
> (어두운 부분의 넓이)$=S_1+S_2+△ABC-S_3$
> $=S_3+△ABC-S_3=△ABC$

확인문제

4-1 오른쪽 그림과 같이 ∠A=90°인 직각이등변삼각형 ABC의 각 변을 지름으로 하는 반원을 그렸을 때, 어두운 부분의 넓이를 구하여라.

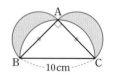

4-2 오른쪽 그림과 같이 직사각형 ABCD가 원에 내접하고, 각 변을 지름으로 하는 반원을 그렸다. 이때 어두운 부분의 넓이를 구하여라.

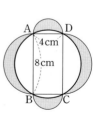

1 오른쪽 그림과 같이 $\overline{AB}=6$, $\overline{BC}=8$인 직사각형 ABCD에서 점 O는 $\overline{BD}$의 중점이고, $\overline{BD}\perp\overline{EF}$이다. 이때 $\overline{EF}$의 길이를 구하여라. (단, 풀이 과정을 자세히 써라.)

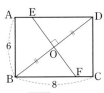

3 오른쪽 그림과 같이 $\overline{AB}=18$, $\overline{AD}=30$인 직사각형 ABCD에서 $\overline{AP}$를 접는 선으로 하여 점 D가 점 Q에 오도록 접었을 때, $\overline{AP}$의 길이를 구하여라.

(단, 풀이 과정을 자세히 써라.)

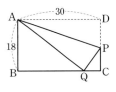

2 오른쪽 그림과 같이 $\angle A=90°$인 직각삼각형 ABC에서 $\angle BAD=\angle DAC$이고, $\overline{BD}=3$, $\overline{DC}=2$일 때, $\overline{AB}$의 길이를 구하여라.

(단, 풀이 과정을 자세히 써라.)

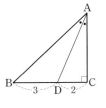

4 오른쪽 그림과 같이 $\overline{BC}=\overline{AC}=8$인 직각이등변삼각형 ABC를 $\overline{EF}$를 접는 선으로 하여 점 A가 선분 BC의 중점 D에 오도록 접었다. 이때 △DCE의 넓이를 구하여라.

(단, 풀이 과정을 자세히 써라.)

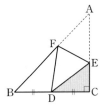

PART 02 피타고라스 정리의 활용(1) –평면도형

1 직사각형의 대각선의 길이

01 다음은 직사각형의 대각선의 길이를 구하는 과정이다. ☐ 안의 (가), (나), (다)에 알맞은 것을 써넣어라.

> 오른쪽 그림과 같이 가로의 길이가 a, 세로의 길이가 b인 직사각형 ABCD의 대각선 BD의 길이를 l이라 하면 △BCD는 직각삼각형이므로 피타고라스 정리에 의하여
> $$l^2 = \boxed{\text{(가)}}$$
> $l > 0$이므로 $l = \boxed{\text{(나)}}$
> 특히, 한 변의 길이가 a인 정사각형의 대각선의 길이를 m이라 하면
> $$m = \boxed{\text{(다)}}$$

[02~03] 다음 사각형의 대각선의 길이를 구하여라.

02
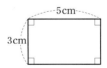

03
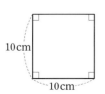

[04~05] 다음 사각형에서 x의 값을 구하여라.

04
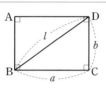

05
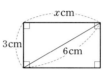

06
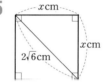

[07~08] 오른쪽 그림과 같은 직사각형 ABCD에 대하여 다음 물음에 답하여라.

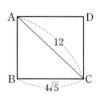

07 $\overline{AB}$의 길이를 구하여라.

08 ☐ABCD의 넓이를 구하여라.

09 대각선의 길이가 10 cm이고, 세로의 길이가 5 cm인 직사각형의 넓이를 구하여라.

10 대각선의 길이가 12 cm인 정사각형의 넓이를 구하여라.

2 정삼각형의 높이와 넓이

11 다음은 한 변의 길이가 a인 정삼각형의 높이와 넓이를 구하는 과정이다. □ 안의 (개), (내), (대)에 알맞은 것을 써넣어라.

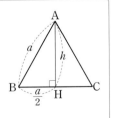

오른쪽 그림과 같이 한 변의 길이가 a인 정삼각형 ABC의 꼭짓점 A에서 변 BC에 내린 수선의 발을 H라 하면

$\overline{\text{BH}} = \dfrac{a}{2}$

$\overline{\text{AH}} = h$라 하면 △ABH는 직각삼각형이므로

$h^2 = \boxed{\ \ (\text{개})\ \ }$

$h > 0$이므로 $= \boxed{\ \ (\text{내})\ \ }$

따라서 정삼각형의 넓이는 $\boxed{\ \ (\text{대})\ \ }$ 이다.

[12~13] 다음 정삼각형의 높이와 넓이를 구하여라.

12

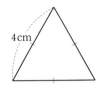

4 cm

13

$2\sqrt{3}$ cm

[14~15] 다음 물음에 답하여라.

14 높이가 $2\sqrt{6}$ cm인 정삼각형의 한 변의 길이를 구하여라.

15 넓이가 $16\sqrt{3}$ cm²인 정삼각형의 한 변의 길이와 높이를 구하여라.

[16~18] 오른쪽 그림
과 같은 이등변삼각형
의 꼭짓점 A에서 $\overline{BC}$
에 내린 수선의 발을 H
라 할 때, 다음 물음에 답하여라.

16 $\overline{BH}$의 길이를 구하여라.

17 $\overline{AH}$의 길이를 구하여라.

18 △ABC의 넓이를 구하여라.

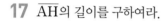
3 특수한 직각삼각형의 세 변의 길이의 비

19 오른쪽 그림과 같이
$\angle A = \angle B = 45°$이고
$\angle C = 90°$인 직각삼각형
의 세 변의 길이의 비는
$\overline{AB} : \overline{BC} : \overline{CA} = \square : \square : \square$이다.

20 오른쪽 그림과 같이
$\angle A = 30°$, $\angle B = 60°$,
$\angle C = 90°$인 직각삼각형의
세 변의 길이의 비는
$\overline{AB} : \overline{BC} : \overline{CA}$
$= \square : \square : \square$이다.

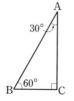

[21~25] 다음 직각삼각형에서 x, y의 값을
구하여라.

21
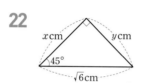

22
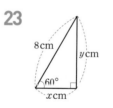

23
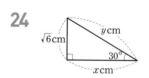

24
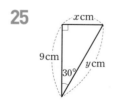

25
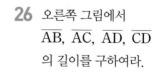

26 오른쪽 그림에서
$\overline{AB}$, $\overline{AC}$, $\overline{AD}$, $\overline{CD}$
의 길이를 구하여라.
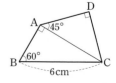

27 오른쪽 그림에서 $\overline{BC}=12\text{cm}$일 때, $\overline{AB}$, $\overline{CD}$의 길이를 구하여라.

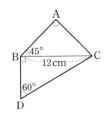

4 좌표평면 위의 두 점 사이의 거리

28 다음은 피타고라스 정리를 이용하여 좌표평면 위의 두 점 A$(-3, -1)$, B$(1, 2)$ 사이의 거리를 구하는 과정이다. □ 안의 ㈎~㈐에 알맞은 수를 써넣어라.

> 오른쪽 그림과 같이 $\overline{AB}$를 빗변으로 하고, 나머지 두 변이 각각 좌표축과 평행한 직각삼각형 ABC를 그리면
>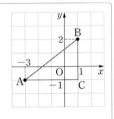
> $\overline{AC}=\boxed{\text{㈎}}$, $\overline{BC}=\boxed{\text{㈏}}$
> 피타고라스 정리에 의하여
> $\overline{AB}^2=\overline{AC}^2+\overline{BC}^2=\boxed{\text{㈐}}$
> 이고 $\overline{AB}>0$이므로 $\overline{AB}=\boxed{\text{㈑}}$

[29~31] 오른쪽 그림을 보고 다음 물음에 답하여라.

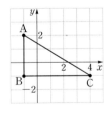

29 $\overline{AB}$의 길이를 구하여라.

30 $\overline{BC}$의 길이를 구하여라.

31 $\overline{AC}$의 길이를 구하여라.

[32~35] 다음 점과 원점 사이의 거리를 구하여라.

32 $(3, 2)$

33 $(-2, 5)$

34 $(\sqrt{3}, 1)$

35 $(2, -\sqrt{2})$

[36~40] 다음 두점 사이의 거리를 구하여라.

36 A$(3, 4)$, B$(-1, 5)$

37 C$(-3, -2)$, D$(4, 6)$

38 E$(-1, 2)$, F$(3, -1)$

39 G$(2, 3)$, H$(-5, -4)$

40 I$(0, 4)$, J$(-2, 0)$

[41~42] 세 점 A$(0, 0)$, B$(-3, 6)$, C$(8, 4)$를 꼭짓점으로 하는 삼각형 ABC에 대하여 다음 물음에 답하여라.

41 $\overline{AB}$, $\overline{BC}$, $\overline{AC}$의 길이를 구하여라.

42 △ABC가 어떤 삼각형인지 말하여라.

01 가로의 길이가 8cm이고 대각선의 길이가 $4\sqrt{5}$cm인 직사각형의 세로의 길이는?

① 3cm   ② $2\sqrt{3}$cm

③ $\sqrt{15}$cm   ④ 4cm

⑤ $3\sqrt{2}$cm

[02~03] 오른쪽 그림과 같이 한 변의 길이가 6cm인 정사각형의 한 꼭짓점 D에서 대각선 AC에 내린 수선의 발을 H라고 할 때, 다음 물음에 답하여라.

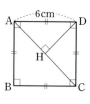

02 $\overline{AH}$의 길이는?

① $\sqrt{2}$cm   ② $2\sqrt{2}$cm

③ $2\sqrt{3}$cm   ④ $3\sqrt{2}$cm

⑤ $2\sqrt{5}$cm

03 $\overline{DH}$의 길이를 구하여라.

04 오른쪽 그림과 같은 이등변 삼각형의 넓이를 구하여라.

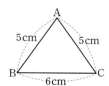

[05~06] 오른쪽 그림과 같이 $\overline{AB}=5$, $\overline{BC}=6$, $\overline{CA}=4$인 삼각형 ABC가 있다. 꼭짓점 A에서 $\overline{BC}$에 내린 수선의 발을 H, $\overline{BH}=x$라 할 때, 다음 물음에 답하여라.

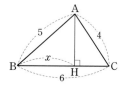

05 다음은 x의 값을 구하는 과정이다 ☐ 안의 (개)~(래)에 알맞은 것을 써넣어라.

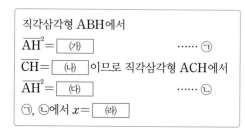

직각삼각형 ABH에서

$\overline{AH}^2 = $ ☐ (개)   …… ㉠

$\overline{CH} = $ ☐ (내) 이므로 직각삼각형 ACH에서

$\overline{AH}^2 = $ ☐ (대)   …… ㉡

㉠, ㉡에서 $x = $ ☐ (래)

06 △ABC의 넓이를 구하여라.

07 높이가 $2\sqrt{3}$cm인 정삼각형의 넓이는?

① $4\,\text{cm}^2$ ② $4\sqrt{3}\,\text{cm}^2$

③ $16\,\text{cm}^2$ ④ $16\sqrt{3}\,\text{cm}^2$

⑤ $32\,\text{cm}^2$

08 오른쪽 그림의 직각 삼각형 ABC에서 $\angle C = 30°$, $\angle ABC = \angle CDB = 90°$ 일 때, x, y의 값을 구하여라.

09 오른쪽 그림에서 x 의 값은?

① $\sqrt{2}$ ② $\sqrt{3}$

③ 4 ④ $\sqrt{6}$

⑤ $2\sqrt{2}$

10 좌표평면 위의 두 점 $A(0,\ 0)$, $B(1,\ -3)$ 사이의 거리를 구하여라.

11 좌표평면 위의 두 점 $(1,\ -1)$, $(x,\ 5)$ 사이의 거리가 10일 때, x의 값을 모두 구하여라.

12 좌표평면 위의 세 점 $A(-2,\ 2)$, $B(1,\ 0)$, $C(5,\ 5)$를 꼭짓점으로 하는 삼각형은 어떤 삼각형인가?

① 정삼각형 ② 이등변삼각형

③ 직각이등변삼각형 ④ 직각삼각형

⑤ 둔각삼각형

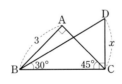

01 가로의 길이가 2 cm, 대각선의 길이가 4 cm 인 직사각형의 넓이는?

① $2\sqrt{3}$ cm²   ② 4 cm²

③ 6 cm²   ④ $4\sqrt{3}$ cm²

⑤ 8 cm²

02 오른쪽 그림과 같이 단 면인 원의 지름의 길이 가 30 cm인 통나무로 단면이 정사각형인 기 둥을 만들려고 한다. 이 정사각형의 한 변의 길이를 구하여라.

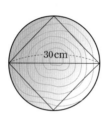

03 오른쪽 그림과 같은 직사각형 ABCD의 꼭짓점 A에서 대각선 BD에 내린 수선의 발을 H라 할 때, $\overline{AH}$의 길이는?

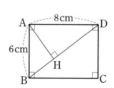

① 4 cm   ② $\dfrac{22}{5}$ cm

③ $\dfrac{24}{5}$ cm   ④ 5 cm

⑤ $\dfrac{26}{5}$ cm

04 오른쪽 그림과 같은 사다리꼴 ABCD에서 $\overline{AC}$의 길이를 구하여 라.

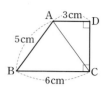

05 오른쪽 그림과 같이 한 변의 길이가 10 cm인 정육각형의 넓이를 구 하여라.

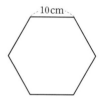

06 오른쪽 그림의 사각형 ABCD는 대각선의 길이가 $4\sqrt{6}$ cm인 정사각형이다. □ABCD의 변 BC를 한 변으로 하는 정삼각형 BEC의 넓이는?

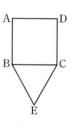

① $4\sqrt{3}$ cm²   ② $6\sqrt{3}$ cm²

③ $8\sqrt{3}$ cm²   ④ $10\sqrt{3}$ cm²

⑤ $12\sqrt{3}$ cm²

07 오른쪽 그림에서 x의 값을 구하여라.

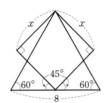

08 세 변의 길이가 각각 3cm, 5cm, 6cm인 삼각형의 넓이를 구하여라.

(단, 풀이 과정을 자세히 써라.)

09 반지름의 길이가 4cm인 원에 내접하는 정육각형의 넓이는?

① $16\sqrt{3}\,\text{cm}^2$ ② $20\sqrt{3}\,\text{cm}^2$

③ $24\sqrt{3}\,\text{cm}^2$ ④ $28\sqrt{3}\,\text{cm}^2$

⑤ $32\sqrt{3}\,\text{cm}^2$

10 오른쪽 그림에서 $\angle ABC = \angle BCD = 90°$, $\angle BAC = 30°$, $\angle BDC = 45°$, $\overline{AB} = 6\text{cm}$ 일 때, $\overline{BD}$의 길이를 구하여라.

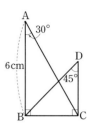

11 오른쪽 그림과 같이 반지름의 길이가 $4\sqrt{3}$인 원에 내접하는 정삼각형의 넓이를 구하여라. (단, 풀이 과정을 자세히 써라.)

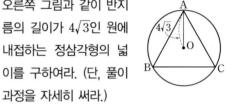

12 오른쪽 그림과 같이 한 변의 길이가 10m인 정사각형 모양의 마당에 정팔각형 모양의 꽃밭을 만들려고 한다. 꽃밭의 한 변의 길이는?

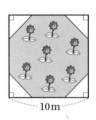

① $6(\sqrt{2}-1)\text{m}$ ② $8(\sqrt{2}-1)\text{m}$

③ $10(\sqrt{2}-1)\text{m}$ ④ $6(\sqrt{2}+1)\text{m}$

⑤ $8(\sqrt{2}+1)\text{m}$

13 오른쪽 그림과 같이 한 변의 길이가 10cm인 정삼각형 ABC의 꼭짓점 A에서 $\overline{BC}$에 내린 수선의 발을 D라 하고, 선분 AD를 한 변으로 하는 정삼각형 ADE를 만들었을 때, △ABC와 △ADE의 넓이의 비는?

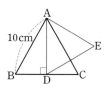

① 3 : 2   ② 4 : 3
③ 5 : 4   ④ 6 : 5
⑤ 7 : 6

14 오른쪽 그림에서 $\overline{AC}=3\sqrt{2}$, $\angle B=60°$, $\angle C=45°$일 때, $\overline{AB}$의 길이를 구하여라.

(단, 풀이 과정을 자세히 써라.)

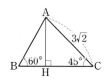

15 오른쪽 그림과 같은 직각삼각형 ABC에서 $\overline{AC}=8$cm, $\angle ABC=30°$이고 $\overline{AB}\perp\overline{CD}$일 때, $\overline{BD}$의 길이는?

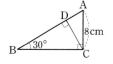

① 9cm   ② 10cm
③ $8\sqrt{2}$cm   ④ 12cm
⑤ $8\sqrt{3}$cm

16 오른쪽 그림과 같은 직각삼각형 ABC에서 $\angle B=30°$이고 $\overline{AD}$는 $\angle A$의 이등분선일 때, $\overline{BD}$의 길이는?

① $\dfrac{2\sqrt{3}}{3}$cm   ② $\sqrt{2}$cm
③ $\sqrt{3}$cm   ④ 2cm
⑤ $\dfrac{4\sqrt{3}}{3}$cm

17 오른쪽 그림과 같은 정삼각형 ABC에서 변 BC, CA의 중점을 각각 M, N이라 하고, $\overline{AM}$과 $\overline{BN}$의 교점을 G라 하자. $\overline{AG}=\sqrt{3}$일 때, 정삼각형 ABC의 한 변의 길이를 구하여라.

(단, 풀이 과정을 자세히 써라.)

18 다음 중 원점에서 가장 멀리 떨어진 점의 좌표는?

① $(-2, 6)$ ② $(2, 5)$
③ $(\sqrt{3}, 1)$ ④ $(3, -\sqrt{3})$
⑤ $(4, 4)$

19 좌표평면 위의 두 점 $P(2, 3)$, $Q(6, 2a)$ 사이의 거리가 5일 때, 양수 a의 값을 구하여라.

20 이차함수 $y=x^2-8x+14$의 꼭짓점을 P라 할 때, 점 P와 좌표평면의 원점 O 사이의 거리는?

① $\sqrt{10}$ ② $2\sqrt{3}$
③ 4 ④ $3\sqrt{2}$
⑤ $2\sqrt{5}$

21 다음 중 좌표평면 위의 세 점 $A(1, -1)$, $B(3, 3)$, $C(3, -1)$을 꼭짓점으로 하는 삼각형에 대한 설명으로 옳은 것은?

① $\angle A=90°$인 직각삼각형이다.
② $\angle B=90°$인 직각삼각형이다.
③ $\angle C=90°$인 직각삼각형이다.
④ $\overline{AB}=\overline{AC}$인 이등변삼각형이다.
⑤ $\overline{AB}=\overline{BC}$인 이등변삼각형이다.

22 오른쪽 그림과 같이 두 함수 $y=x^2$, $y=x+2$ 의 그래프의 교점을 A, B라 할 때, $\overline{AB}$의 길이는?

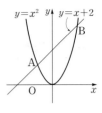

① $2\sqrt{2}$ ② 3
③ $2\sqrt{3}$ ④ 4
⑤ $3\sqrt{2}$

서술형

23 다음 그림에서 $\overline{AB}\perp\overline{AC}$, $\overline{AB}\perp\overline{BD}$이고, 점 P는 $\overline{AB}$ 위를 움직인다. $\overline{AC}=2$, $\overline{BD}=3$, $\overline{AB}=12$일 때, $\overline{CP}+\overline{PD}$의 최솟값을 구하여라.

(단, 풀이 과정을 자세히 써라.)

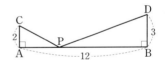

24 오른쪽 그림과 같이 개미가 직사각형 모양의 상자의 P지점에서 출발하여 양쪽 벽에 한 번씩 부딪힌 후 Q지점에 도착하였다. 이때 개미가 움직인 최단 거리를 구하여라.

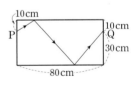

유형 01

오른쪽 그림과 같이 정삼각형 ABC의 높이 AD를 한 변으로 하는 정삼각형 ADE와 정삼각형 ADE의 높이 AF를 한 변으로 하는 정삼각형 AFG가 있다. △ABC의 한 변의 길이가 8cm일 때, △AFG의 넓이를 구하여라.

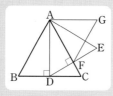

해결포인트 한 변의 길이가 $a$cm인 정삼각형의 높이는 $\dfrac{\sqrt{3}}{2}a$cm, 넓이는 $\dfrac{\sqrt{3}}{4}a^2$cm²임을 이용한다.

확인문제

1-1 높이가 $\sqrt{6}$cm인 정삼각형의 넓이를 구하여라.

1-2 오른쪽 그림과 같이 한 변의 길이가 2인 정삼각형 ABC가 있다. 변 BC 위의 한 점 P에서 $\overline{AB}$, $\overline{AC}$에 내린 수선의 발을 각각 Q, R라 할 때, $\overline{PQ}+\overline{PR}$의 길이를 구하여라.

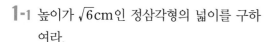

유형 02

$\overline{AB}=12$, $\overline{BC}=10$, $\overline{CA}=8$인 삼각형 ABC의 넓이를 구하여라.

해결포인트 일반적으로 세 변의 길이를 알 때, 삼각형의 높이는 다음과 같이 구한다.
(i) 한 꼭짓점에서 대변에 수선을 그어 두 개의 직각삼각형으로 나눈다.
(ii) 두 직각삼각형에서 공통인 변에 대하여 피타고라스 정리를 각각 이용한다.

확인문제

2-1 오른쪽 그림과 같이 $\overline{AB}=5$, $\overline{BC}=6$, $\overline{CA}=7$인 삼각형 ABC의 꼭짓점 A에서 변 BC에 내린 수선의 발을 H라 할 때, $\overline{AH}$의 길이를 구하여라.

2-2 $\overline{AB}=13$, $\overline{BC}=14$, $\overline{CA}=15$인 삼각형 ABC의 넓이를 구하여라.

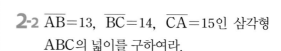

유형 03

다음 그림에서 $\angle B=30°$, $\overline{AB}\perp\overline{CD}$, $\angle E=45°$, $\overline{BC}=9$일 때, x, y의 값을 구하여라.

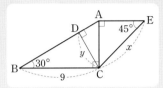

해결**포인트** 특수한 직각삼각형은 한 변의 길이를 알면 나머지 두 변의 길이를 구할 수 있다.

① $\angle A=\angle B=45°$, $\angle C=90°$인 직각이등변삼각형 ABC에서 $\overline{AB}:\overline{BC}:\overline{CA}=\sqrt{2}:1:1$이다.

② $\angle A=30°$, $\angle B=60°$, $\angle C=90°$인 직각삼각형 ABC에서 $\overline{AB}:\overline{BC}:\overline{CA}=2:1:\sqrt{3}$이다.

확인문제

3-1 오른쪽 그림에서
$\overline{AB}=12$,
$\angle CAH=30°$,
$\angle CBH=45°$일 때,
$\overline{CH}$의 길이를 구하여라.

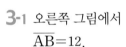

3-2 오른쪽 그림과 같이
$\overline{BC}=8$, $\angle B=60°$인
삼각형 ABC의 넓이
가 $12\sqrt{3}$일 때, $\overline{AB}$의
길이를 구하여라.

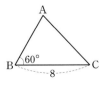

유형 04

이차함수 $y=x^2-4x+7$의 그래프에서 꼭짓점을 A, y축과의 교점을 B라 할 때, $\overline{AB}$의 길이를 구하여라.

해결**포인트** 좌표평면 위의 두 점 $A(x_1, y_1)$, $B(x_2, y_2)$ 사이의 거리는 $\overline{AB}=\sqrt{(x_2-x_1)^2+(y_2-y_1)^2}$임을 이용한다.

확인문제

4-1 두 점 $A(a, 4)$, $B(6, 2a+2)$ 사이의 거리가 $2\sqrt{5}$일 때, 상수 a의 값을 구하여라.

4-2 좌표평면 위의 세 점 $A(-1, 6)$, $B(0, -1)$, $C(3, 3)$을 꼭짓점으로 하는 삼각형 ABC의 넓이를 구하여라.

1 한 변의 길이가 $4\sqrt{2}$ cm인 정팔각형의 넓이를 구하여라.

(단, 풀이 과정을 자세히 써라.)

3 다음 그림에서 $\angle B=15°$, $\angle DAC=60°$, $\overline{BD}=10$일 때, $\overline{AC}$의 길이를 구하여라.

(단, 풀이 과정을 자세히 써라.)

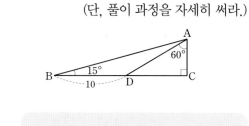

2 오른쪽 그림의 $\triangle ABC$에서 $\overline{AB}=5$ cm, $\overline{BC}=3$ cm, $\angle C=90°$이고, $\square DEFG$는 정사각형이다.
$\overline{DM}=\overline{MG}$일 때, 정사각형의 한 변의 길이를 구하여라.

(단, 풀이 과정을 자세히 써라.)

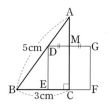

4 두 점 $A(1, 2)$, $B(4, -1)$과 직선 $2x-y+3=0$ 위의 점 $P(x, y)$에 대하여 $\overline{PA}^2+\overline{PB}^2$의 값이 최소가 되는 점 P의 좌표를 구하여라.

(단, 풀이 과정을 자세히 써라.)

PART 03 피타고라스 정리의 활용(2) −입체도형

정답 p. 31

1 직육면체의 대각선의 길이

01 다음은 피타고라스 정리를 이용하여 직육면체의 대각선의 길이를 구하는 과정이다. □ 안의 (가), (나), (다)에 알맞은 것을 써넣어라.

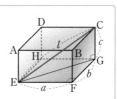

오른쪽 그림과 같이 세 모서리의 길이가 각각 a, b, c인 직육면체에서 대각선 CE 의 길이를 l이라 하자. $\triangle$EFG와 $\triangle$CEG는 직각삼각형이므로 피타고라스 정리에 의하여 $\overline{EG}^2=$ (가)
$l^2=\overline{EG}^2+\overline{CG}^2=$ (나)
$l>0$이므로 $l=$ (다)
특히, 한 모서리의 길이가 a인 정육면체의 대각선의 길이를 m이라 하면
$m=$ (라)

[02~03] 다음 그림과 같은 직육면체의 대각선의 길이를 구하여라.

02

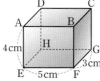

03

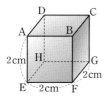

04 세 모서리의 길이가 각각 2 cm, 3 cm, 6 cm 인 직육면체의 대각선의 길이를 구하여라.

05 한 모서리의 길이가 5 cm인 정육면체의 대각선의 길이를 구하여라.

[06~07] 다음 그림과 같은 직육면체에서 x의 값을 구하여라.

06

07

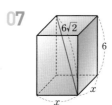

08

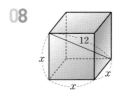

09 대각선의 길이가 $3\sqrt{3}$cm인 정육면체의 한 모서리의 길이를 구하여라.

10 대각선의 길이가 6cm인 정육면체의 부피를 구하여라.

2 원뿔의 높이와 부피

11 다음은 피타고라스 정리를 이용하여 밑면의 반지름의 길이가 5cm이고, 모선의 길이가 13cm인 원뿔의 높이와 부피를 구하는 과정이다. □ 안의 ㈎, ㈏, ㈐에 알맞은 것을 써넣어라.

> 오른쪽 그림과 같이 주어진 원뿔의 높이를 $h$cm라고 하면 △ABO는 직각삼각형이므로 피타고라스 정리에 의하여 $h^2 =$ ☐㈎
> 이고 $h > 0$이므로 $h =$ ☐㈏
> 따라서 원뿔의 부피는 ☐㈐ cm³이다.

12 오른쪽 그림과 같이 밑면의 반지름의 길이가 3cm, 모선의 길이가 7cm인 원뿔의 높이와 부피를 구하여라.

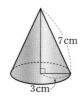

13 밑면의 반지름의 길이가 4cm, 모선의 길이가 8cm인 원뿔의 높이를 구하여라.

14 밑면의 반지름의 길이가 $\sqrt{3}$cm, 모선의 길이가 3cm인 원뿔의 부피를 구하여라.

15 밑면의 반지름의 길이가 $3\sqrt{5}$cm, 모선의 길이가 9cm인 원뿔의 부피를 구하여라.

[16~17] 오른쪽 그림은 원뿔의 전개도이다. 이 전개도로 원뿔을 만들 때, 다음 물음에 답하여라.

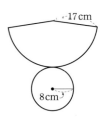

16 원뿔의 높이를 구하여라.

17 원뿔의 부피를 구하여라.

18 오른쪽 그림과 같은 전개도로 원뿔을 만들 때, 원뿔의 높이를 구하여라.

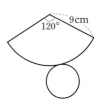

3 정사각뿔의 높이와 부피

19 다음은 피타고라스 정리를 이용하여 밑면은 한 변의 길이가 8 cm인 정사각형이고, 옆면의 모서리의 길이는 10 cm인 정사각뿔의 높이와 부피를 구하는 과정이다. □ 안의 (가)~(라)에 알맞은 수를 써넣어라.

오른쪽 그림과 같이 점 O에서 밑면에 내린 수선의 발을 H라 하면 $\overline{OH}$는 사각뿔의 높이이고, 점 H는 밑면의 두 대각선의 교점이므로

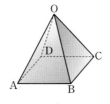

$\overline{AC}=$ (가) (cm), $\overline{AH}=$ (나) (cm)

따라서 직각삼각형 OAH에서

$\overline{OH}=$ (다) (cm)

이므로 정사각뿔의 부피는 (라) cm^2이다.

[20~21] 오른쪽 그림은 밑면은 정사각형이고 옆면은 모두 정삼각형인 사각뿔이다. 모든 모서리의 길이가 6 cm일 때, 다음 물음에 답하여라.

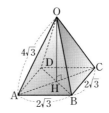

20 이 사각뿔의 높이를 구하여라.

21 이 사각뿔의 부피를 구하여라.

22 밑면이 한 변의 길이가 $3\sqrt{2}$인 정사각형인 정사각뿔이 있다. 이 정사각뿔의 높이가 4일 때 옆면의 모서리의 길이를 구하여라.

[23~24] 다음 그림과 같은 정사각뿔의 높이와 부피를 구하여라.

23

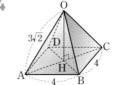

24

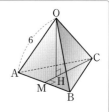

4 정사면체의 높이와 부피

25 다음은 한 모서리의 길이가 6인 정사면체의 높이와 부피를 구하는 과정이다. □ 안의 (가)~(마)에 알맞은 것을 써넣어라.

오른쪽 그림과 같이 꼭짓점 O에서 밑면에 내린 수선의 발을 H, $\overline{AB}$의 중점을 M이라 하면 정삼각형 ABC에서 $\overline{CM}=$ (가)

점 H는 △ABC의 무게중심이므로 $\overline{CH}=$ (나)

직각삼각형 OHC에서 $\overline{OH}=$ (다) 이고 △ABC = (라) 이므로 정사면체의 부피는 (마) 이다.

[26~30] 오른쪽 그림과 같이 한 모서리의 길이가 $3\sqrt{2}$ cm인 정사면체의 꼭 짓점 O에서 밑면에 내린 수선의 발을 H, $\overline{AB}$의 중 점을 M이라 할 때, 다음 물음에 답하여라.

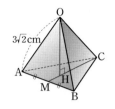

26 $\overline{CM}$의 길이를 구하여라.

27 $\overline{CH}$의 길이를 구하여라.

28 $\overline{OH}$의 길이를 구하여라.

29 $\triangle ABC$의 넓이를 구하여라.

30 정사면체 $O-ABC$의 부피를 구하여라.

31 한 모서리의 길이가 $2\sqrt{3}$ cm인 정사면체의 높이를 구하여라.

32 한 모서리의 길이가 10 cm인 정사면체의 부피를 구하여라.

33 높이가 $4\sqrt{6}$ cm인 정사면체의 한 모서리의 길이를 구하여라.

34 높이가 6 cm인 정사면체의 부피를 구하여라.

5 입체도형에서의 최단 거리

[35~36] 오른쪽 그림과 같은 직육면체의 꼭짓점 A에서 겉면을 따라 $\overline{BC}$를 지나 점 G에 이르는 최단 거리를 구하려고 한다. 다음 물음에 답하여라.

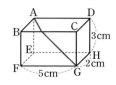

35 필요한 부분의 전개도를 그리고, 전개도에 최단 거리를 표시하여라.

36 최단 거리를 구하여라.

37 오른쪽 그림과 같이 밑면의 반지름의 길이가 3 cm, 높이가 4π cm인 원기둥에서 점 A를 출발하여 옆면을 따라 점 B에 이르는 최단 거리를 구하여라.

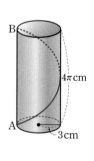

38 오른쪽 그림과 같이 한 모서리의 길이가 4 cm 인 정사면체에서 점 P 가 $\overline{BC}$의 중점일 때, 점 P에서 겉면을 따라 $\overline{AC}$를 지나 점 D에 이르는 최단 거리를 구하여라.

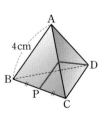

01 가로의 길이가 $\sqrt{5}$cm, 세로의 길이가 2cm 인 직육면체의 대각선의 길이가 $2\sqrt{3}$cm일 때, 이 직육면체의 높이는?

① 1cm   ② $\sqrt{2}$cm

③ $\sqrt{3}$cm   ④ 2cm

⑤ $\sqrt{5}$cm

02 대각선의 길이가 $2\sqrt{3}$cm인 정육면체의 부피를 구하여라.

03 오른쪽 그림과 같이 대각선의 길이가 $\sqrt{6}$cm인 정육면체에서 △AEG 의 넓이는?

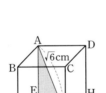

① $\sqrt{2}$cm²   ② $\sqrt{3}$cm²

③ 2cm²   ④ $\sqrt{5}$cm²

⑤ $\sqrt{6}$cm²

04 밑면의 넓이가 5π cm²이고, 모선의 길이가 $2\sqrt{5}$cm인 원뿔의 높이를 구하여라.

05 오른쪽 그림과 같은 원뿔의 부피는?

① $\dfrac{100\sqrt{3}}{3}\pi$ cm³

② $40\sqrt{3}\pi$ cm³

③ $\dfrac{125\sqrt{3}}{3}\pi$ cm³

④ $\dfrac{144\sqrt{3}}{3}\pi$ cm³

⑤ $50\sqrt{3}\pi$ cm³

06 오른쪽 그림과 같은 전개도로 원뿔을 만들 때, 이 원뿔의 부피를 구하여라.

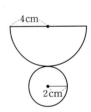

07 한 변의 길이가 4cm인 정사각형을 밑면으로 하고, 옆면의 모서리의 길이가 6cm인 정사각뿔의 부피를 구하여라.

08 오른쪽 그림과 같이 옆면의 모서리의 길이가 6cm이고, $\overline{OM}=2\sqrt{6}$cm인 정사각뿔의 부피는?

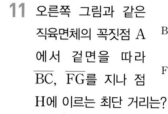

① $20\sqrt{3}$cm^3 ② $24\sqrt{3}$cm^3
③ $28\sqrt{3}$cm^3 ④ $32\sqrt{3}$cm^3
⑤ $36\sqrt{3}$cm^3

09 높이가 $4\sqrt{3}$cm인 정사면체의 한 모서리의 길이를 구하여라.

10 어떤 정사면체의 부피가 $\dfrac{9\sqrt{2}}{4}$일 때, 이 정사면체의 높이를 구하여라.

11 오른쪽 그림과 같은 직육면체의 꼭짓점 A에서 겉면을 따라 $\overline{BC}$, $\overline{FG}$를 지나 점 H에 이르는 최단 거리는?

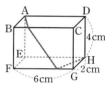

① $3\sqrt{10}$cm   ② $7\sqrt{2}$cm
③ 10cm   ④ $2\sqrt{30}$cm
⑤ 12cm

12 오른쪽 그림과 같이 한 모서리의 길이가 4cm인 정사면체의 꼭짓점 B에서 겉면을 따라 $\overline{AD}$를 지나 점 C에 이르는 최단 거리를 구하여라.

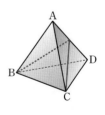

01 오른쪽 그림과 같이 직육면체의 밑면은 한 변의 길이가 3cm인 정사각형이고, 대각선의 길이는 $3\sqrt{6}$cm이다. 이때 $\overline{AE}$의 길이는?

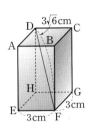

① 4cm 　　② $4\sqrt{2}$cm
③ 6cm 　　④ $3\sqrt{5}$cm
⑤ $4\sqrt{3}$cm

02 세 모서리의 길이의 비가 2 : 3 : 5인 직육면체의 대각선의 길이가 $2\sqrt{38}$cm일 때, 이 직육면체의 부피를 구하여라.

03 오른쪽 그림과 같이 세 모서리의 길이가 3, 4, 5인 직육면체의 꼭짓점 E에서 $\overline{FH}$에 내린 수선의 발을 I라 할 때, $\triangle AEI$의 넓이를 구하여라.

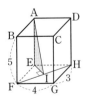

04 오른쪽 그림과 같이 한 모서리의 길이가 10cm인 정육면체에서 두 점 M, N은 각각 $\overline{BF}$, $\overline{DH}$의 중점이다. 이때 $\square AMGN$의 넓이는?

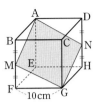

① $50\sqrt{2}$cm^2 　　② $50\sqrt{3}$cm^2
③ 100cm^2 　　④ $50\sqrt{5}$cm^2
⑤ $50\sqrt{6}$cm^2

05 겉넓이가 192cm^{3}인 정육면체의 대각선의 길이는?

① 6cm 　　② $3\sqrt{5}$cm
③ $4\sqrt{3}$cm 　　④ 8cm
⑤ $4\sqrt{6}$cm

서술형
06 오른쪽 그림과 같이 한 모서리의 길이가 6cm인 정육면체의 꼭짓점 C에서 $\triangle BDG$에 내린 수선의 발을 I라 할 때, $\overline{CI}$의 길이를 구하여라.
(단, 풀이 과정을 자세히 써라.)

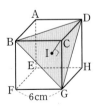

07 오른쪽 그림과 같이 한 모서리의 길이가 8cm 인 정육면체에서 점 M 이 $\overline{AC}$의 중점일 때, $\overline{FM}$의 길이는?

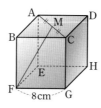

① $3\sqrt{10}$cm
② $4\sqrt{6}$cm
③ 10cm
④ $4\sqrt{7}$cm
⑤ $8\sqrt{2}$cm

08 오른쪽 그림과 같이 한 모서리의 길이가 10cm 인 정육면체에서 점 P 가 $\overline{BF}$의 중점일 때, △APC의 넓이를 구하여라.

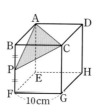

09 오른쪽 그림의 정육면체 에서 △BDG의 넓이가 $6\sqrt{3}$cm²일 때, 이 정육면 체의 부피를 구하여라.

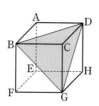

10 오른쪽 그림과 같은 전 개도로 원뿔을 만들 때, 이 원뿔의 높이는?

① 4cm
② $2\sqrt{5}$cm
③ $2\sqrt{6}$cm
④ $2\sqrt{7}$cm
⑤ $4\sqrt{2}$cm

11 오른쪽 그림과 같이 밑면 의 반지름의 길이가 2cm, 높이가 $2\sqrt{3}$cm인 원뿔이 있다. 이 원뿔의 전개도에서 옆면인 부채 꼴의 중심각의 크기는?

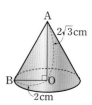

① $90°$
② $120°$
③ $135°$
④ $150°$
⑤ $180°$

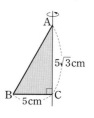

서술형

12 오른쪽 그림과 같은 직 각삼각형 ABC를 직선 AC를 축으로 하여 1회 전시킬 때 생기는 입체도 형의 겉넓이를 구하여라. (단, 풀이 과정을 자세히 써라.)

13 오른쪽 그림과 같이 밑면은 한 변의 길이가 2cm인 정사각형이고, 옆면의 모서리의 길이가 3cm인 정사각뿔의 높이는?

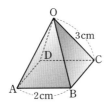

① $\sqrt{2}$cm ② $\sqrt{3}$cm

③ $\sqrt{5}$cm ④ $\sqrt{6}$cm

⑤ $\sqrt{7}$cm

14 오른쪽 그림과 같이 한 변의 길이가 4cm인 정사각형과 한 변의 길이가 4cm인 정삼각형으로 이루어진 전개도로 만든 사각뿔의 부피를 구하여라.

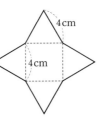

15 오른쪽 그림과 같이 한 모서리의 길이가 $2\sqrt{3}$cm인 정팔면체의 부피는?

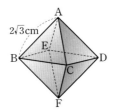

① $8\sqrt{3}$cm³

② 16cm³

③ $8\sqrt{5}$cm³

④ 18cm³

⑤ $8\sqrt{6}$cm³

16 오른쪽 그림과 같이 한 모서리의 길이가 4cm인 정사면체 A-BCD에서 $\overline{AD}$의 중점을 M이라 할 때, △MBC의 넓이는?

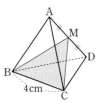

① $3\sqrt{2}$cm² ② $2\sqrt{6}$cm²

③ $4\sqrt{2}$cm² ④ 6cm²

⑤ $2\sqrt{10}$cm²

17 오른쪽 그림과 같이 한 모서리의 길이가 10cm인 정사면체 A-BCD에서 $\overline{AD}$, $\overline{BC}$의 중점을 각각 P, Q라 할 때, $\overline{PQ}$의 길이를 구하여라.

(단, 풀이 과정을 자세히 써라.)

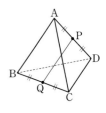

18 오른쪽 그림과 같이 정육면체를 세 꼭짓점 A, F, C를 지나는 평면으로 잘랐을 때 생기는 정삼각뿔 B-AFC의 부피가 36cm³일 때, 정육면체의 대각선의 길이를 구하여라.

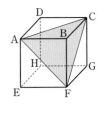

19 오른쪽 그림과 같이 한 모서리의 길이가 12 cm인 정사면체의 꼭짓점 A에서 밑면에 내린 수선의 발을 H라 할 때, 다음 중 옳지 <u>않은</u> 것은?

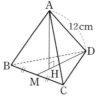

① $\overline{DM}=6\sqrt{3}$ cm

② $\overline{DH}:\overline{HM}=2:1$

③ $\triangle BCD=36\sqrt{3}$ cm²

④ $\overline{AH}=3\sqrt{6}$ cm

⑤ (정사면체의 부피)$=144\sqrt{2}$ cm³

20 오른쪽 그림과 같이 반지름의 길이가 6 cm인 구를 중심 O에서 3 cm 떨어진 평면으로 자를 때 생기는 단면인 원의 넓이는?

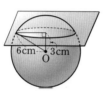

① 18π cm² ② 24π cm²

③ 27π cm² ④ 30π cm²

⑤ 32π cm²

서술형

21 오른쪽 그림과 같이 한 모서리의 길이가 4 cm인 정사면체에서 $\overline{OA}$, $\overline{OC}$의 중점을 각각 P, Q라 할 때, $\triangle BPQ$의 넓이를 구하여라.

(단, 풀이 과정을 자세히 써라.)

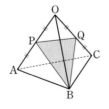

22 오른쪽 그림과 같이 한 모서리의 길이가 2 cm 인 정육면체의 한 꼭짓 점 E에서 출발하여 $\overline{BF}$, $\overline{CG}$, $\overline{DH}$를 순서 대로 지나 꼭짓점 A에 이르는 최단 거리는?

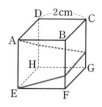

① $2\sqrt{13}$ cm ② $2\sqrt{15}$ cm

③ $2\sqrt{17}$ cm ④ $2\sqrt{19}$ cm

⑤ $2\sqrt{21}$ cm

23 오른쪽 그림과 같이 모선의 길이가 8 cm이고 밑면인 원의 반지름의 길이가 2 cm인 원뿔이 있다. 점 A에서 옆면을 지나 다시 점 A로 되돌아오는 최단 거리를 구하여라.

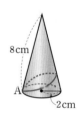

24 오른쪽 그림과 같이 점 A에서 높이가 5π cm 인 원기둥의 옆면을 한 바퀴 돌아 점 B에 이르는 최단 거리가 13π cm일 때, 이 원기둥의 밑면의 반지름의 길이를 구하여라.

유형 **01**

오른쪽 그림과 같이 한 모서리의 길이가 3cm인 정육면체의 꼭짓점 B에서 △AFC에 내린 수선의 발을 I라 할 때, $\overline{BI}$의 길이를 구하여라.

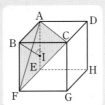

해결**포인트** 직육면체 또는 정육면체에서 선분의 길이 또는 다각형의 넓이는 다음과 같이 구한다.
① 직각삼각형을 찾거나 적당한 보조선을 그어 직각삼각형을 만든다.
② 직각삼각형에서 피타고라스 정리를 이용한다.

 확인문제

※ 오른쪽 그림과 같이 세 모서리의 길이가 3, 4, 5인 직육면체가 있다. 다음 물음에 답하여라.

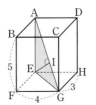

1-1 △AEG의 둘레의 길이를 구하여라.

1-2 꼭짓점 E에서 대각선 AG에 내린 수선의 발을 I라 할 때, $\overline{EI}$의 길이를 구하여라.

유형 **02**

오른쪽 그림과 같이 반지름의 길이가 5cm인 구에 높이가 9cm인 원뿔이 내접하고 있다. 이 원뿔의 부피를 구하여라.

해결**포인트** 원뿔의 모선의 길이를 a, 밑면의 반지름의 길이를 r라 하면 높이 h는 $h=\sqrt{a^2-r^2}$이고, 부피 V는 $V=\frac{1}{3}\pi r^2 h$이다.

 확인문제

2-1 오른쪽 그림과 같은 직각삼각형 ABC를 직선 AC를 축으로 하여 1회전시킬 때 생기는 입체도형의 부피를 구하여라.

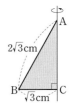

2-2 오른쪽 그림과 같은 전개도로 만들어지는 원뿔의 높이를 구하여라.

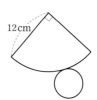

유형 03

오른쪽 그림과 같이 한 모서리의 길이가 10 cm인 정사면체의 꼭짓점 A에서 밑면에 내린 수선의 발을 H라 하고 $\overline{BC}$의 중점을 M이라 할 때, △AMH의 넓이를 구하여라.

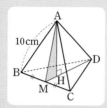

해결포인트 한 모서리의 길이가 a인 정사면체의 높이 h는 $h=\dfrac{\sqrt{6}}{3}a$, 부피 V는 $V=\dfrac{\sqrt{2}}{12}a^3$이고 정사면체의 한 꼭짓점에서 밑면에 내린 수선의 발은 밑면의 무게중심과 일치한다.

유형 04

오른쪽 그림과 같이 모선의 길이가 12 cm, 밑면의 반지름의 길이가 3 cm인 원뿔이 있다. 모선 AB의 중점을 M이라 할 때, 점 B에서 출발하여 원뿔의 옆면을 따라 한 바퀴 돌아 점 M에 이르는 최단 거리를 구하여라.

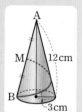

해결포인트 입체도형에서 겉면을 따라 움직인 최단 거리를 구할 때는 전개도를 그려 생각한다.

확인문제

3-1 오른쪽 그림과 같이 한 모서리의 길이가 8 cm인 정사면체에서 $\overline{BC}$의 중점을 M이라 할 때, △AMD의 넓이를 구하여라.

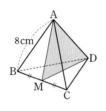

확인문제

4-1 오른쪽 그림과 같이 한 모서리의 길이가 2인 정사면체에서 $\overline{BC}$의 중점을 M이라 할 때, 점 M에서 출발하여 겉면을 따라 $\overline{AC}$를 지나 점 D에 이르는 최단 거리를 구하여라.

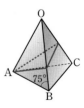

4-2 오른쪽 그림과 같은 삼각뿔에서 $\overline{OA}=\overline{OB}=\overline{OC}=5\sqrt{2}$, ∠OBA=75°이고, △ABC는 정삼각형이다. 점 A를 출발하여 겉면을 따라 $\overline{OB}$, $\overline{OC}$를 지나 점 A로 되돌아오는 최단 거리를 구하여라.

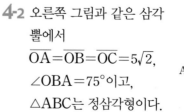

3-2 한 모서리의 길이가 $3\sqrt{2}$ cm인 정팔면체의 부피를 구하여라.

1 오른쪽 그림과 같이 한 모서리의 길이가 4인 정육면체에서 $\overline{BF}$, $\overline{BC}$의 중점을 각각 M, N이라 할 때, $\triangle AMN$의 넓이를 구하여라.

(단, 풀이 과정을 자세히 써라.)

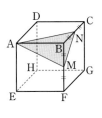

3 오른쪽 그림과 같이 모든 모서리의 길이가 4 cm 인 정사각뿔에서 $\overline{OC}$, $\overline{OD}$의 중점을 각각 P, Q라 할 때, 사다리꼴 ABPQ의 넓이를 구하여라. (단, 풀이 과정을 자세히 써라.)

2 오른쪽 그림과 같이 세 모서리의 길이가 각각 6, 6, 12인 직육면체를 세 점 B, D, E를 지나는 평면으로 잘라 삼각뿔 A−BDE를 만들었다. 삼각뿔의 밑면을 $\triangle BDE$로 생각할 때, 높이를 구하여라.

(단, 풀이 과정을 자세히 써라.)

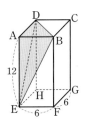

4 오른쪽 그림과 같이 한 모서리의 길이가 10 cm 인 정육면체의 각 모서리의 중점을 연결하여 정육각형 ABCDEF 를 만들었다. 이 정육각형의 넓이를 구하여라. (단, 풀이 과정을 자세히 써라.)

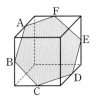

Step 6

도전 1등급

정답 p. 39

01 오른쪽 그림에서 $\overline{AD}$의 길이는?

① $\sqrt{30}$cm ② $4\sqrt{2}$cm

③ 6cm ④ $2\sqrt{10}$cm

⑤ $\sqrt{42}$cm

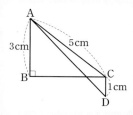

생각해봅시다!

점 D에서 $\overline{AB}$의 연장선에 수선을 내려 직각삼각형을 만들어 본다.

02 오른쪽 그림과 같이 한 변의 길이가 3cm인 정삼각형 ABC의 한 변 BC의 연장선 위에 $\overline{CD}=2$cm가 되도록 점 D를 잡을 때, $\overline{AD}$의 길이를 구하여라.

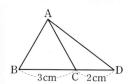

점 A에서 밑변 BC에 수선을 내려 직각삼각형을 만들어 피타고라스 정리를 이용한다.

03 오른쪽 그림에서 △ABC는 $\overline{AB}=\overline{AC}=6$cm인 이등변삼각형이고, 점 G는 △ABC의 무게중심이다. $\overline{BC}=8$cm일 때, $\overline{GD}$의 길이는?

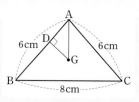

$\overline{GB}$, $\overline{GC}$를 그으면
△ABC=△ABG+△BCG
       +△CAG
이고, △ABG≡△ACG임을 이용한다.

① $\dfrac{5\sqrt{5}}{9}$ cm ② $\dfrac{2\sqrt{5}}{3}$ cm ③ $\dfrac{7\sqrt{5}}{9}$ cm

④ $\dfrac{8\sqrt{5}}{9}$ cm ⑤ $8\sqrt{5}$cm

04 원점에서 직선 $y=x+k$에 그은 수선의 길이가 $4\sqrt{2}$일 때, 양수 k의 값을 구하여라.

주어진 직선을 좌표평면에 나타낸 후 직각삼각형을 찾아 피타고라스 정리를 이용한다.

05 오른쪽 그림의 직사각형 ABCD 에서 $\overline{AB}=6$cm, $\overline{AD}=8$cm이 고 두 꼭짓점 A, C에서 대각선 BD에 내린 수선의 발을 각각 E, F라고 할 때, $\overline{EF}$의 길이를 구하 여라.

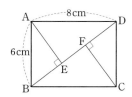

● 먼저 대각선 BD의 길이를 구하 고, 직각삼각형의 성질을 이용하여 $\overline{BE}$의 길이를 구한다.

06 오른쪽 그림에서 세 삼각형 ABC, ADE, AFG는 모두 정삼각형이다. △ABC의 넓이가 $64\sqrt{3}$cm²일 때, △AFG의 넓이를 구하여라.

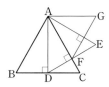

● 한 변의 길이가 a인 정삼각형의 넓이 는 $\frac{\sqrt{3}}{4}a^2$임을 이용한다.

07 오른쪽 그림과 같이 좌표평면 위에 두 점 A$(-1, 2)$, B$(3, 4)$가 있 다. 점 P가 x축 위를 움직일 때, $\overline{AP}+\overline{BP}$의 최솟값은?

① $2\sqrt{10}$　　② $2\sqrt{11}$

③ $4\sqrt{3}$　　④ $2\sqrt{13}$

⑤ $2\sqrt{14}$

● 점 A와 x축에 대하여 대칭인 점 을 A′이라 하면 $\overline{AP}=\overline{A'P}$임을 이용한다.

08 오른쪽 그림과 같이 반지름의 길이가 10cm인 반원 O에 정사각형 ABCD 가 내접하고 있다. 이 정사각형의 한 변의 길이를 구하여라.

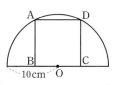

● 적당히 보조선을 그어 피타고라스 정리를 이용 할 수 있도록 직각삼 각형을 만든다.

09 오른쪽 그림의 사각형 ABCD는 한 변의 길이가 12cm인 정사각형이다. 변 BC 위의 점 P에 대하여 ∠PAD의 이등분선이 변 CD와 만나는 점을 E라 하고, 변 BC의 연장선과 만나는 점을 F라 할 때, $\overline{CE}$=4cm이다. 이때 $\overline{AP}$의 길이를 구하여라.

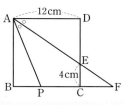

△AED와 △FEC가 닮음임을 이용하면 $\overline{CF}$의 길이를 구할 수 있다.

10 오른쪽 그림과 같이 한 모서리의 길이가 20인 정육면체에 외접하는 구의 반지름의 길이는?

① 8
② $8\sqrt{3}$
③ 10
④ $10\sqrt{3}$
⑤ $12\sqrt{3}$

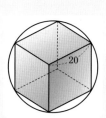

정육면체의 대각선과 구의 지름 사이의 관계를 생각해 본다.

11 오른쪽 그림과 같이 한 변의 길이가 8cm인 정사각형 ABCD가 있다. $\overline{BC}$, $\overline{CD}$ 위의 점 E, F에 대하여 △AEF가 정삼각형일 때, $\overline{BE}$의 길이를 구하여라.

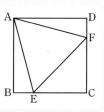

$\overline{BE}$=$x$cm라고 하면 $\overline{AE}$, $\overline{EF}$의 길이를 x에 대한 식으로 나타낼 수 있다.

12 오른쪽 그림과 같이 밑면의 반지름의 길이가 3, 높이가 6π인 원기둥이 있다. 밑면의 A지점에서 원기둥의 옆면을 따라 두 바퀴 돌아서 B지점에 이르는 최단 거리를 구하여라.

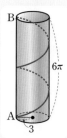

입체도형에서 최단 거리는 선이 지나는 부분의 전개도를 그려 구한다.

Step 7

대단원 성취도 평가

나의 점수 _____점 / 100점 만점

정답 p. 41

객관식 [각 5점]

01 오른쪽 그림과 같이 ∠B가 직각인 삼각형 ABC에서 $\overline{AB} : \overline{BC}=1 : 3$이고, $\overline{AC} \perp \overline{BP}$, $\overline{BP}=\sqrt{10}$일 때, $\overline{BC}$의 길이는?

① 8   ② $3\sqrt{10}$ ③ $4\sqrt{6}$

④ 10   ⑤ $4\sqrt{3}$

02 오른쪽 그림에서 $\overline{AB}=\overline{BC}=\overline{CD}=\overline{DE}=\overline{EF}$ 이고 $\overline{AF}=5\sqrt{5}$ cm일 때, $\overline{AB}$의 길이는?

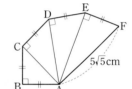

① 3 cm   ② $\sqrt{10}$ cm   ③ 4 cm

④ $2\sqrt{5}$ cm   ⑤ 5 cm

03 오른쪽 그림과 같이 넓이가 각각 36 cm², 16 cm²인 두 개의 정사각형을 붙여 놓았을 때, $\overline{AE}$의 길이는?

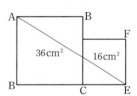

① $8\sqrt{2}$ cm   ② $2\sqrt{34}$ cm   ③ $2\sqrt{35}$ cm

④ 12 cm   ⑤ $25\sqrt{6}$ cm

04 오른쪽 그림과 같은 사다리꼴 ABCD에서 $\overline{AB}=\overline{CD}=4$ cm, $\overline{BC}=10$ cm일 때, 이 사다리꼴의 넓이는?

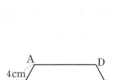

① 32 cm²   ② $16\sqrt{3}$ cm²   ③ 64 cm²

④ $16\sqrt{5}$ cm²   ⑤ $16\sqrt{6}$ cm²

05 다음 중 직각삼각형의 세 변의 길이가 될 수 있는 것은?

① 3, 5, 6   ② 4, 12, 13   ③ 3, 3, $\sqrt{6}$

④ 4, $2\sqrt{5}$, 6   ⑤ 5, 5, $4\sqrt{5}$

06 오른쪽 그림의 사각형 ABCD에서 $\overline{AC}\perp\overline{BD}$, $\overline{AD}=6$, $\overline{BC}=7$, $\overline{OA}=\overline{OB}=5$일 때, $\overline{CD}$의 길이는?

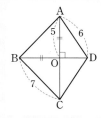

① $4\sqrt{2}$　　② $\sqrt{33}$　　③ $\sqrt{34}$

④ $\sqrt{35}$　　⑤ 6

07 오른쪽 그림과 같이 $\overline{AB}=8$cm, $\angle C=45°$인 삼각형 ABC의 꼭짓점 A, B에서 대변에 내린 수선의 발을 각각 D, E라 하면 $\angle BAD=30°$이다. 이때 $\overline{BC}$의 길이는?

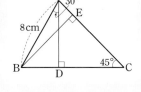

① $4(1+\sqrt{3})$cm　　② $4(2-\sqrt{3})$cm

③ $4(2+\sqrt{3})$cm　　④ $4(3-\sqrt{3})$cm

⑤ $4(3+\sqrt{3})$cm

08 오른쪽 그림과 같이 폭이 6cm인 직사각형 모양의 띠를 접었더니 $\angle ABC=60°$이었다. 이때 $\triangle ABC$의 넓이는?

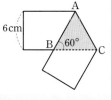

① $12\sqrt{2}$cm²　② $12\sqrt{3}$cm²　③ 24cm²

④ $12\sqrt{5}$cm²　⑤ $12\sqrt{6}$cm²

09 좌표평면 위의 세 점 A$(-2, -3)$, B$(a, a+4)$, C$(1, 2)$를 꼭짓점으로 하는 삼각형 ABC가 $\overline{AC}$를 빗변으로 하는 직각삼각형일 때, 모든 실수 a의 값의 합은?

① -5　　　　② -3　　　　③ -1

④ 1　　　　⑤ 3

10 오른쪽 그림과 같이 한 모서리의 길이가 6인 정육면체에서 밑면의 두 대각선의 교점을 M이라 할 때, $\triangle DMG$의 넓이는?

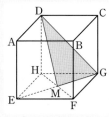

① $5\sqrt{6}$　　② $10\sqrt{2}$　　③ $6\sqrt{6}$

④ $4\sqrt{14}$　　⑤ $9\sqrt{3}$

11 밑면의 넓이가 25π cm²이고 모선의 길이가 7 cm인 원뿔의 높이는?

① $2\sqrt{5}$ cm　　　② $2\sqrt{6}$ cm　　　③ $2\sqrt{7}$ cm

④ $4\sqrt{2}$ cm　　　⑤ 6 cm

12 오른쪽 그림과 같은 전개도로 만든 사각뿔의 부피는?

① $16\sqrt{39}$ cm³　　　② $24\sqrt{39}$ cm³

③ $32\sqrt{39}$ cm³　　　④ $40\sqrt{39}$ cm³

⑤ $48\sqrt{39}$ cm³

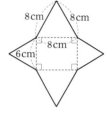

13 오른쪽 그림과 같은 삼각기둥의 꼭짓점 A에서 모서리 CF, BE를 차례로 지나 꼭짓점 D에 이르는 최단 거리는?

① $2\sqrt{15}$　　　② $3\sqrt{7}$　　　③ $\sqrt{65}$

④ $2\sqrt{17}$　　　⑤ $\sqrt{69}$

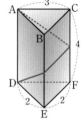

주관식 [각 6점]

14 오른쪽 그림과 같이 정사각형 ABCD의 각 변의 중점을 연결하여 정사각형 PQRS를 만들었다. $\overline{PQ}=\sqrt{3}$일 때, $\overline{AB}$의 길이를 구하여라.

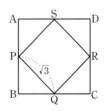

15 오른쪽 그림에서 $\overline{AB}=\overline{BB_1}=2$ cm이고, $\overparen{A_1B_2}$, $\overparen{A_2B_3}$, $\overparen{A_3B_4}$, $\overparen{A_4B_5}$는 각각 $\overline{BA_1}$, $\overline{BA_2}$, $\overline{BA_3}$, $\overline{BA_4}$를 반지름으로 하는 원의 일부이다. 이때 $\overline{BA_5}$의 길이를 구하여라.

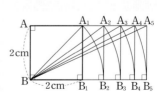

16 오른쪽 그림과 같이 밑면의 반지름의 길이가 8cm, 모선의 길이가 17cm인 원뿔에 내접하는 구가 있다. 이 구의 반지름의 길이를 구하여라.

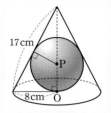

17 오른쪽 그림과 같이 밑면은 한 변의 길이가 8인 정사각형이고 옆면의 모서리의 길이가 9인 정사각뿔의 꼭짓점 O에서 밑면에 내린 수선의 발을 H라 할 때, △OHC의 넓이를 구하여라.

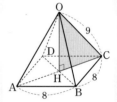

서술형 주관식

18 오른쪽 그림과 같이 ∠A=90°인 직각삼각형 ABC에서 세 변을 지름으로 하는 반원을 각각 그렸다. $\overline{AB}$=16cm, $\overline{BC}$=20cm일 때, 어두운 부분의 넓이를 구하여라.
(단, 풀이 과정을 자세히 써라.) [5점]

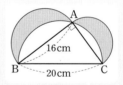

19 오른쪽 그림과 같이 한 모서리의 길이가 8인 정사면체에서 $\overline{AC}$, $\overline{AD}$의 중점을 각각 E, F라 할 때, △BEF의 넓이를 구하여라.
(단, 풀이 과정을 자세히 써라.) [6점]

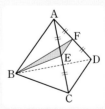

중간고사 대비

내신 만점 테스트

정답 p. 44

1회

_____ 반   이름 _____

01 다음 중 산포도에 대한 설명으로 옳지 않은 것은? [4점]

① 편차는 각 변량에서 평균을 뺀 값이다.

② 평균보다 작은 변량의 편차는 음수이다.

③ 편차의 합이 작을수록 평균을 중심으로 변량이 고르게 흩어져 있다.

④ 표준편차가 작을수록 변량은 평균에 가깝게 있는 편이다.

⑤ 분산이 클수록 변량은 평균을 중심으로 넓게 흩어져 있다.

02 3개의 변량 4, $a+4$, $2a+4$의 분산이 6일 때, 양수 a의 값은? [4점]

① 2   ② 3

③ 4   ④ 5

⑤ 6

03 세 개의 변량 x, y, z의 평균이 5일 때, $\dfrac{x-5}{2}$, $\dfrac{y-5}{2}$, $\dfrac{z-5}{2}$의 평균은? [3점]

① -10 ② -5

③ 0   ④ 5

⑤ $\dfrac{5}{2}$

04 아래의 표는 4명의 학생의 수학 성적의 편차를 나타낸 것이다. 다음 중 옳은 것은? [4점]

학생	A	B	C	D
편차(회)	4	-3	x	-1

① A학생의 성적이 가장 낮다.

② 중앙값은 C학생의 성적과 같다.

③ B학생과 D학생의 성적의 차는 2점이다.

④ 분산은 4.5이다.

⑤ 이 자료만으로 평균을 구할 수 있다.

05 다음 도수분포표에서 평균을 구했더니 $\dfrac{13}{2}$이었다. 이때 a^2+b^2의 값은? [4점]

계급값	2	4	6	8	10	합계
도수	2	a	5	8	b	20

① 11   ② 12

③ 13   ④ 14

⑤ 15

06 삼각형 ABC에서 세 내각 $\angle$A, $\angle$B, $\angle$C의 대변의 길이를 각각 a, b, c라 하자. $\angle$C$=90°$일 때, 다음 중 옳은 것을 모두 고르면?

(정답 2개) [4점]

① $a+b>c$ ② $a+b<c$

③ $a^2+b^2<c^2$ ④ $a^2+b^2>c^2$

⑤ $a^2+b^2=c^2$

07 세 변의 길이가 각각 4, 7, n인 삼각형이 둔각삼각형일 때, 모든 자연수 n의 값의 합은?

(단, $n>7$) [4점]

① 9   ② 10

③ 19   ④ 31

⑤ 42

08 어떤 정삼각형의 둘레의 길이와 넓이가 그 값이 서로 같다. 이때 이 정삼각형의 한 변의 길이는? [3점]

① 3   ② $2\sqrt{3}$

③ $3\sqrt{3}$ ④ 6

⑤ $4\sqrt{3}$

09 오른쪽 그림에서 $\overline{AB}=\overline{BC}$ $=\overline{CD}=\overline{DE}$ $=\overline{EF}=3$cm 일 때, $\overline{AF}$의 길이는? [4점]

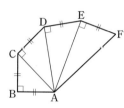

① $\sqrt{5}$cm

② $2\sqrt{5}$cm

③ $3\sqrt{5}$cm

④ $4\sqrt{5}$cm

⑤ $5\sqrt{5}$cm

10 오른쪽 그림에서 두 직 각삼각형 ABE와 CDB는 합동이고, 세 점 A, B, C는 일직선 위에 있다. $\overline{AE}=\sqrt{7}$, $\overline{CD}=3$일 때, $\overline{DE}$의 길이는? [4점]

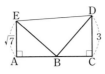

① $2\sqrt{2}$ ② 4

③ $4\sqrt{2}$ ④ $3\sqrt{7}$

⑤ 8

11 오른쪽 그림과 같은 직 각삼각형 ABC의 넓이는? [4점]

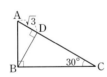

① 3
② $2\sqrt{3}$
③ $3\sqrt{3}$
④ $5\sqrt{3}$
⑤ $6\sqrt{3}$

12 오른쪽 그림과 같이 $\overline{AB}=\overline{CD}$인 등변사다리꼴 ABCD에서 $\overline{AD}=7$cm, $\overline{BC}=13$cm, $\overline{CD}=9$cm일 때, □ABCD의 넓이는? [4점]

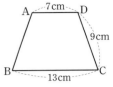

① $50\sqrt{2}$cm² ② $60\sqrt{2}$cm²

③ $70\sqrt{2}$cm² ④ $80\sqrt{2}$cm²

⑤ $90\sqrt{2}$cm²

13 오른쪽 그림과 같은 직 각삼각형 ABC에서 각 변을 지름으로 하는 세 반원의 넓이를 P, Q, R라 할 때, $P+Q+R$의 값은? [4점]

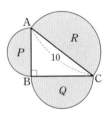

① 20π ② 25π

③ 30π ④ 40π

⑤ 50π

14 오른쪽 그림과 같이 중심각의 크기가 144° 이고 넓이가 40π cm² 인 부채꼴이 있다. 이 부채꼴로 원뿔의 옆면을 만들 때, 원뿔의 높이는? [4점]

① $\sqrt{74}$cm ② $\sqrt{94}$cm

③ $2\sqrt{21}$cm ④ $2\sqrt{29}$cm

⑤ $2\sqrt{37}$cm

15 오른쪽 그림과 같이 한 모서리의 길이가 $4\sqrt{3}$인 정육면체의 꼭짓점 D에서 대각선 AG에 내린 수선의 발을 I라 할 때, $\overline{DI}$의 길이는? [4점]

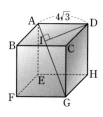

① 3
② $2\sqrt{3}$
③ $3\sqrt{2}$
④ $2\sqrt{5}$
⑤ $4\sqrt{2}$

16 오른쪽 그림과 같이 한 모서리의 길이가 6cm인 정사면체의 O−ABC의 꼭짓점 O에서 밑면 ABC에 내린 수선의 발을 H라 할 때, $\overline{CH}$의 길이와 정사면체 O−ABC의 부피를 차례로 적은 것은? [4점]

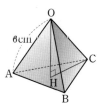

① $2\sqrt{3}$cm, $18\sqrt{2}$cm³
② $2\sqrt{6}$cm, $18\sqrt{2}$cm³
③ $3\sqrt{2}$cm, $18\sqrt{2}$cm³
④ $2\sqrt{3}$cm, $20\sqrt{2}$cm³
⑤ $2\sqrt{6}$cm, $20\sqrt{2}$cm³

17 다음 10개의 변량의 평균이 30일 때, 중앙값을 구하여라. [5점]

> 28, 24, 42, 50, 18, 20, x, 32, 28, 30

18 찬열이가 기말고사 12과목 성적의 평균을 구하는데 실제 점수가 69점인 어떤 과목의 점수를 잘못 보아 평균 점수가 1점이 더 나왔다. 69점을 몇 점으로 잘못보았는지 구하여라. [5점]

19 오른쪽 그림과 같이 직각삼각형 ABC에서 $\overline{AD}$가 ∠A의 이등분선이고 $\overline{BD}=6$, $\overline{DC}=3$일 때, $\overline{AC}$의 길이를 구하여라. [5점]

20 오른쪽 그림과 같은 직각삼각형 ABC에서 $\overline{BC}/\!/\overline{DE}$이고 $\overline{AD}=4$, $\overline{DB}=6$, $\overline{DE}=6$일 때, $\overline{BE}^2+\overline{CD}^2$의 값을 구하여라. [5점]

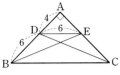

22 5개의 변량 -3, -2, a, b, b의 평균이 1이고 분산이 11.6일 때, a, b의 값을 구하여라. (단, 풀이 과정을 자세히 써라.) [7점]

21 오른쪽 그림과 같이 밑면의 반지름의 길이가 3이고 높이가 8π인 원기둥이 있다. 밑면의 A지점에서 원기둥의 옆면을 따라 두 바퀴 돌아서 B지점에 이르는 최단 거리를 구하여라. [5점]

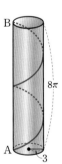

23 다음 그림의 삼각형 ABC에서 $\angle BAC=90°$이고 $\overline{AB}=4$, $\overline{AC}=3$이다. $\square ABED$, $\square ACHI$, $\square BFGC$가 각각 정사각형일 때, $\triangle BFN$의 넓이를 구하여라.

(단, 풀이 과정을 자세히 써라.) [6점]

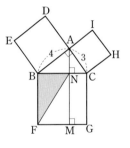

중간고사 대비
내신 만점 테스트

정답 p. 47

2회

____ 반   이름 _____

01 각 변량이 흩어져 있는 정도를 하나의 수로 나타낸 값은? [3점]

① 평균　　　② 최빈값

③ 중앙값　　④ 편차

⑤ 분산

02 다음 중 옳지 <u>않은</u> 것을 모두 고르면? [4점]

① 자료를 작은 값부터 크기순으로 나열할 때 중앙에 오는 값을 중앙값이라고 한다.

② 변량 중에서 도수가 가장 큰 값을 최빈값이라고 한다.

③ 편차는 어떤 자료의 각 변량에서 그 자료의 중앙값을 뺀 값을 말한다.

④ 편차의 평균으로 변량들이 흩어져 있는 정도를 알 수 있다.

⑤ 편차의 제곱의 평균을 분산이라고 한다.

03 같은 모둠에 속한 6명의 학생 모두 수행 평가 점수가 각각 5점씩 올라가면 6명의 평균과 표준편차는 어떻게 되겠는가? [3점]

① 평균과 표준편차 모두 변하지 않는다.

② 평균과 표준편차 모두 5점씩 내려간다.

③ 평균은 그대로이고, 표준편차는 5점 올라간다.

④ 평균은 5점 올라가고, 표준편차는 5점 내려간다.

⑤ 평균은 5점 올라가고, 표준편차는 변하지 않는다.

04 다음 조건을 모두 만족하는 a의 값의 범위는? [4점]

> ㈎ 5개의 변량 15, 20, 25, 30, a의 중앙값은 25이다.
> ㈏ 4개의 변량 30, 40, 43, a의 중앙값은 35이다.

① $25 < a < 30$　　② $25 \leq a < 30$

③ $25 < a \leq 30$　　④ $25 \leq a \leq 30$

⑤ $a \geq 30$

05 아래 표는 5명의 학생이 쪽지 시험에서 얻은 성적의 편차를 나타낸 것이다. 다음 중 옳지 않은 것은? [4점]

학생	A	B	C	D	E
편차(점)	5	-2	-1		2

① D학생의 편차는 -4이다.
② 평균보다 높은 점수를 얻은 학생은 A, E이다.
③ C학생의 성적은 평균보다 1점 낮다.
④ A학생과 D학생의 점수 차는 9점이다.
⑤ 5명의 학생의 성적의 표준편차는 $\sqrt{7}$ 점이다.

06 좌표평면 위의 두 점 $A(2, 1)$, $B(6, 4)$에 대하여 $\overline{AB}$의 길이는? [3점]

① 3 　　　　② 4
③ $4\sqrt{2}$ 　　　④ 5
⑤ $5\sqrt{3}$

07 빗변의 길이가 25 cm인 직각삼각형의 넓이가 84 cm²일 때, 이 삼각형의 세 변의 길이의 합은? [4점]

① 50 cm 　　　② 52 cm
③ 56 cm 　　　④ 59 cm
⑤ 60 cm

08 세 변의 길이가 다음 보기와 같은 삼각형 중에서 예각삼각형인 것을 모두 고른 것은? [3점]

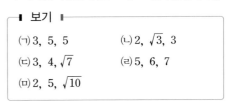

┤ 보기 ├

(ㄱ) 3, 5, 5 　　　(ㄴ) 2, $\sqrt{3}$, 3
(ㄷ) 3, 4, $\sqrt{7}$ 　　(ㄹ) 5, 6, 7
(ㅁ) 2, 5, $\sqrt{10}$

① (ㄱ), (ㄷ) 　　　② (ㄱ), (ㄹ)
③ (ㄴ), (ㄷ) 　　　④ (ㄷ), (ㅁ)
⑤ (ㄹ), (ㅁ)

09 오른쪽 그림과 같은 직사각형 ABCD에서 $\overline{AB}=9$, $\overline{AD}=12$이고 꼭짓점 A, C에서 대각선 BD에 내린 수선의 발을 각각 P, Q라 할 때, $\overline{PQ}$의 길이는? [4점]

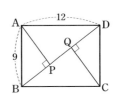

① $\dfrac{21}{10}$ 　　　② $\dfrac{18}{5}$
③ 4 　　　　④ $\dfrac{21}{5}$
⑤ 5

10 다음 그림에서 $\overline{OA}$는 한 변의 길이가 1인 정사각형의 대각선이고 $\overline{OA}=\overline{OE}$, $\overline{OB}=\overline{OF}$, $\overline{OC}=\overline{OG}$일 때, 어두운 부분의 넓이는? [4점]

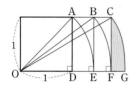

① $\dfrac{\pi}{4}-\dfrac{1}{2}$ ② $\dfrac{\pi}{3}-\dfrac{\sqrt{3}}{2}$

③ $\dfrac{\pi}{3}-1$ ④ $\dfrac{\pi}{8}+\dfrac{1}{2}$

⑤ $\dfrac{\pi}{3}-\dfrac{\sqrt{3}}{2}$

11 오른쪽 그림은 $\overline{AB}=6\,cm$, $\overline{BC}=8\,cm$인 직사각형 ABCD를 대각선 BD를 접는 선으로 하여 접은 것이다. 이때 △DEF의 넓이는? [4점]

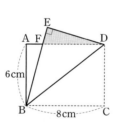

① $\dfrac{21}{4}\,cm^2$ ② $6\,cm^2$

③ $\dfrac{48}{5}\,cm^2$ ④ $12\,cm^2$

⑤ $16\,cm^2$

12 오른쪽 그림과 같은 직사각형 ABCD에서 내부의 한 점 P에 대하여 $\overline{AP}=8$, $\overline{BP}=9$, $\overline{CP}=7$일 때, $\overline{DP}$의 길이는? [4점]

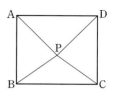

① 5   ② $4\sqrt{2}$

③ 7   ④ $\sqrt{51}$

⑤ $3\sqrt{6}$

13 오른쪽 그림과 같은 직육면체에서 x의 값은? [4점]

① 2

② 3

③ $3\sqrt{2}$

④ $2\sqrt{6}$

⑤ $\sqrt{39}$

14 오른쪽 그림과 같은 정육면체에서 △BCD의 넓이가 $5\sqrt{3}$일 때, 삼각뿔 A−BCD의 부피는? [4점]

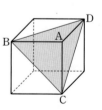

① $\dfrac{5\sqrt{3}}{3}$ ② $\dfrac{10\sqrt{3}}{3}$

③ $\dfrac{5\sqrt{10}}{3}$ ④ $\dfrac{10\sqrt{10}}{3}$

⑤ $3\sqrt{10}$

15 오른쪽 그림과 같이 반지름의 길이가 r인 구에 내접하는 정팔면체의 부피는? [4점]

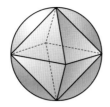

① $\dfrac{1}{3}r^3$

② r^3

③ $\dfrac{2}{3}r^3$

④ $\dfrac{4}{3}r^3$

⑤ $2r^3$

16 오른쪽 그림과 같은 원뿔대에서 두 밑면의 반지름의 길이는 각각 2cm, 4cm이고 $\overline{OA}=8$cm이다. 점 M이 원뿔대의 모선 AB의 중점일 때, 점 A에서 출발하여 원뿔대의 옆면을 따라 한 바퀴 돌아 점 M에 이르는 최단 거리는? [4점]

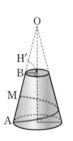

① 8cm   ② 10cm

③ 12cm   ④ 16cm

⑤ 20cm

17 오른쪽 그림과 같이 한 모서리의 길이가 4인 정육면체의 꼭짓점 B에서 △AFC에 내린 수선의 발을 I라 할 때, $\overline{BI}$의 길이는? [4점]

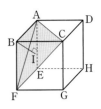

① $\dfrac{4\sqrt{3}}{9}$ ② $\dfrac{2\sqrt{3}}{3}$

③ $\dfrac{8\sqrt{3}}{9}$ ④ $\dfrac{4\sqrt{3}}{3}$

⑤ $\dfrac{16\sqrt{3}}{9}$

주관식

18 세 개의 변량 a, b, c의 평균이 2, 분산이 2일 때, a^2, b^2, c^2의 평균을 구하여라. [5점]

19 다음 표는 학생 10명의 국어 성적을 60점을 기준으로 하여 과부족을 나타낸 것이다. 국어 성적의 표준편차를 구하여라. [5점]

과부족	-4	-3	-2	-1	0	1	2	합계
학생 수	1	3	0	1	2	2	1	10

20 오른쪽 그림에서 $\overline{CD}$ 의 길이를 구하여라.
[5점]

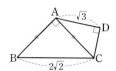

21 오른쪽 그림과 같이 세 변의 길이가 각각 10, 17, 21인 삼각형 ABC의 넓이를 구하여라. [5점]

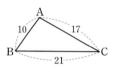

22 모든 모서리의 길이의 합이 48이고 대각선의 길이가 $\sqrt{66}$인 직육면체의 겉넓이를 구하여라. [5점]

서술형 주관식

23 오른쪽 그림과 같이 한 모서리의 길이가 4인 정육면체에서 $\overline{AE}$, $\overline{FG}$, $\overline{CD}$의 중점을 각각 P, Q, R라 할 때, △PQR의 넓이를 구하여라. (단, 풀이 과정을 자세히 써라.) [6점]

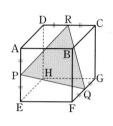

24 오른쪽 그림과 같은 삼각형 ABC를 직선 l을 축으로 하여 1회전시킬 때 생기는 입체도형의 부피를 구하여라.
(단, 풀이 과정을 자세히 써라.)
[6점]

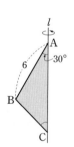

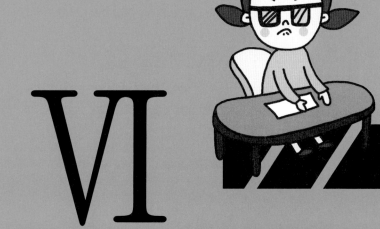

VI

삼각비

정답 p. 50

1 삼각비의 뜻

[01~04] 오른쪽 그림과 같이 ∠B=90°인 직각삼각형 ABC에 대하여 다음 □ 안에 알맞은 것을 써넣어라.

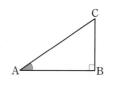

01 $\dfrac{\overline{BC}}{\overline{AC}}$ 를 ∠A의 □이라 하고 기호로 □와 같이 나타낸다.

02 $\dfrac{\overline{AB}}{\overline{AC}}$ 를 ∠A의 □이라 하고 기호로 □와 같이 나타낸다.

03 $\dfrac{\overline{BC}}{\overline{AB}}$ 를 ∠A의 □라 하고 기호로 □와 같이 나타낸다.

04 $\sin A$, $\cos A$, $\tan A$를 통틀어 ∠A의 □라고 한다.

[05~10] 오른쪽 그림과 같은 직각삼각형 ABC에 대하여 다음 물음에 답하여라.

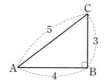

05 $\sin A$의 값을 구하여라.

06 $\cos A$의 값을 구하여라.

07 $\tan A$의 값을 구하여라.

08 $\sin C$의 값을 구하여라.

09 $\cos C$의 값을 구하여라.

10 $\tan C$의 값을 구하여라.

[11~14] 오른쪽 그림과 같은 직각삼각형 ABC에 대하여 다음 물음에 답하여라.

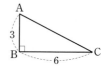

11 $\overline{AC}$의 길이를 구하여라.

12 $\sin A$의 값을 구하여라.

13 $\cos A$의 값을 구하여라.

14 $\tan A$의 값을 구하여라.

[15~16] 오른쪽 그림과 같은 직각삼각형 ABC에서 $\sin C = \dfrac{2}{3}$일 때, 다음 물음에 답하여라.

15 $\overline{AC}$의 길이를 구하여라.

16 $\overline{BC}$의 길이를 구하여라.

[17~19] 오른쪽 그림과 같은 직각삼각형 ABC에서 $\overline{AC}\perp\overline{BD}$일 때, 다음 ☐ 안의 (가), (나), (다)에 알맞은 선분을 구하여라.

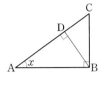

17 $\sin x = \dfrac{\boxed{(가)}}{\overline{AC}} = \dfrac{\overline{BD}}{\boxed{(나)}} = \dfrac{\boxed{(다)}}{\overline{BC}}$

18 $\cos x = \dfrac{\boxed{(가)}}{\overline{AC}} = \dfrac{\boxed{(나)}}{\overline{AB}} = \dfrac{\overline{BD}}{\boxed{(다)}}$

19 $\tan x = \dfrac{\boxed{(가)}}{\overline{AB}} = \dfrac{\boxed{(나)}}{\overline{AD}} = \dfrac{\overline{CD}}{\boxed{(다)}}$

20 $\sin A = \dfrac{3}{4}$일 때, $\cos A$와 $\tan A$의 값을 구하여라.

---

2 특수한 각—30°, 45°, 60°의 삼각비의 값

[21~23] 오른쪽 그림과 같이 직각을 낀 두 변이 길이가 1인 직각이등변삼각형의 빗변의 길이가 $\sqrt{2}$임을 이용하여 다음 삼각비의 값을 구하여라.

21 $\sin 45°$

22 $\cos 45°$

23 $\tan 45°$

[24~29] 오른쪽 그림과 같이 한 변의 길이가 2인 정삼각형의 높이가 $\sqrt{3}$임을 이용하여 다음 삼각비의 값을 구하여라.

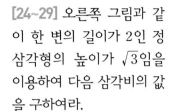

24 $\sin 30°$

25 $\cos 30°$

26 $\tan 30°$

27 $\sin 60°$

28 $\cos 60°$

29 $\tan 60°$

[30~38] 다음을 계산하여라.

30 $\cos 60° \times \cos 30° + \sin 60° \times \sin 30°$

31 $\cos 30° - \tan 45° \times \sin 60°$

32 $\tan 60° \times \tan 45° + \tan 30° \times \tan 45°$

33 $(1 + \tan 30°)(1 - \tan 30°)$

34 $(\sin 45° + \tan 60°)^2$

35 $\sin 30° \times \cos 45° + \cos 30° \times \sin 45°$

36 $\sin 30° \times \cos 45° + \sin 45° \times \cos 45°$

37 $\cos^2 30° \times \tan 60° - \tan 60° \times \sin^2 45°$

38 $\sin 30°(\cos 45° + \sin 30° - \sin 45°)$

[39~43] 다음 그림에서 x, y의 값을 구하여라.

39

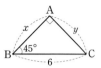

40

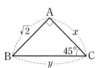

41

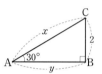

42

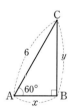

43

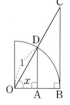

3 예각의 삼각비의 값

[44~47] 오른쪽 그림과 같이 반지름의 길이가 1인 사분원에서 $\overline{BC}$는 원 O의 접선이고 $\overline{AD} /\!/ \overline{BC}$일 때, 다음을 $\angle x$의 삼각비를 써서 나타내어라.

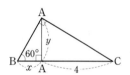

44 $\overline{AD}$

45 $\overline{OA}$

46 $\overline{BC}$

47 $\overline{OC}$

[48~50] 오른쪽 그림과 같이 좌표평면 위의 원점 O를 중심으로 하고 반지름의 길이가 1인 사분원에서 다음 삼각비의 값을 구하여라.

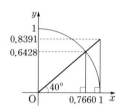

48 $\sin 40°$

49 $\cos 40°$

50 $\tan 40°$

4 0°, 90°의 삼각비의 값

[51~55] 다음을 계산하여라.

51 $\sin 0° + \cos 90°$

52 $\tan 0° + \sin 90° - \cos 0°$

53 $\sin 60° \times \cos 0° + \sin 0° \times \cos 60°$

54 $\cos 45° \times \tan 0° + \sin 45° \times \cos 90°$

55 $\sin 90° \times \cos 30° + \tan 45° \times \sin 30°$

[56~67] 다음 □ 안에 <, =, > 중 알맞은 것을 써넣어라.

56 $\sin 0° \square \sin 45°$

57 $\sin 45° \square \cos 45°$

58 $\sin 30° \square \cos 90°$

59 $\tan 0° \square \cos 45°$

60 $\cos 0° \square \tan 45°$

61 $\sin 35° \square \sin 45°$

62 $\cos 25° \square \cos 55°$

63 $\tan 40° \square \tan 70°$

64 $\sin 20° \square \cos 20°$

65 $\sin 75° \square \cos 75°$

66 $\sin 50° \square \tan 50°$

67 $\cos 80° \square \tan 80°$

5 삼각비의 표

[68~70] 이 책의 175쪽에 있는 삼각비의 표를 이용하여 다음 값을 구하여라.

68 $\sin 12°$

69 $\cos 25°$

70 $\tan 76°$

[71~76] 다음 삼각비의 표를 이용하여 주어진 식을 만족하는 x의 값을 구하여라.

각	사인(sin)	코사인(cos)	탄젠트(tan)
51°	0.7771	0.6293	1.2349
52°	0.7880	0.6157	1.2799
53°	0.7986	0.6018	1.3270
54°	0.8090	0.5878	1.3764
55°	0.8192	0.5736	1.4281

71 $\sin 52° = x$

72 $\cos 55° = x$

73 $\tan 54° = x$

74 $\sin x° = 0.8090$

75 $\cos x° = 0.6293$

76 $\tan x° = 1.3270$

01 오른쪽 그림과 같이 ∠B=90°인 직각삼각형 ABC에서 $\cos A$의 값은?

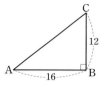

① $\dfrac{2}{3}$ ② $\dfrac{3}{4}$

③ $\dfrac{3}{5}$ ④ $\dfrac{4}{5}$

⑤ $\dfrac{5}{6}$

02 오른쪽 그림의 직각삼각형 ABC에서 $\cos A + \tan A$의 값을 구하여라.

03 $\sin A = \dfrac{15}{17}$일 때, $\cos A$의 값은?

(단, $0° < A < 90°$)

① $\dfrac{1}{17}$ ② $\dfrac{1}{15}$

③ $\dfrac{8}{17}$ ④ $\dfrac{12}{17}$

⑤ $\dfrac{15}{17}$

04 오른쪽 그림과 같이 ∠BAC=90°인 직각삼각형 ABC에서 $\overline{AD} \perp \overline{BC}$, ∠BAD=$x$, ∠CAD=$y$일 때, $\sin x + \sin y$의 값을 구하여라.

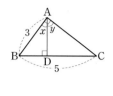

05 $\tan A = \dfrac{1}{3}$일 때, $\sin A \times \cos A$의 값은?

① $\dfrac{1}{10}$ ② $\dfrac{3}{10}$

③ $\dfrac{\sqrt{10}}{10}$ ④ $\dfrac{1}{2}$

⑤ $\dfrac{3\sqrt{10}}{10}$

06 오른쪽 그림과 같은 직각삼각형 ABC에서 $\overline{AB}=10$, $\cos A = \dfrac{5}{6}$일 때, $\cos C$의 값을 구하여라.

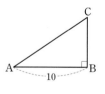

07 $\sin 30° \times \tan 60° + \cos 30° \times \tan^2 45°$의 값은?

① $\dfrac{\sqrt{3}}{4}$ ② $\dfrac{\sqrt{3}}{2}$

③ $\dfrac{3\sqrt{3}}{4}$ ④ $\sqrt{3}$

⑤ $\dfrac{5\sqrt{3}}{4}$

08 오른쪽 그림과 같은 직각삼각형 ABC에서 $\overline{AB}=6, \angle A=30°$일 때, $x+y$의 값은?

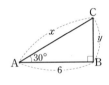

① $6\sqrt{3}$ ② $7\sqrt{3}$

③ $8\sqrt{3}$ ④ $6\sqrt{6}$

⑤ $7\sqrt{6}$

09 오른쪽 그림에서 $\overline{AB}=2$, $\angle ABC = \angle BCD = 90°$, $\angle BAC = 60°$, $\angle BDC = 45°$일 때, $\overline{BD}$의 길이를 구하여라.

10 $\sin 0° - \tan 30° \times \tan 60° + \cos 90°$의 값은?

① -2 ② -1

③ $2\sqrt{2}-1$ ④ 1

⑤ 2

11 다음 중 옳은 것을 모두 고르면? (정답 2개)

① $\sin 0° = \cos 0° = \tan 0°$

② $\sin 45° = \cos 45° = \tan 45°$

③ $\sin 90° = \cos 90° = \tan 90°$

④ $\sin 0° = \cos 90° = \tan 0°$

⑤ $\sin 90° = \cos 0° = \tan 45°$

12 $45° < x < 90°$일 때, 다음 중 옳지 않은 것은?

① $\sin x > \cos x$ ② $\tan x > \cos x$

③ $0 < \sin x < 1$ ④ $0 < \cos x < 1$

⑤ $0 < \tan x < 90$

정답 p. 53

01 오른쪽 그림과 같이 ∠C=90°인 직각삼각형 ABC에 대하여 다음 중 옳은 것은?

① $\sin A = \dfrac{3}{5}$　　② $\sin B = \dfrac{4}{5}$

③ $\cos A = \dfrac{3}{4}$　　④ $\cos B = \dfrac{3}{5}$

⑤ $\tan B = \dfrac{3}{4}$

02 오른쪽 그림과 같이 삼각형 ABC의 꼭짓점 A에서 밑변 BC에 내린 수선의 발을 H라 할 때, 다음 중 $\dfrac{\sin B}{\sin C}$의 값과 같은 것은?

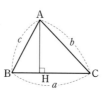

① bc　　② $\dfrac{a}{bc}$

③ $\dfrac{bc}{a}$　　④ $\dfrac{b}{c}$

⑤ $\dfrac{c}{b}$

서술형

03 오른쪽 그림과 같은 삼각형 ABC에서 $\overline{AB}=8$, ∠B=45°, ∠C=30°이고 $\overline{AD}\perp\overline{BC}$일 때, $\overline{AC}$의 길이를 구하여라. (단, 풀이 과정을 자세히 써라.)

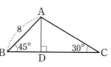

04 $\sin A = \dfrac{12}{13}$일 때, $\cos A \times \tan A$의 값은?

(단, $0° < A < 90°$)

① $\dfrac{5}{13}$　　② $\dfrac{5}{12}$

③ $\dfrac{12}{13}$　　④ $\dfrac{13}{12}$

⑤ $\dfrac{12}{5}$

05 ∠A=90°인 직각삼각형 ABC에서 $\sin B = \dfrac{3}{4}$일 때, $\tan(90°-B)$의 값은?

① $\dfrac{\sqrt{7}}{4}$　　② $\dfrac{\sqrt{7}}{3}$

③ $\dfrac{3\sqrt{7}}{7}$　　④ $\dfrac{4\sqrt{7}}{7}$

⑤ $\dfrac{5\sqrt{7}}{7}$

06 $0° < A < 90°$이고 $3\sin A - 2 = 0$일 때, $\tan A$의 값을 구하여라.

07 오른쪽 그림과 같이 ∠A=90°인 직각삼각형 ABC에서 $\overline{BC}\perp\overline{DE}$, $\overline{AB}=8$, $\overline{AC}=15$이고 ∠CED=x라 할 때, $\sin x$의 값은?

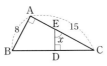

① $\dfrac{8}{17}$ ② $\dfrac{8}{15}$

③ $\dfrac{15}{17}$ ④ $\dfrac{17}{15}$

⑤ $\dfrac{15}{8}$

08 오른쪽 그림과 같이 ∠C=90°인 직각삼각형 ABC에서 변 BC의 중점을 D라 하자. $\overline{AC}=6$, $\tan B=\dfrac{3}{4}$일때, $\overline{AD}$의 길이를 구하여라.

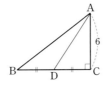

09 다음 중 옳지 않은 것은?

① $\sin 30°-\cos 30°=\dfrac{1-\sqrt{3}}{2}$

② $\sin 45°-\cos 45°=\dfrac{\sqrt{2}-1}{2}$

③ $\sin 60°-\cos 60°=\dfrac{\sqrt{3}-1}{2}$

④ $\tan 30°\times\sin 45°=\dfrac{\sqrt{6}}{6}$

⑤ $\sin 60°\times\tan 60°=\dfrac{3}{2}$

서술형

10 오른쪽 그림과 같이 일차방정식 $x-2y+6=0$의 그래프가 x축의 양의 방향과 이루는 각의 크기를 a라 할 때, $\sin a+\cos a$의 값을 구하여라.

(단, 풀이 과정을 자세히 써라.)

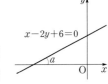

11 오른쪽 그림과 같이 직선의 x절편이 −1이고 직선과 x축의 양의 방향이 이루는 각의 크기가 60°일 때, 이 직선의 방정식은?

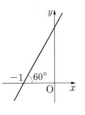

① $y=\dfrac{\sqrt{3}}{3}x+\sqrt{3}$ ② $y=\dfrac{2\sqrt{3}}{3}x+2\sqrt{3}$

③ $y=\sqrt{3}x+\sqrt{3}$ ④ $y=2\sqrt{3}x+2\sqrt{3}$

⑤ $y=3\sqrt{3}x+3$

12 오른쪽 그림의 직각삼각형 ABC에서 ∠B=x일 때, 다음 중 옳지 않은 것은?

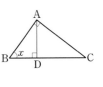

① $\sin x=\dfrac{\overline{CD}}{\overline{AC}}$ ② $\cos x=\dfrac{\overline{BD}}{\overline{AB}}$

③ $\tan x=\dfrac{\overline{CD}}{\overline{AD}}$ ④ $\overline{AD}=\overline{AC}\cos x$

⑤ $\overline{AD}=\overline{BD}\sin x$

13 오른쪽 그림과 같이 직 사각형 ABCD의 꼭짓 점 A에서 대각선 BD 에 대린 수선의 발을 H 라 하자. ∠BAH=x라 할 때, $\sin x$의 값을 구하여라.

16 오른쪽 그림과 같이 ∠C=90° 인 직각삼각형 ABC에서 $\overline{BC}=3$, $\tan B=\sqrt{5}$이다. $\overline{DE} /\!/ \overline{BC}$이고 $\overline{DE}=\sqrt{5}$가 되 도록 $\overline{AB}$, $\overline{AC}$ 위에 각각 점 D, E를 잡을 때, $\overline{EC}$의 길이를 구하여라.

(단, 풀이 과정을 자세히 써라.)

14 오른쪽 그림과 같이 한 모서리의 길이가 5인 정육면체에서 ∠AGE=x일 때, $\sin x \times \cos x$의 값은?

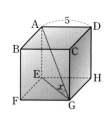

① $\dfrac{1}{3}$　　② $\dfrac{\sqrt{2}}{3}$

③ $\dfrac{2}{3}$　　④ $\dfrac{2}{9}$

⑤ $\dfrac{2\sqrt{2}}{9}$

17 오른쪽 그림과 같이 한 모서리의 길이가 6인 정사면체에서 $\overline{BC}$의 중 점을 M이라 하자. ∠AMD=x라 할 때, $\sin x + \cos x$의 값을 구하여라.

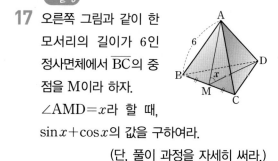

(단, 풀이 과정을 자세히 써라.)

15 오른쪽 그림과 같은 직 육면체에서 $\overline{EF}=5$, $\overline{FG}=5$, ∠BHF=30° 일 때, 모서리 AE의 길 이를 구하여라.

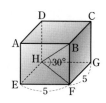

18 $\sin^2 60° - \cos 30° \times \dfrac{1}{\tan 60°} + \cos^2 60°$의 값은?

① $-\dfrac{3}{2}$　　② $-\dfrac{1}{2}$

③ $\dfrac{1}{2}$　　④ 1

⑤ $\dfrac{3}{2}$

19 오른쪽 그림과 같이 반지름의 길이가 1인 사분원에서 다음 중 옳은 것은?

① $\sin x = \overline{OA}$

② $\cos x = \overline{OD}$

③ $\tan x = \overline{BC}$

④ $\tan x = \overline{OC}$

⑤ $\sin x = \overline{CD}$

20 오른쪽 그림에서 부채꼴 AOB의 반지름의 길이는 r, 중심각의 크기는 a 이다. $\overline{OA} \perp \overline{BH}$이고 $\overline{AT}$는 원 O의 접선일 때, 보기에서 옳은 것을 모두 고르면?

┌─ 보기 ──────────
(ㄱ) $\overline{AH} = 1 - r\cos a$
(ㄴ) $\overline{BH} = r\sin a$
(ㄷ) $\overline{AT} = r\tan a$
└─────────────

① (ㄱ)   ② (ㄴ)

③ (ㄷ)   ④ (ㄱ), (ㄴ)

⑤ (ㄴ), (ㄷ)

21 $0° < x < 45°$일 때, $\sqrt{(\sin x - \cos x)^2} - \sqrt{(\cos x - \sin x)^2}$을 간단히 하여라.

22 다음 중 옳은 것은?

① $0° < x < 90°$일 때 $0 \leq \tan x \leq 1$이다.

② $0° < x < 45°$일 때 x의 값이 증가하면 $\cos x$의 값도 증가한다.

③ $45° < x < 90°$일 때 x의 값이 증가하면 $\sin x$의 값은 감소한다.

④ $45° < x < 90°$일 때 $\cos x < \sin x < \tan x$ 이다.

⑤ $\tan x$의 값은 항상 $\cos x$의 값보다 크다.

[23~24] 아래 삼각비의 표를 이용하여 다음 물음에 답하여라.

각	사인(sin)	코사인(cos)	탄젠트(tan)
32°	0.5299	0.8480	0.6249
33°	0.5446	0.8387	0.6494
34°	0.5592	0.8290	0.6745
35°	0.5736	0.8192	0.7002

23 위의 삼각비의 표에 대한 설명이 옳지 <u>않은</u> 것은?

① $\sin 33° = 0.5446$

② $\tan 35° = 0.7002$

③ $\cos x° = 0.8480$이면 $x = 32$이다.

④ $\sin 34° + \cos 35° = 1.3784$

⑤ $\cos 35° - \tan 32° = 0.0943$

24 오른쪽 그림과 같이 반지름의 길이가 1인 사분원에서 $\overline{OD} = 0.8192$일 때, $\overline{CD}$의 길이를 구하여라.

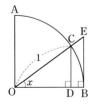

유형 01

오른쪽 그림과 같이 ∠C=90°인 직각삼각형 ABC에서 변 BC의 중점을 D라 하자. $\overline{AC}=6$, $\sin B=\dfrac{3}{5}$일 때, $\overline{AD}$의 길이를 구하여라.

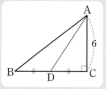

해결**포인트** 직각삼각형에서 한 변의 길이와 삼각비의 값을 알면 나머지 두 변의 길이를 구할 수 있다. 예를 들어 위의 문제에서 $\sin B=\dfrac{\overline{AC}}{\overline{AB}}$ 이고 $\overline{AC}$의 길이가 주어져 있으므로 $\overline{AB}$의 길이를 구할 수 있고, 직각삼각형의 두 변의 길이를 알면 피타고라스 정리를 이용하여 나머지 한 변의 길이를 구할 수 있다.

유형 02

오른쪽 그림과 같이 ∠BAC=90°인 직각삼각형 ABC에서 $\overline{AD}\perp\overline{BC}$, ∠BAD=$x$, ∠CAD=$y$일 때, $\sin x + \sin y$의 값을 구하여라.

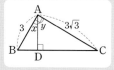

해결**포인트** 위의 그림에서 △ABC∽△DBA∽△DAC 이므로 대응각의 크기는 서로 같다. 즉, ∠ABC=∠DAC, ∠BCA=∠BAD이고 닮은 직각삼각형에서 대응각에 대한 삼각비의 값은 일정함을 이용한다.

확인문제

1-1 오른쪽 그림과 같은 직각삼각형 ABC에서 $\overline{AC}=4$이고 $\tan B=\dfrac{2}{3}$일 때, $\overline{BC}$의 길이를 구하여라.

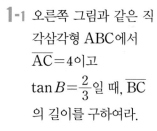

2-1 오른쪽 그림과 같이 ∠BAC=90°인 직각삼각형 ABC에서 $\overline{AD}\perp\overline{BC}$, ∠BAD=$x$일 때, $\cos x$의 값을 구하여라.

1-2 오른쪽 그림과 같이 ∠B=90°인 직각삼각형 ABC에서 $\tan A=\dfrac{1}{2}$일 때, $\overline{AC}+\overline{BC}$의 값을 구하여라.

2-2 오른쪽 그림에서 $\sin x + \cos x$의 값을 구하여라.

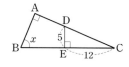

유형 03

오른쪽 그림과 같은 삼각형 ABC에서 ∠B=45°, ∠C=30°이고 $\overline{AB}=4\sqrt{2}$일 때, $\overline{BC}$의 길이를 구하여라.

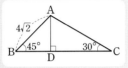

> **해결포인트** 특수한 각(30°, 45°, 60°)의 삼각비의 값을 이용하여 삼각형의 변의 길이를 구할 수 있다.
>
> ① $\sin 30°=\dfrac{1}{2}$, $\cos 30°=\dfrac{\sqrt{3}}{2}$, $\tan 30°=\dfrac{\sqrt{3}}{3}$
>
> ② $\sin 45°=\dfrac{\sqrt{2}}{2}$, $\cos 45°=\dfrac{\sqrt{2}}{2}$, $\tan 45°=1$
>
> ③ $\sin 60°=\dfrac{\sqrt{3}}{2}$, $\cos 60°=\dfrac{1}{2}$, $\tan 60°=\sqrt{3}$

확인문제

3-1 오른쪽 그림과 같이 ∠C=90°인 직각삼각형 ABC에서 ∠ABC=30°, ∠ADC=45°, $\overline{AC}=2$일 때, $\overline{BD}$의 길이를 구하여라.

3-2 오른쪽 그림과 같이 ∠ACD=90°, ∠ADC=45°, $\overline{AC}=1$, $\overline{AD}=\overline{BD}$일 때, $\tan 67.5°$의 값을 구하여라.

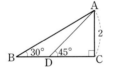

유형 04

다음 보기의 삼각비의 값을 그 크기가 작은 것부터 차례대로 나열하여라.

> **보기**
>
> (ㄱ) $\sin 45°$ 　　(ㄴ) $\cos 0°$
>
> (ㄷ) $\sin 75°$ 　　(ㄹ) $\tan 50°$

> **해결포인트** $0°\leq x \leq 90°$인 범위에서 x의 값이 증가하면
>
> ① $\sin x$의 값은 0에서 1까지 증가
>
> ② $\cos x$의 값은 1에서 0까지 감소
>
> ③ $\tan x$의 값은 0에서 무한히 증가

확인문제

4-1 $A=65°$일 때, $\sin A$, $\cos A$, $\tan A$의 대소 관계를 나타내어라.

4-2 $0°<x<45°$일 때,
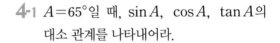
$$\sqrt{(2\sin 30°-\tan x)^2}-\sqrt{(\tan x-\tan 45°)^2}$$
을 간단히 하여라.

정답 p. 56

1 오른쪽 그림과 같은 삼각형 ABC에서 두 점 D, E는 각각 $\overline{AB}$, $\overline{AC}$의 중점이다.

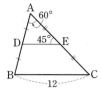

$\angle DAE=60°$, $\angle AED=45°$이고 $\overline{BC}=12$일 때, $\overline{AD}$의 길이를 구하여라.

(단, 풀이 과정을 자세히 써라.)

2 일차함수 $2x+3y=6$의 그래프가 x축과 이루는 예각의 크기를 a라 할 때, $\cos a+\sin a$의 값을 구하여라.

(단, 풀이 과정을 자세히 써라.)

3 $\tan(x-15°)=1$일 때, $\sin x+\cos\dfrac{x}{2}$의 값을 구하여라. (단, $15°<x<90°$이고, 풀이 과정을 자세히 써라.)

4 다음 그림에서 $\angle ACB=90°$, $\angle ABC=30°$, $\overline{AC}=4$, $\overline{BA}=\overline{BD}$일 때, $\tan 15°$의 값을 구하여라.

(단, 풀이 과정을 자세히 써라.)

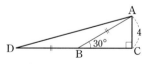

PART 02 삼각비의 활용

정답 p. 57

1 직각삼각형의 변의 길이

[01~06] 오른쪽 그림과 같이 $\angle B = 90°$인 직각삼각형 ABC에 대하여 다음 ☐ 안에 알맞은 것을 써넣어라.

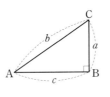

01 $\sin A = \dfrac{a}{b}$이므로 $a = $ ☐

02 $\cos A = \dfrac{c}{b}$이므로 $c = $ ☐

03 $\tan A = $ ☐ 이므로 $a = $ ☐

04 $\sin C = \dfrac{c}{b}$이므로 $c = $ ☐

05 $\cos C = $ ☐ 이므로 $a = $ ☐

06 $\tan C = $ ☐ 이므로 $c = $ ☐

[07~08] 오른쪽 그림과 같은 직각삼각형 ABC에 대하여 다음 ☐ 안에 알맞은 수를 써넣어라.

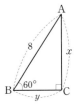

07 $\sin 60° = \dfrac{x}{8}$이므로
$x = $ ☐ $\times \sin 60° = $ ☐

08 $\cos 60° = \dfrac{y}{8}$이므로
$y = $ ☐ $\times \cos 60° = $ ☐

[09~10] 오른쪽 그림과 같은 직각삼각형 ABC에 대하여 다음 ☐ 안에 알맞은 수를 써넣어라.

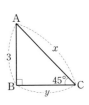

09 $\sin 45° = \dfrac{3}{x}$이므로
$x = $ ☐ $\div \sin 45° = $ ☐

10 $\tan 45° = \dfrac{3}{y}$이므로
$y = $ ☐ $\div \tan 45° = $ ☐

11 오른쪽 그림에서
$\sin 40° = 0.64$,
$\cos 40° = 0.77$로 계산하여 x, y의 값을 구하여라.

2 일반 삼각형의 변의 길이

12 다음은 두 변의 길이와 그 끼인 각의 크기를 알 때, 나머지 한 변의 길이를 구하는 과정이다. □ 안의 (개)~(래)에 알맞은 수를 써넣어라.

삼각형 ABC의 꼭짓점 A에서 밑변 BC에 내린 수선의 발을 H라 하자.

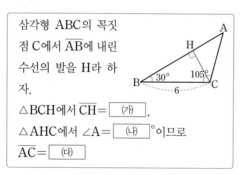

△ABH에서

$\overline{AH}=$ ☐ (가) , $\overline{BH}=$ ☐ (나)

∴ $\overline{CH}=$ ☐ (다)

△AHC에서 피타고라스 정리에 의하여

$\overline{AC}=$ ☐ (라)

13 다음은 한 변의 길이와 그 양 끝각의 크기를 알 때, 다른 한 변의 길이를 구하는 과정이다. □ 안의 (개), (나), (대)에 알맞은 것을 써넣어라.

삼각형 ABC의 꼭짓점 C에서 $\overline{AB}$에 내린 수선의 발을 H라 하자.

△BCH에서 $\overline{CH}=$ ☐ (가) ,

△AHC에서 ∠A= ☐ (나) °이므로

$\overline{AC}=$ ☐ (다)

14 오른쪽 그림에서 $\overline{AC}$ 의 길이를 구하여라.

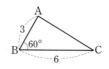

15 오른쪽 그림에서 $\overline{AB}$ 의 길이를 구하여라.

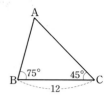

3 삼각형의 높이

16 다음은 오른쪽 그림과 같이 ∠B=60°, ∠C=45°이고 $\overline{BC}=20$인 삼각형 ABC의 높이 h를 구하는 과정이다. □ 안의 (개)~(래)에 알맞은 수를 써넣어라.

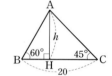

$\overline{BH}=$ ☐ (가) $\times h$, $\overline{CH}=$ ☐ (나) $\times h$

그런데 $\overline{BH}+\overline{CH}=20$이므로

$h(\,$ ☐ (가) $+$ ☐ (나) $\,)=20$

∴ $h=$ ☐ (다)

17 다음은 오른쪽 그림과 같이 ∠B=30°, ∠C=120°이고 $\overline{BC}=4$인 삼각형 ABC의 높이 h를 구하는 과정이다. □ 안의 (개)~(래)에 알맞은 수를 써넣어라.

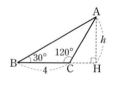

$\overline{BH}=$ ☐ (가) $\times h$,

∠ACH=60°이므로 $\overline{CH}=$ ☐ (나) $\times h$

그런데 $\overline{BH}-\overline{CH}=4$이므로

$h(\,$ ☐ (가) $-$ ☐ (나) $\,)=4$

∴ $h=$ ☐ (다)

4 삼각형의 넓이

18 삼각형 ABC에서 두 변의 길이 a, c와 그 끼인 각 $\angle B$의 크기를 알 때, 삼각형 ABC의 넓이를 S라 하면

(1) $\angle B$가 예각인 경우 $S = \dfrac{1}{2}ac$ ☐

(2) $\angle B$가 둔각인 경우 $S = \dfrac{1}{2}ac$ ☐

[19~24] 다음 삼각형의 넓이를 구하여라.

19

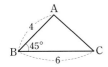

20

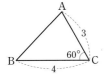

21

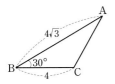

22

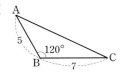

23

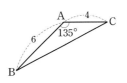

24

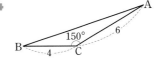

5 사각형의 넓이

25 다음은 이웃하는 두 변의 길이가 a, b이고 그 끼인 각의 크기가 x인 평행사변형의 넓이를 구하는 과정이다. ☐ 안의 (가), (나)에 알맞은 것을 써넣어라.(단, $0° < x < 90°$)

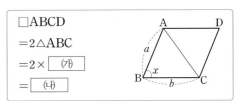

$\square ABCD$
$= 2\triangle ABC$
$= 2 \times$ ☐ (가)
$=$ ☐ (나)

[26~27] 다음 평행사변형의 넓이를 구하여라.

26

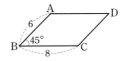

27

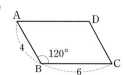

28 다음은 이웃하는 두 대각선의 길이가 a, b 이고 두 대각선이 이루는 각의 크기가 x인 사각형 ABCD의 넓이를 구하는 과정이다. □ 안의 (가), (나)에 알맞은 것을 써넣어라.

(단, $0° < x < 90°$)

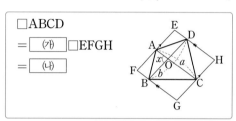

[29~31] 다음 사각형의 넓이를 구하여라.

29

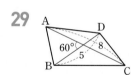

30

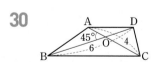

31

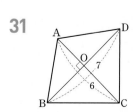

32 오른쪽 그림과 같은 등변사다리꼴의 넓이를 구하여라.

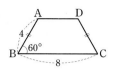

[33~34] 오른쪽 그림과 같은 사각형 ABCD에 대하여 다음을 구하여라.

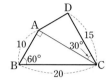

33 $\overline{AC}$의 길이를 구하여라.

34 □ABCD의 넓이를 구하여라.

[35~37] 다음 사각형의 넓이를 구하여라.

35

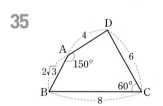

36

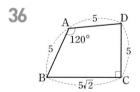

37

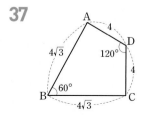

01 오른쪽 그림에서 x, y의 값을 구하여라.
(단, $\sin 40° = 0.64$, $\cos 40° = 0.77$로 계산한다.)

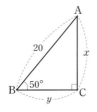

02 오른쪽 그림과 같이 $\angle ABC = 60°$, $\overline{AB} = 4$, $\overline{BC} = 6$인 삼각형 ABC에서 x, y의 값을 구하여라.

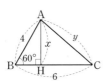

03 오른쪽 그림과 같은 삼각형 ABC에서 $\angle B = 30°$, $\angle C = 105°$, $\overline{BC} = 8$cm일 때, $\overline{AC}$의 길이는?

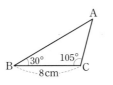

① $4\sqrt{2}$cm   ② $4\sqrt{3}$cm
③ $5\sqrt{2}$cm   ④ $5\sqrt{3}$cm
⑤ $6\sqrt{2}$cm

04 오른쪽 그림과 같은 삼각형 ABC에서 $\angle A = 60°$, $\angle HBC = 45°$, $\overline{AC} = 12$일 때, $\overline{BH}$의 길이를 구하여라.

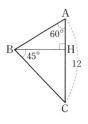

05 오른쪽 그림에서 $\angle B = 30°$ $\angle ACH = 45°$, $\overline{BC} = 4$cm일 때, $\overline{AH}$의 길이는?

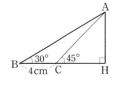

① $(\sqrt{3}-1)$cm   ② $(\sqrt{3}+1)$cm
③ $2(\sqrt{3}-1)$cm   ④ $2(\sqrt{3}+1)$cm
⑤ $3\sqrt{3}$cm

06 바다에 있는 바위섬의 높이를 측정하기 위하여 240m만큼 떨어진 두 지점 A, B에서 바위섬의 꼭대기인 C지점을 올려다본 각의 크기를 측정하였더니 각각 45°와 60°이었다. 바위섬의 높이를 구하여라.

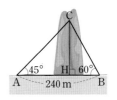

07 오른쪽 그림과 같이 두 변의 길이가 각각 3 cm, $4\sqrt{2}$ cm이고 그 끼인 각의 크기가 45°인 삼각형 ABC의 넓이를 구하여라.

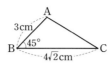

08 오른쪽 그림과 같이 $\overline{AB}=3\sqrt{3}$ cm, ∠B=45°인 삼각형 ABC의 넓이가 $6\sqrt{6}$ cm²일 때, $\overline{BC}$의 길이는?

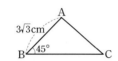

① $3\sqrt{6}$ cm ② $2\sqrt{15}$ cm
③ 8 cm ④ $6\sqrt{2}$ cm
⑤ 9 cm

09 이웃하는 두 변의 길이가 각각 5 cm, 8 cm 이고, 넓이가 20 cm²인 평행사변형의 네 내각의 크기를 구하여라.

10 오른쪽 그림과 같은 평행사변형 ABCD에서 $\overline{AB}=6$ cm, $\overline{AD}=8$ cm, ∠BCD=120°이고, 점 O는 평행사변형의 두 대각선의 교점이다. 이때 △ABO의 넓이를 구하여라.

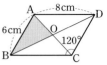

11 다음 그림과 같이 평행사변형 ABCD의 두 대각선의 교점이 O이고, $\overline{AC}=5$ cm, $\overline{BD}=12$ cm이다. □ABCD의 넓이가 $15\sqrt{2}$ cm²일 때, 두 대각선이 이루는 각 x의 크기를 구하여라. (단, $0°<x<90°$)

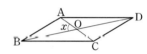

12 오른쪽 그림의 사각형 ABCD는 마름모이다. $\overline{AB}=4$ cm, ∠A=120° 일 때, □ABCD의 넓이는?

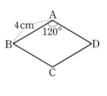

① 8 cm² ② $8\sqrt{2}$ cm²
③ 12 cm² ④ $8\sqrt{3}$ cm²
⑤ $6\sqrt{6}$ cm²

정답 p. 60

01 오른쪽 그림과 같이
∠C=90°인 직각삼각형
ABC에서 $\overline{AC}$=4cm,
$\tan A=\dfrac{1}{2}$일 때, $\overline{AB}$의 길
이는?

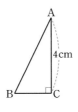

① $3\sqrt{2}$cm
② $\sqrt{19}$cm
③ $2\sqrt{5}$cm
④ $\sqrt{21}$cm
⑤ $\sqrt{22}$cm

02 오른쪽 그림과 같은 삼각
형 ABC에서 ∠B=60°,
∠C=75°이고 $\overline{BC}$=16일
때, $\overline{AC}$의 길이를 구하여
라.

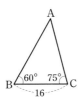

03 오른쪽 그림과 같은 직각
삼각형 ABC에서
$\overline{AB}$=12, ∠B=50°일
때, 다음 중 x의 값과 같
은 것을 모두 고르면?

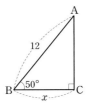

(정답 2개)

① $12\sin 40°$
② $12\sin 50°$
③ $12\cos 40°$
④ $12\cos 50°$
⑤ $\dfrac{12}{\tan 50°}$

04 오른쪽 그림과 같이 모
선의 길이가 12cm인
원뿔이 있다. 원뿔의 모
선과 밑면이 이루는 각
의 크기가 60°일 때, 이
원뿔의 부피를 구하여라.

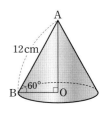

05 오른쪽 그림과 같은
삼각뿔 O–ABC에
서 $\overline{OA}$, $\overline{OB}$, $\overline{OC}$는
서로 직교하고
∠ABO=30°,
∠BCO=45°, $\overline{OB}$=$2\sqrt{3}$이다. 이 삼각뿔의
부피를 구하여라.

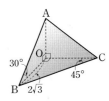

06 오른쪽 그림과 같은
직육면체에서
$\overline{GF}$=4cm,
$\overline{CE}$=9cm,
∠FEG=30°일 때, △CEG의 넓이는?

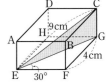

① $8\sqrt{3}$cm^2
② 16cm^2
③ $4\sqrt{17}$cm^2
④ $\dfrac{9\sqrt{17}}{2}$cm^2
⑤ 36cm^2

07 오른쪽 그림과 같이 지면과 수직으로 서 있던 나무가 부러져 나무의 부러진 부분이 지면과 30°의 각을 이루고 있다. 부러지기 전 이 나무의 높이를 구하여라.

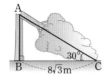

08 오른쪽 그림과 같이 길이가 $3\sqrt{2}$m인 사다리가 담벼락의 끝부분에 꼭 맞도록 걸쳐져 있다. 사다리와 지면이 이루는 각의 크기가 45°일 때, 담벼락의 높이는?

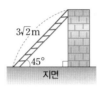

① $2\sqrt{2}$m   ② 3m

③ $\sqrt{10}$m   ④ $2\sqrt{3}$m

⑤ 4m

 서술형

09 오른쪽 그림과 같이 언덕 위에 국기 게양대가 있다. A지점에서 국기 게양대의 꼭대기 C를 올려다본 각이 60°이고, A지점에서 게양대 방향으로 10m 걸어간 지점 B에서 언덕의 오르막길이 시작된다. 오르막길의 길이 $\overline{BD}$는 $4\sqrt{3}$m이고 오르막길의 경사가 30°일 때, 국기 게양대의 높이 $\overline{CD}$의 길이를 구하여라.

(단, 풀이 과정을 자세히 써라.)

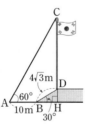

10 오른쪽 그림과 같이 해안가의 두 지점 A, B에서 바위섬 C를 바라본 각이 각각 45°, 105°이었다. 두 지점 A, B 사이의 거리가 450m일 때, B지점과 바위섬 C 사이의 거리를 구하여라.

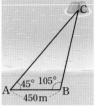

11 오른쪽 그림과 같은 삼각형 ABC에서 $\overline{AB}=4$cm, $\overline{BC}=3\sqrt{3}$cm, ∠B=30°일 때, $\overline{AC}$의 길이는?

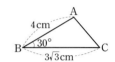

① $\sqrt{5}$cm   ② $\sqrt{7}$cm

③ 3cm   ④ $2\sqrt{3}$cm

⑤ 4cm

서술형

12 오른쪽 그림의 삼각형 ABC에서 $\overline{AB}=8$cm, $\overline{AC}=12$cm, ∠BAC=60°이고 점 G는 △ABC의 무게중심이다. 이때 △GBD의 넓이를 구하여라.

(단, 풀이 과정을 자세히 써라.)

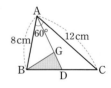

13 오른쪽 그림과 같은 평행사변형 ABCD에서 $\overline{AC}=4\sqrt{2}$cm, $\overline{BC}=4$cm이고 $\angle ABC=50°$, $\angle ACD=70°$이다. 이때 □ABCD의 넓이는?

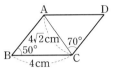

① $6\sqrt{3}$cm² ② $6\sqrt{6}$cm²

③ $8\sqrt{3}$cm² ④ $8\sqrt{6}$cm²

⑤ $10\sqrt{3}$cm²

14 오른쪽 그림과 같이 $\overline{AB}=5$cm, $\overline{AD}=8$cm인 평행사변형 ABCD에서 $\overline{BC}$의 중점을 M이라 하자. $\angle D=60°$일 때, △ABM의 넓이는?

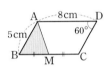

① $5\sqrt{2}$cm² ② $5\sqrt{3}$cm²

③ $5\sqrt{6}$cm² ④ $10\sqrt{2}$cm²

⑤ $10\sqrt{3}$cm²

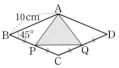

15 오른쪽 그림에서 사각형 ABCD는 한 변의 길이가 10cm인 마름모이고 $\angle B=45°$이다. 두 점 P, Q가 각각 $\overline{BC}$와 $\overline{CD}$의 중점일 때, △APQ의 넓이를 구하여라.

(단, 풀이 과정을 자세히 써라.)

16 오른쪽 그림과 같은 사각형 ABCD의 넓이는?

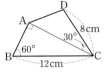

① $18\sqrt{3}$cm²

② $20\sqrt{3}$cm²

③ $24\sqrt{3}$cm²

④ $30\sqrt{3}$cm²

⑤ $32\sqrt{3}$cm²

17 오른쪽 그림과 같은 사각형 ABCD에서 $\overline{AB}=\overline{AD}=8$cm, $\angle A=120°$, $\angle C=90°$, $\overline{AD}/\!/\overline{BC}$이다. 이때 □ABCD의 넓이를 구하여라.

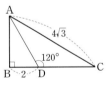

18 오른쪽 그림과 같은 삼각형 ABC에서 $\overline{AC}=4\sqrt{3}$, $\overline{BD}=2$, $\angle ADC=120°$일 때, $\overline{DC}$의 길이는?

① $2\sqrt{3}$ ② 3

③ $2\sqrt{3}$ ④ 4

⑤ $3\sqrt{2}$

19 오른쪽 그림과 같이 50m 떨어진 지면 위의 두 지점 A, B에서 열기구 C를 올려다 본 각이 각각 60°, 45°일 때, 지면으로부터 이 열기구의 높이를 구하여라.

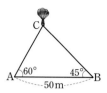

서술형

20 오른쪽 그림과 같이 B지점에서 산꼭대기의 A지점을 올려다 본 각의 크기가 30°이고, C지점에서 A지점을 올려다 본 각의 크기가 45°이었다. 두 지점 B, C 사이의 거리가 150m일 때, 이 산의 높이를 구하여라. (단, 풀이 과정을 자세히 써라.)

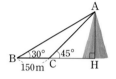

21 오른쪽 그림과 같이 $\overline{BC}=16$cm, $\angle B=60°$인 삼각형 ABC의 넓이가 36cm²일 때, $\overline{AB}$의 길이는?

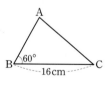

① $3\sqrt{3}$cm
② $9(\sqrt{3}-\sqrt{2})$cm
③ $4\sqrt{3}$cm
④ 8cm
⑤ 9cm

22 오른쪽 그림과 같이 실의 길이가 20cm인 추가 좌우로 진동운동을 하고 있다. 이 실이 $\overline{OA}$와 45°의 각을 이룰 때, 추는 점 A를 기준으로 몇 cm 높이에 있는가? (단, 추의 크기는 무시한다.)

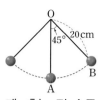

① $10(2-\sqrt{2})$cm
② $10(2+\sqrt{2})$cm
③ $10(3-\sqrt{2})$cm
④ $10(3+\sqrt{2})$cm
⑤ $10(4-\sqrt{2})$cm

서술형

23 오른쪽 그림과 같이 높이가 10m인 건물의 옥상에서 정면에 있는 굴뚝을 올려다 본 각이 45°이고, 내려다 본 각이 30°이었다. 이때 이 굴뚝의 높이를 구하여라. (단, 풀이 과정을 자세히 써라.)

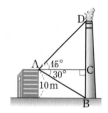

24 오른쪽 그림과 같이 한 변의 길이가 6cm인 정사각형 ABCD의 변 AD를 빗변으로 하는 직각삼각형 ADE를 그렸다. $\angle EAD=60°$일 때, △CDE의 넓이를 구하여라.

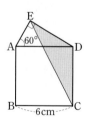

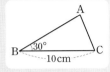
유형 **01**

오른쪽 그림과 같이
$\overline{BC}=10cm$,
$\angle B=30°$인 삼각형
ABC의 넓이가
$20cm^2$일 때, $\overline{AB}$의 길이를 구하여라.

해결**포인트** 두 변의 길이와 그 끼인 각의 크기를 알면 삼각형의 넓이를 구할 수 있다. 즉, $\angle B<90°$일 때
$$\triangle ABC=\frac{1}{2}\times\overline{AB}\times\overline{BC}\times\sin B$$

확인문제

1-1 $\overline{AB}=6$, $\overline{AC}=10$인 삼각형 ABC에서
$\tan A=3$일 때, $\triangle ABC$의 넓이를 구하
여라. (단, $\angle A<90°$)

1-2 오른쪽 그림과 같이
$\overline{AB}=15$, $\overline{AC}=10$,
$\angle A=60°$인 삼각형
ABC에서 $\angle A$의 이
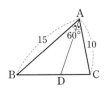
등분선이 밑변 BC와 만나는 점을 D라 하
자. 이때 $\overline{AD}$의 길이를 구하여라.

유형 **02**

다음 그림과 같이 $\overline{AB}=6cm$, $\overline{AC}=8cm$,
$\angle B+\angle C=60°$인 삼각형 ABC의 넓이를
구하여라.

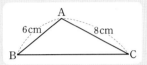

해결**포인트** 두 변의 길이와 그 끼인 각의 크기를 알면 삼각형의 넓이를 구할 수 있다. 즉, $\angle B>90°$일 때
$$\triangle ABC=\frac{1}{2}\times\overline{AB}\times\overline{BC}\times\sin(180°-B)$$

확인문제

2-1 오른쪽 그림과 같
은 삼각형 ABC의
넓이가 $14cm^2$일
때, $\overline{BC}$의 길이를 구하여라.
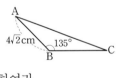

2-2 다음 그림에서 $\overline{AB}=4cm$, $\overline{BC}=4cm$,
$\angle ABD=30°$, $\angle DBC=120°$일 때, $\overline{BD}$
의 길이를 구하여라.

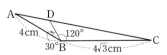

유형 03

오른쪽 그림과 같은 사각형 ABCD에서 $\overline{AB}=4\sqrt{2}$, $\overline{BC}=9$, $\angle A=90°$, $\angle ABD=45°$, $\angle DBC=30°$일 때, $\square ABCD$의 넓이를 구하여라.

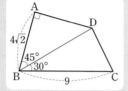

확인문제

3-1 한 변의 길이가 10cm인 정육각형의 넓이를 구하여라.

3-2 반지름의 길이가 5cm인 원에 내접하는 정팔각형의 넓이를 구하여라.

유형 04

오른쪽 그림과 같이 연못의 바깥쪽에 있는 C지점에서 연못 가장자리의 두 지점 A, B에 이르는 거리가 각각 24m, 20m이고 $\angle C=60°$이었다. 두 지점 A, B 사이의 거리를 구하여라.

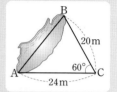

확인문제

4-1 오른쪽 그림과 같이 100m 떨어진 두 지점 A, B에서 애드벌룬을 올려다 본 각의 크기가 각각 30°, 45°이었다. 지면에서 애드벌룬까지의 높이를 구하여라.

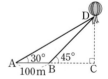

4-2 산의 높이를 구하기 위해 오른쪽 그림과 같이 산 아래쪽의 수평면 위에 $\overline{AB}=100m$가 되도록 두 지점 A, B를 잡아 측량하였다. 산의 높이 $\overline{CH}$를 구하여라.

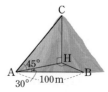

1 오른쪽 그림과 같이
∠C=90°인 직각삼각
형 ABC에서
$\overline{AB}=2$, ∠B=30°이
다. ∠A의 이등분선이 $\overline{BC}$와 만나는 점을
D라 할 때, $\overline{BD}$의 길이를 구하여라.
(단, 풀이 과정을 자세히 써라.)

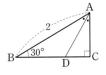

3 오른쪽 그림과 같이
두 개의 직각삼각형이
겹쳐져 있다.
∠ABC=∠BDC=90°,
∠BAC=60°, ∠DBC=45°, $\overline{CE}=16$일
때, 겹쳐진 부분인 △BCE의 넓이를 구하
여라. (단, 풀이 과정을 자세히 써라.)

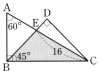

2 오른쪽 그림과 같이
$\overline{AB}=8$, $\overline{AC}=6$,
∠A=60°인 삼각형
ABC에서 ∠A의 이
등분선이 $\overline{BC}$와 만나는 점을 D라 할 때,
$\overline{AD}$의 길이를 구하여라.
(단, 풀이 과정을 자세히 써라.)

4 오른쪽 그림에서
$\overline{CD}=5$, $\overline{EC}=8$,
∠BCD=60°이고
$\overline{AE} /\!/ \overline{BD}$일 때,
□ABCD의 넓이를 구하여라.
(단, 풀이 과정을 자세히 써라.)

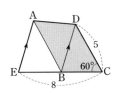

Step **6**

도전 1등급

정답 p. 65

생각해봅시다!

01 $\tan A = \dfrac{1}{2}$일 때, $\sin^2 A - \sin A \times \cos A + \cos^2 A$의 값은?

① $\dfrac{1}{5}$ ② $\dfrac{2}{5}$ ③ $\dfrac{3}{5}$

④ $\dfrac{2\sqrt{5}}{5}$ ⑤ $\dfrac{3\sqrt{5}}{5}$

● $\tan A = \dfrac{1}{2}$을 만족하는 직각삼각형을 그려 $\sin A$, $\cos A$의 값을 구한다.

02 오른쪽 그림에서 $\overline{AB} = \overline{BC} = \overline{CA} = \overline{CD} = 2$ 이고 $\angle ACD = 90°$일 때, $\overline{DE}$의 길이를 구하여라.

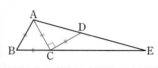

● 두 점 A, D에서 $\overline{BE}$에 각각 수선의 발을 내려 본다.

03 오른쪽 그림과 같은 직육면체에서 $\angle AHF = x$일 때, $\cos x$의 값을 구하여라.

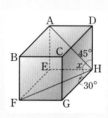

● $\angle AHF$를 포함한 직각삼각형을 생각하여 삼각비의 값을 구한다.

04 오른쪽 그림과 같은 평행사변형 ABCD에서 $\overline{AD}$의 중점을 M이라 하고 $\angle C = 120°$, $\overline{AB} = 10\,\text{cm}$, $\overline{BC} = 12\,\text{cm}$일 때, $\triangle BMD$의 넓이를 구하여라.

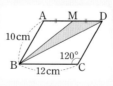

● 이웃하는 두 변의 길이와 그 끼인각의 크기를 알면 평행사변형의 넓이를 구할 수 있음을 이용한다.

05 오른쪽 그림에서 사각형 ABCD는 정사각형이고, 점 E, F는 각각 $\overline{AB}$, $\overline{AD}$의 중점이다. ∠ECF=x일 때, $\sin x$의 값은?

① $\dfrac{1}{2}$ 　　② $\dfrac{\sqrt{3}}{2}$

③ $\dfrac{\sqrt{6}}{2}$ 　　④ $\dfrac{3}{5}$ 　　⑤ $\dfrac{3}{4}$

>
> $\overline{EF}$를 그어 정사각형 ABCD의 넓이를 4개의 삼각형으로 나누어 구해 본다.

06 오른쪽 그림과 같이 모든 모서리의 길이가 6 cm인 정사각뿔에서 ∠AOC=x일 때, $\sin x$의 값을 구하여라.

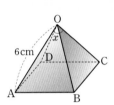

> △OAC의 넓이를 두가지 방법으로 구해 본다.

07 오른쪽 그림에서
∠ABC=∠BDC=90°,
∠BAC=60°, ∠DBC=45°,
$\overline{CD}=2\sqrt{2}$ cm일 때, △EBC의 넓이를 구하여라.

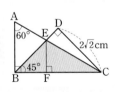

> △EBC에서 밑변을 $\overline{BC}$로 생각하면 높이는 $\overline{EF}$이다. 주어진 조건을 이용하여 $\overline{BC}$, $\overline{EF}$의 길이를 각각 구해 본다.

08 오른쪽 그림과 같은 삼각형 ABC에서 $\overline{AB}=4$ cm, $\sin B=\dfrac{\sqrt{3}}{2}$, $\sin C=\dfrac{2}{3}$일 때, △ABC의 넓이를 구하여라.

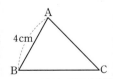

> 점 A에서 밑변 BC에 내린 수선의 발을 H라 하고, 주어진 조건을 이용하여 $\overline{AH}$, $\overline{BC}$의 길이를 각각 구해 본다.

09 직선 $x\cos 30° + y\sin 30° = a\tan 45°$가 x축과 만나는 점을 P, y축과 만나는 점을 Q라 할 때, $\overline{PQ}$의 길이가 $8\sqrt{3}$이 되도록 하는 양수 a의 값을 구하여라.

> 직선의 방정식에 $x=0$, $y=0$을 각각 대입하여 두 점 P, Q의 좌표를 구해 본다.

10 오른쪽 그림과 같이 한 변의 길이가 3cm인 정삼각형 ABC에서 $\overline{AB}$, $\overline{AC}$ 위의 점 D, E에 대하여 $\overline{BD}=1cm$, $\overline{CE}=2cm$이다. $\overline{CE}$ 위의 점 F에 대하여 $\overline{DF}$가 □DBCE의 넓이를 이등분할 때, $\overline{EF}$의 길이를 구하여라.

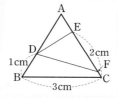

> △DFE의 넓이를 $\overline{EF}$의 길이를 이용하여 나타낼 수 있는지 알아본다.

11 오른쪽 그림에서 $\overline{AF}=40cm$, $\angle ABC = \angle ACD = \angle ADE$ $= \angle AEF = 90°$, $\angle BAC = \angle CAD = \angle DAE$ $= \angle EAF = 30°$ 일 때, △ABC의 넓이를 구하여라.

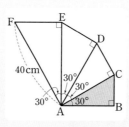

> $30°$의 삼각비의 값을 이용하면 $\overline{AE}$, $\overline{AD}$, $\overline{AC}$의 값을 구할 수 있다.

12 오른쪽 그림과 같이 반지름의 길이가 6cm인 반원에서 $\angle BAC = 30°$일 때, 어두운 부분의 넓이를 구하여라.

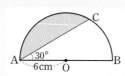

> $\overline{OC}$를 그으면 구하는 넓이는 부채꼴 OAC의 넓이에서 △OAC의 넓이를 뺀 것과 같다.

Step ⑦ 대단원 성취도 평가

나의 점수 _____점 / 100점 만점

정답 p. 66

객관식 [각 5점]

01 오른쪽 그림과 같은 직각삼각형 ABC에 대하여 다음 중 옳은 것은?

① $\sin A = \dfrac{\sqrt{10}}{10}$ ② $\sin B = \dfrac{3\sqrt{10}}{10}$

③ $\cos A = \dfrac{\sqrt{10}}{3}$ ④ $\cos B = \dfrac{1}{3}$ ⑤ $\tan A = 3$

02 오른쪽 그림과 같은 직각삼각형 ABC에 대하여 $\sin A + \cos B$의 값은?

① $\dfrac{\sqrt{5}}{5}$ ② $\dfrac{2\sqrt{5}}{5}$ ③ $\dfrac{3\sqrt{5}}{5}$

④ $\dfrac{4\sqrt{5}}{5}$ ⑤ $\sqrt{5}$

03 $5\cos A - 2 = 0$일 때, $\tan A - \sin A$의 값은?

① $\dfrac{\sqrt{21}}{10}$ ② $\dfrac{\sqrt{21}}{5}$ ③ $\dfrac{3\sqrt{21}}{10}$ ④ $\dfrac{2\sqrt{21}}{10}$ ⑤ $\dfrac{\sqrt{21}}{2}$

04 $x = 30°$일 때, $\left(\dfrac{1}{2} - \cos x\right)\left(\dfrac{1}{2} + \cos x\right)$의 값은?

① $-\dfrac{\sqrt{3}}{2}$ ② $-\dfrac{1}{2}$ ③ $\dfrac{1}{2}$ ④ 1 ⑤ $\sqrt{3}$

05 오른쪽 그림에서 $\angle ABC = 30°$, $\angle ACD = 60°$, $\overline{BC} = 4\,\text{cm}$일 때, $\overline{CD}$의 길이는?

① $\dfrac{3}{2}\,\text{cm}$ ② $\sqrt{3}\,\text{cm}$ ③ $2\,\text{cm}$

④ $\sqrt{3}\,\text{cm}$ ⑤ $\dfrac{5}{2}\,\text{cm}$

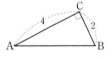

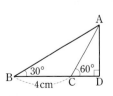

06 다음 중 x절편이 3이고 x축의 양의 방향과 이루는 각의 크기가 30°인 직선의 방정식은?

① $\sqrt{3}x-3y-3\sqrt{3}=0$　　② $\sqrt{3}x+3y-3\sqrt{3}=0$　　③ $\sqrt{3}x-y+3\sqrt{3}=0$

④ $\sqrt{3}x+y-3\sqrt{3}=0$　　⑤ $\sqrt{3}x-3y+3=0$

07 오른쪽 그림과 같은 삼각형 ABC에서 ∠A의 이등분선과 $\overline{BC}$의 교점을 D라 할 때, $\overline{CD}$의 길이는?

① $\sqrt{3}$cm　　　② $\sqrt{5}$cm　　　③ $2\sqrt{2}$cm

④ $2\sqrt{3}$cm　　　⑤ $2\sqrt{5}$cm

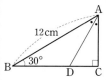

08 오른쪽 그림과 같이 반지름의 길이가 1인 사분원에서 $\tan x$를 나타내는 선분은?

① $\overline{OA}$　　　② $\overline{OB}$　　　③ $\overline{AB}$

④ $\overline{BD}$　　　⑤ $\overline{CD}$

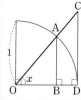

09 보기에서 옳은 것을 모두 고른 것은?

┌─ 보기 ├─

(ㄱ) $\tan 60° = 2\sin 60°$　　　　　(ㄴ) $\sin 30° + \sin 60° = \sin 90°$

(ㄷ) $\tan 0° \times \tan 45° = 1$　　　(ㄹ) $\tan 30° = \dfrac{1}{\tan 60°}$

① (ㄱ), (ㄴ)　　② (ㄱ), (ㄷ)　　③ (ㄱ), (ㄹ)　　④ (ㄴ), (ㄷ)　　⑤ (ㄴ), (ㄹ)

10 오른쪽 그림과 같은 삼각형 ABC에서 $\overline{AB}=10$cm, ∠A=75°, ∠B=60°일 때, $\overline{BC}$의 길이는?

① $(5+2\sqrt{3})$cm　　② $(2+5\sqrt{3})$cm　　③ $5(1+\sqrt{3})$cm

④ $5(1+2\sqrt{3})$cm　　⑤ $5(2+\sqrt{3})$cm

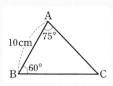

11 $\sin(2x+30°)=\dfrac{\sqrt{3}}{2}$을 만족하는 x의 값은? (단, $0° \le x \le 30°$)

① 10°　　　② 15°　　　③ 20°　　　④ 25°　　　⑤ 30°

12 오른쪽 그림에서 $\overline{AB}=8\,\text{cm}$, $\overline{BC}=10\,\text{cm}$, $\overline{CD}=5\,\text{cm}$, $\angle ABD=30°$, $\angle BCD=60°$일 때, 사각형 ABCD의 넓이는?

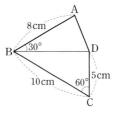

① $\dfrac{45\sqrt{3}}{4}\,\text{cm}^2$ ② $15\sqrt{3}\,\text{cm}^2$ ③ $\dfrac{45\sqrt{3}}{2}\,\text{cm}^2$

④ $25\sqrt{3}\,\text{cm}^2$ ⑤ $27\sqrt{3}\,\text{cm}^2$

13 오른쪽 그림과 같이 강을 사이에 두고 있는 두 지점 A, C 사이의 거리를 구하기 위하여 A지점과 같은 쪽에 있는 지점 B를 $\overline{AB}=100\,\text{m}$가 되도록 잡았더니 $\angle CAB=44°$, $\angle CBA=62°$이었다. 이때 두 지점 A, C 사이의 거리는?

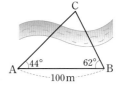

① $\dfrac{100\sin 74°}{\sin 62°}\,\text{m}$ ② $\dfrac{100\sin 74°}{\sin 28°}\,\text{m}$

③ $\dfrac{100\sin 62°}{\sin 74°}\,\text{m}$ ④ $\dfrac{\sin 74°}{100\sin 62°}\,\text{m}$ ⑤ $\dfrac{\sin 74°}{100\sin 62°}\,\text{m}$

 주관식 [각 6점]

14 오른쪽 그림과 같이 $\angle A=90°$, $\angle B=60°$인 삼각형 ABC에서 $\overline{AH}\perp\overline{BC}$이고 $\overline{CH}=\sqrt{3}$일 때, $x+y$의 값을 구하여라.

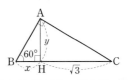

15 $\sin 90°\times\cos 0°+\tan 45°\times\cos 0°-\cos 60°$의 값을 계산하여라.

16 오른쪽 그림에서 삼각형 ABC의 넓이가 40이고 $\overline{AB}=4\sqrt{5}$, ∠B=30°일 때, $\overline{BC}$의 길이를 구하여라.

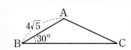

17 오른쪽 그림과 같이 직각삼각형 ABC에서 ∠A의 이등분선과 $\overline{BC}$의 교점을 D라 하고, ∠ABC=∠BAD, $\overline{BD}=8$cm일 때, △ABC의 넓이를 구하여라.

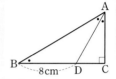

서술형 주관식

18 오른쪽 그림과 같이 ∠C=90°인 직각삼각형 ADC에서 ∠ABC=30°, ∠ADB=15°이고 $\overline{AC}=1$일 때, 다음을 구하여라. [총 5점]

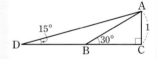

(1) $\overline{BC}$의 길이를 구하여라. [1점]

(2) $\overline{BD}$의 길이를 구하여라. [2점]

(3) $\tan 15°$의 값을 구하여라. [2점]

19 오른쪽 그림과 같이 반지름의 길이가 4인 원 O에 내접하는 정십이각형의 넓이를 구하여라. [6점]

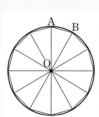

VII

원의 성질

Step 1

교과서 이해

정답 p. 69

1 원의 중심과 현의 수직이등분선

01 다음은 원의 중심에서 현에 내린 수선이 그 현을 이등분함을 설명하는 과정이다. □ 안의 (가), (나), (다)에 알맞은 것을 써넣어라.

> △OAM과 △OBM에서
> ∠OMA=∠OMB=90°, $\overline{OA}$= (가) ,
> $\overline{OM}$은 공통
> 따라서 △OAM≡△OBM((나) 합동)이
> 므로 $\overline{AM}$= (다)

[02~06] 다음 그림에서 x의 값을 구하여라.

02

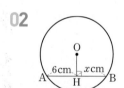

03

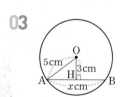

04

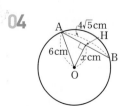

05

06

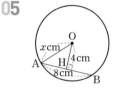

2 현의 길이

07 다음은 한 원의 중심에서 같은 거리에 있는 두 현의 길이가 같음을 확인하는 과정이다. □ 안의 (가), (나), (다)에 알맞은 것을 써넣어라.

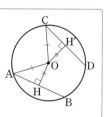

> 원 O의 중심에서 같은 거리에 있는 두 현 AB, CD에 내린 수선의 발을 각각 H, H′이라 하면 △OAH와 △OCH′에서
> ∠OHA=∠OH′C=90°, $\overline{OA}$= (가) ,
> $\overline{OH}$=$\overline{OH'}$
> 따라서 △OAH≡△OCH′((나) 합동)이
> 므로 $\overline{AH}$=$\overline{CH'}$
> 그런데 $\overline{AB}$= (다) $\overline{AH}$, $\overline{CD}$= (다) $\overline{CH'}$
> 이므로 $\overline{AB}$=$\overline{CD}$가 성립한다.

[08~14] 다음 그림에서 x의 값을 구하여라.

08

09

10

11

12

13

14

3 원의 접선의 길이

15 다음은 원 밖의 한 점에서 원에 그은 두 접선의 길이가 서로 같음을 설명하는 과정이다.

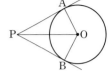

□ 안의 ㈎~㈔에 알맞은 것을 써넣어라.

△PAO와 △PBO에서

∠PAO= ㈎ =90°, $\overline{\text{OA}}$= ㈏ ,

$\overline{\text{OP}}$는 공통

따라서 △PAO≡△PBO(㈐ 합동)이므로

$\overline{\text{PA}}$= ㈑

[16~18] 다음 그림에서 두 직선 PA, PB가 원 O의 접선일 때, ∠x의 크기를 구하여라.

16

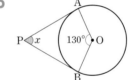

17

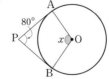

18

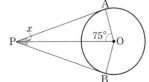

[19~20] 오른쪽 그림에서 두 직선 PA, PB는 원 O의 접선이고, 점 A, B는 접점이다.

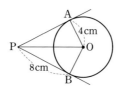

$\overline{OA}=4$cm, $\overline{PB}=8$cm일 때, 다음을 구하여라.

19 $\overline{PA}$의 길이를 구하여라.

20 $\overline{PO}$의 길이를 구하여라.

4 삼각형의 내접원

[21~23] 오른쪽 그림에서 원 O는 삼각형 ABC의 내접원이고 점 D, E, F는 접점이다. $\overline{AD}$의 길이를 x라고 할 때, 다음 물음에 답하여라.

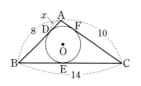

21 $\overline{BE}$의 길이를 x에 대한 식으로 나타내어라.

22 $\overline{CF}$의 길이를 x에 대한 식으로 나타내어라.

23 x의 값을 구하여라.

[24~27] 오른쪽 그림에서 원 O는 직각삼각형 ABC의 내접원이고 점 D, E, F는 접점이다. 원 O의 반지름의 길이를 $r$cm라 할 때, 다음 물음에 답하여라.

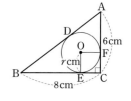

24 □OECF가 어떤 사각형인지 말하여라.

25 $\overline{AB}$의 길이를 구하여라.

26 $\overline{AD}$, $\overline{BD}$의 길이를 r에 대한 식으로 나타내어라.

27 r의 값을 구하여라.

28 오른쪽 그림에서 원 O는 삼각형 ABC의 내접원이고 점 D, E, F는 접점이다. $\overline{BD}=6$cm, $\overline{CF}=4$cm이고 $\overline{AB}+\overline{BC}+\overline{CA}=30$cm 일 때, $\overline{AD}$의 길이를 구하여라.

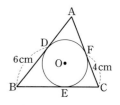

29 오른쪽 그림에서 원
O는 삼각형 ABC의
내접원이고 점 D, E,
F는 접점이다. 원 O
의 반지름의 길이가
6cm이고 $\overline{AB}=20$cm, $\overline{BD}=12$cm일 때,
$\overline{AG}$의 길이를 구하여라.

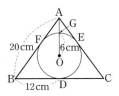

30 오른쪽 그림에서 원
O는 직각삼각형
ABC의 내접원이고
점 D, E, F는 접점
이다. $\overline{BD}=3$cm, $\overline{CD}=2$cm일 때, 원 O
의 반지름의 길이를 구하여라.

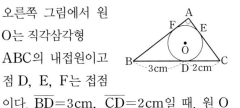

31 오른쪽 그림과 같이
선분 AC와 두 직선
BP, BQ에 접하는
원이 있다. 삼각형
ABC의 세 변의 길이가 각각 5, 6, 4일 때,
$\overline{AP}$의 길이를 구하여라.

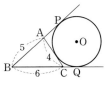

5 원에 외접하는 사각형의 성질

32 다음은 원 O가 사각형
ABCD의 각 변과 점 P,
Q, R, S에서 접할 때,
$\overline{AB}+\overline{CD}=\overline{AD}+\overline{BC}$
임을 설명하는 과정이다. □ 안의 (개)~(래)에
알맞은 것을 써넣어라.

> $\overline{AB}$, $\overline{BC}$, $\overline{CD}$, $\overline{DA}$가 원 O의 접선이므로
> $\overline{AP}=$ □(개), $\overline{BP}=$ □(나), $\overline{CR}=$ □(다),
> $\overline{DR}=$ □(래),
> $\therefore \overline{AB}+\overline{CD}=(\overline{AP}+\overline{BP})+(\overline{CR}+\overline{DR})$
> $\qquad = ($ □(개) $+$ □(나) $)$
> $\qquad\quad + ($ □(다) $+$ □(래) $)$
> $\qquad = \overline{AD}+\overline{BC}$

[33~34] 다음 그림에서 원 O가 사각형 ABCD에 내접할 때, x의 값을 구하여라.

33

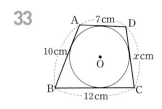

34

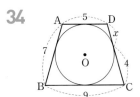

정답 p. 70

01 다음은 원 O의 현 AB의 수직이등분선이 원의 중심 O를 지남을 설명하는 과정이다. □ 안에 알맞은 것을 써넣어라.

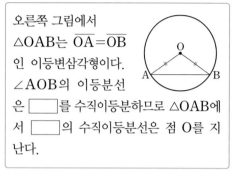

오른쪽 그림에서
△OAB는 $\overline{OA}=\overline{OB}$
인 이등변삼각형이다.
∠AOB의 이등분선
은 □를 수직이등분하므로 △OAB에
서 □의 수직이등분선은 점 O를 지
난다.

02 오른쪽 그림과 같이 반지름의 길이가 7cm인 원 O의 중심에서 현 AB에 내린 수선의 길이가 3cm일 때, 현 AB의 길이를 구하여라.

03 오른쪽 그림에서 $\widehat{AB}$는 원의 일부이고 $\overline{AM}=\overline{BM}=4\,cm$, $\overline{CM}=2\,cm$, $\overline{AB}\perp\overline{CM}$이다. 이 원의 반지름의 길이를 구하여라.

04 오른쪽 그림과 같이 점 O를 중심으로 하고 반지름의 길이가 각각 3cm, 4cm인 두 원이 있다. 현 AB가 작은 원에 접할 때, $\overline{AB}$의 길이를 구하여라.

05 다음은 한 원에서 길이가 같은 두 현은 원의 중심에서 같은 거리에 있음을 설명하는 과정이다. □ ㈎, ㈏, ㈐에 알맞은 것을 써넣어라.

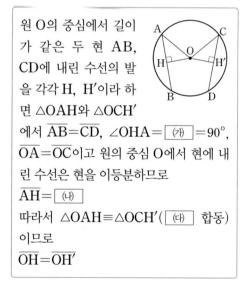

원 O의 중심에서 길이가 같은 두 현 AB, CD에 내린 수선의 발을 각각 H, H′이라 하면 △OAH와 △OCH′에서 $\overline{AB}=\overline{CD}$, ∠OHA= ㈎ =90°, $\overline{OA}=\overline{OC}$이고 원의 중심 O에서 현에 내린 수선은 현을 이등분하므로
$\overline{AH}=$ ㈏
따라서 △OAH≡△OCH′(㈐ 합동)
이므로
$\overline{OH}=\overline{OH'}$

06 오른쪽 그림의 원 O에서 $\overline{OM}=\overline{ON}$, $\overline{BM}=8\,cm$ 일 때, $\overline{CD}$의 길이를 구하여라.

07 오른쪽 그림과 같이 원 O 의 중심에서 두 현 AB, AC에 내린 수선의 발을 각각 M, N이라 하고, $\overline{OM}=\overline{ON}$, $\angle BAC=40°$ 일 때, $\angle ABC$의 크기는?

① $50°$ ② $55°$

③ $60°$ ④ $65°$

⑤ $70°$

08 오른쪽 그림과 같이 삼각형 ABC가 원 O에 내접하고 $\overline{OM}=\overline{ON}=2\,cm$, $\angle A=65°$일 때, $\angle ACB$의 크기를 구하여라.

09 오른쪽 그림에서 직선 AP가 원 O의 접선이고 $\overline{PA}=4\,cm$, 원의 반지름의 길이가 3cm일 때, $\overline{AB}$의 길이를 구하여라.

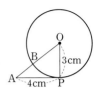

10 오른쪽 그림과 같이 원 밖의 한 점 P에서 원 O에 그은 두 접선을 각각 PA, PB라 하고, $\overline{PA}=5\,cm$, $\angle APB=60°$일 때, $\overline{AB}$의 길이를 구하여라.

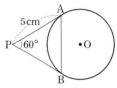

11 오른쪽 그림에서 사각형 ABCD가 원 O에 외접하고 점 E, F, G, H는 접점이다. 이 때 x, y의 값을 구하여라.

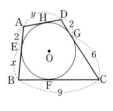

01 오른쪽 그림과 같이 원의 중심 O에서 현 AB, CD에 내린 수선의 발을 각각 M, N이라 하고 $\overline{AB}=\overline{CD}$이다. 다음 중 옳지 <u>않은</u> 것은?

① $\overline{OA}=\overline{OD}$ ② $2\overline{MB}=2\overline{ND}$
③ $\overline{OM}=\overline{ON}$ ④ $\overline{AM}=\overline{CN}$
⑤ $\overline{AM}=\overline{ON}$

02 오른쪽 그림과 같이 반지름이 길이가 10 cm인 원 O에서 $\overline{AB}\perp\overline{OM}$, $\overline{OM}=\overline{CM}$일 때, $\overline{AB}$의 길이를 구하여라.

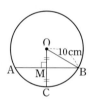

03 오른쪽 그림의 원 O에서 $\overline{AB}/\!/\overline{CD}$, $\overline{AB}\perp\overline{OE}$, $\overline{AB}=12$cm, $\overline{CD}=8$cm 일 때, $\overline{OF}$의 길이를 구하여라.

04 다음 중 옳지 <u>않은</u> 것은?

① 한 원에서 크기가 같은 두 중심각에 대한 현의 길이는 서로 같다.
② 현의 이등분선은 그 원의 중심을 지난다.
③ 원의 중심에서 현에 내린 수선은 그 현을 이등분한다.
④ 한 원의 중심에서 같은 거리에 있는 현의 길이는 같다.
⑤ 한 원에서 길이가 같은 두 현은 중심에서 같은 거리에 있다.

서술형

05 오른쪽 그림과 같이 점 O를 중심으로 하는 두 원이 있다. 현 AB가 작은 원에 접하고, $\overline{AB}=14$cm일 때, 어두운 부분의 넓이를 구하여라.
(단, 풀이 과정을 자세히 써라.)

06 원래 모양이 원인 접시가 깨어져서 오른쪽 그림과 같이 측정을 하였다. 이 때 원래 이 접시의 지름의 길이는?

① 28 cm   ② 30 cm
③ 32 cm   ④ 34 cm
⑤ 36 cm

07 오른쪽 그림의 원 O에서
$\overline{OA}=2\sqrt{3}\,cm$,
$\overline{OM}=\overline{ON}=2\,cm$일 때,
$\overline{CD}$의 길이는?

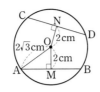

① $3\sqrt{2}\,cm$ ② $3\sqrt{6}\,cm$

③ $3\sqrt{3}\,cm$ ④ $4\sqrt{2}\,cm$

⑤ $6\,cm$

 서술형

08 오른쪽 그림의 원 O에서
$\overline{OM}=\overline{ON}$,
$\overline{AM}=3\,cm$일 때,
$x+y$의 값을 구하여라.
(단, 풀이 과정을 자세히
써라.)

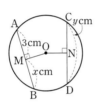

09 오른쪽 그림과 같은 원
O에서 $\overline{AB}\perp\overline{OH}$,
$\overline{CD}\perp\overline{OH'}$이고
$\overline{AB}=\overline{CD}$이다. 다음 중
옳지 않은 것은?

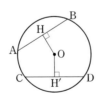

① $\overline{AH}=\overline{DH'}$ ② $\overline{BH}=\overline{DH'}$

③ $\overline{OH}=\overline{OH'}$ ④ $\overline{CH'}=\overline{OH}$

⑤ $\overset{\frown}{AB}=\overset{\frown}{CD}$

10 오른쪽 그림과 같이 반지름의 길이가 8cm인 원 O에서 현 AB를 접는 선으로 하여 $\overset{\frown}{AB}$가 원의 중심 O에 닿도록 접었다. 이때 현 AB의 길이를 구하여라.

11 오른쪽 그림에서 $\overline{AB}$는 원 O의 접선이고, 점 B는 접점이다.
$\overline{OA}=15\,cm$,
$\overline{AB}=12\,cm$일 때 원 O의 넓이는?

① $72\pi\,cm^2$ ② $79\pi\,cm^2$

③ $81\pi\,cm^2$ ④ $85\pi\,cm^2$

⑤ $90\pi\,cm^2$

 서술형

12 오른쪽 그림에서 $\overline{PA}$, $\overline{PB}$는 각각 원 O의 접선이고, 두 점 A, B는 접점이다. 원 O의 반지름의 길이가 6cm이고 $\angle APB=60°$일 때, 어두운 부분의 넓이를 구하여라.

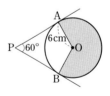

(단, 풀이 과정을 자세히 써라.)

13 오른쪽 그림에서 $\overline{AB}$는 반원 O의 지름이고, $\overline{AD}$, $\overline{BC}$, $\overline{CD}$는 원 O의 접선이다. $\overline{AD}=12$cm, $\overline{BC}=5$cm일 때, $\overline{AB}$의 길이를 구하여라.

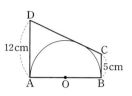

14 오른쪽 그림과 같이 원 O의 지름의 양 끝점 A, B에서 그은 접선 l, m과 원 O 위의 한 점 P에서 그은 접선과의 교점을 각각 C, D라고 하자. $\overline{AC}=3$cm, $\overline{BD}=5$cm일 때, 원 O의 반지름의 길이는?

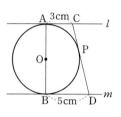

① $2\sqrt{3}$cm   ② $\sqrt{15}$cm
③ 4cm   ④ $3\sqrt{2}$cm
⑤ $2\sqrt{5}$cm

서술형

15 오른쪽 그림과 같이 원 O에 내접하는 삼각형 ABC에서 $\overline{AB} \perp \overline{OM}$, $\overline{AC} \perp \overline{ON}$이고 $\overline{OM}=\overline{ON}$, $\angle B=68°$일 때, $\angle x$의 크기를 구하여라.

（단, 풀이 과정을 자세히 써라.）

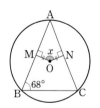

16 오른쪽 그림에서 선분 PA, PB는 반지름의 길이가 3cm인 원 O의 접선이고 $\overline{PA}=4$cm일 때, $\overline{AB}$의 길이는?

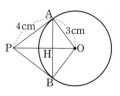

① 4cm   ② $\dfrac{22}{5}$cm
③ $\dfrac{24}{5}$cm   ④ $\dfrac{26}{5}$cm
⑤ $\dfrac{28}{5}$cm

17 오른쪽 그림과 같이 가로의 길이와 세로의 길이가 각각 6cm, 4cm인 직사각형 ABCD가 있다. 원 O가 사각형 AECD에 내접하고 네 점 G, F, I, H가 접점일 때, $\overline{EF}$의 길이를 구하여라.

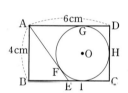

18 오른쪽 그림에서 두 반직선 PQ, PR는 원 O와 각각 점 Q, R에서 접하는 접선이다. $\overline{AB}$는 원 O와 점 C에서 접하고, $\overline{PQ}=16$cm, $\overline{PA}=10$cm, $\overline{PB}=12$cm일 때, $\overline{AB}$의 길이를 구하여라.

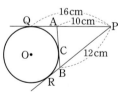

19 오른쪽그림에서 두 반직선 PA, PB 는 원 O의 접선이 고 두 점 A, B는 접점이다. 이때 $\overline{PB}$의 길이를 구하여라.

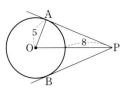

20 오른쪽 그림에서 □ABCD는 한 변의 길 이가 10인 정사각형이 다. $\overline{DE}$가 $\overline{BC}$를 지름으 로 하는 반원에 접할 때, $\overline{DE}$의 길이는?

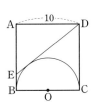

① $\dfrac{23}{2}$ ② 12

③ $\dfrac{25}{2}$ ④ 13

⑤ $\dfrac{27}{2}$

서술형

21 오른쪽 그림에서 원 O 는 삼각형 ABC의 내 접원이고 $\overline{PQ}$는 원 O 의 접선이다. $\overline{AB}=7$, $\overline{BC}=5$, $\overline{AC}=6$일 때, △APQ의 둘레의 길이 를 구하여라. (단, 풀이 과정을 자세히 써라.)

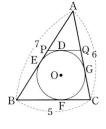

22 오른쪽 그림과 같이 ∠C = ∠D = 90°이고 $\overline{BC}=12$인 사각형 ABCD에 넓이가 16π인 원 O가 내접하고 있다. 이때 □ABCD의 둘레의 길이를 구하여라.

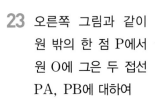

23 오른쪽 그림과 같이 원 밖의 한 점 P에서 원 O에 그은 두 접선 PA, PB에 대하여 ∠APB=60°이고 $\overline{OA}=3$일 때, 어두운 부 분의 넓이는?

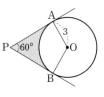

① $3\sqrt{3}-\pi$ ② $6\sqrt{3}-\pi$

③ $3\pi-3\sqrt{3}$ ④ $9\sqrt{3}-3\pi$

⑤ $12\sqrt{3}-3\pi$

24 오른쪽 그림에서 직각삼각형 ABC 가 원 O에 외접하 고 세 점 P, Q, R 는 접점이다. $\overline{BP}=6$cm, $\overline{CP}=9$cm일 때, 원 O의 넓이를 구하여라.

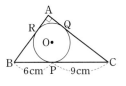

유형 01

오른쪽 그림의 원 O에서 $\overline{AB}\perp\overline{OC}$, $\overline{OB}=13$, $\overline{OM}=5$일 때, $\overline{AC}$의 길이를 구하여라.

해결포인트 원의 중심에서 현에 내린 수선은 그 현을 이등분하므로 위의 그림에서 $\overline{OM}$은 $\overline{AB}$의 수직이등분선이다.

확인문제

1-1 오른쪽 그림의 원 O에서 $\overline{AB}\perp\overline{OH}$이고 $\overline{AB}=12cm$, $\overline{OH}=6cm$일 때, 원 O의 반지름의 길이를 구하여라.

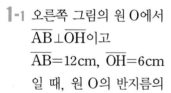

1-2 오른쪽 그림에서 원 O의 두 현 AB, CD가 수직으로 만나고 $\overline{AH}=2$, $\overline{BH}=6$, $\overline{CH}=3$, $\overline{DH}=4$일 때, 원 O의 넓이를 구하여라.

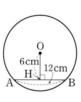

유형 02

오른쪽 그림과 같이 원 O의 중심에서 두 현 AB, AC에 내린 수선의 발을 각각 M, N이라 할 때, $\overline{OM}=\overline{ON}$, $\angle BAC=72°$이다. 이때 $\angle ABC$의 크기를 구하여라.

해결포인트 원의 중심에서 같은 거리에 있는 현은 그 길이가 같다. 즉, 위의 그림에서 $\overline{OM}=\overline{ON}$이면 $\overline{AB}=\overline{AC}$이다. 따라서 △ABC는 $\overline{AB}=\overline{AC}$인 이등변삼각형이다.

확인문제

2-1 오른쪽 그림과 같이 원 O의 중심에서 두 현 AB, AC에 내린 수선의 발을 각각 M, N이라 할 때, $\overline{OM}=\overline{ON}$, $\angle ABC=64°$이다. 이때 $\angle BAC$의 크기를 구하여라.

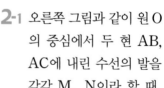

2-2 오른쪽 그림에서 $\overline{OM}=\overline{ON}$, $\angle MON=110°$일 때, $\angle ABC$의 크기를 구하여라.

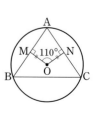

유형 03

오른쪽 그림에서 두 반직선 PA, PB는 원 O의 접선이고 ∠APB=55°일 때, ∠AOB의 크기를 구하여라.

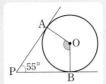

해결**포인트** 원 밖의 한 점에서 원에 그을 수 있는 접선은 2개이고, 두 접선의 길이는 같다. 또, 원의 접선은 그 접점을 지나는 원의 반지름과 수직이다. 즉, 위의 그림에서 ∠OAP=∠OBP=90°이다.

유형 04

오른쪽 그림과 같이 원 O가 직사각형 ABCD의 세 변에 접하고 있다. $\overline{DE}$가 원 O의 접선이고 $\overline{AB}$=16cm, $\overline{DE}$=20cm일 때, $\overline{BE}$의 길이를 구하여라.

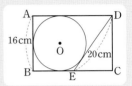

해결**포인트** 원에 외접하는 사각형의 대변의 길이의 합은 같다. 즉, 위의 그림에서 □ABED가 원 O에 외접하므로 $\overline{AB}+\overline{DE}=\overline{AD}+\overline{BE}$가 성립한다.

확인문제

3-1 오른쪽 그림에서 $\overline{PA}$가 원 O의 접선일 때, △OPA의 넓이를 구하여라.

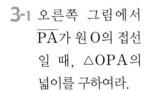

확인문제

4-1 오른쪽 그림에서 원 O는 사각형 ABCD에 내접하고 $\overline{AB}$=8cm, $\overline{BC}$=9cm, $\overline{CD}$=7cm일 때, $\overline{AD}$의 길이를 구하여라.

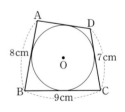

3-2 오른쪽 그림에서 두 반직선 PA, PB는 원 O의 접선이고 두 점 A, B는 접점이다. ∠AOB=120°, $\overline{OA}$=6cm일 때, $\overline{AB}$의 길이를 구하여라.

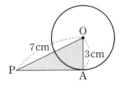

4-2 오른쪽 그림과 같이 원 O에 외접하는 등변사다리꼴 ABCD가 있다. $\overline{AD}$=8cm, $\overline{BC}$=18cm일 때, 원 O의 넓이를 구하여라.

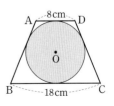

1 오른쪽 그림에서 원 O는 직각삼각형 ABC에 내접하고 세 점 P, Q, R는 접점이다. $\overline{BQ}=6cm$, $\overline{CQ}=4cm$일 때, 원 O의 반지름의 길이를 구하여라.

(단, 풀이 과정을 자세히 써라.)

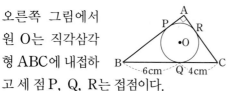

2 오른쪽 그림과 같이 $\angle A = \angle B = 90°$이고 $\overline{AD}=10$, $\overline{BC}=15$인 사각형 ABCD에 내접하는 원 O의 반지름의 길이를 구하여라.

(단, 풀이 과정을 자세히 써라.)

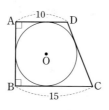

3 오른쪽 그림과 같이 원 O가 직사각형 ABCD에 내접하고 원 O'이 삼각형 CDE에 내접하고 있다. $\overline{BC}=12$, $\overline{DE}=8$일 때, 두 원 O, O'의 반지름의 길이의 합을 구하여라. (단, 풀이 과정을 자세히 써라.)

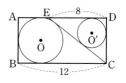

4 오른쪽 그림과 같이 삼각형 ABC는 $\overline{BC}$를 지름으로 하는 원에 내접하고, 원 O'은 △ABC의 내접원이다. 두 원 O, O'의 반지름의 길이가 각각 3, 1일 때, △ABC의 넓이를 구하여라.

(단, 풀이 과정을 자세히 써라.)

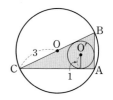

PART 02 원주각

Step ① 교과서 이해

정답 p. 75

1 원주각과 중심각

01 원 O에서 $\widehat{AB}$ 위에 있지
않은 원 위의 점 P에 대하
여 $\angle APB$를 $\widehat{AB}$에 대하
[   ], $\angle AOB$를 $\widehat{AB}$
에 대한 [   ]이라 한
다. 이때 $\angle APB = \square\angle AOB$이다.

02 다음은 한 호에 대한 원주각의 크기는 그 호
에 대한 중심각의 크기의 $\frac{1}{2}$배임을 설명하
는 과정이다. □ 안의 (가)~(라)에 알맞은 것을
써넣어라.

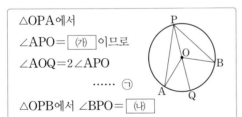

△OPA에서
$\angle APO = \boxed{(가)}$ 이므로
$\angle AOQ = 2\angle APO$
        …… ㉠
△OPB에서 $\angle BPO = \boxed{(나)}$
이므로 $\angle BOQ = 2\angle BPO$ …… ㉡
㉠, ㉡에서 $\angle AOB = 2\boxed{(다)}$
∴ $\angle APB = \frac{1}{2}\boxed{(라)}$

[03~09] 다음 그림에서 $\angle x$의 크기를 구하
여라.

03

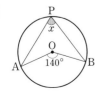

04

05

06

07

08

09

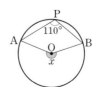

10 오른쪽 그림에서 ∠x, ∠y 의 크기를 구하여라.

11 오른쪽 그림과 같이 사각형 ABCD는 원 O에 내접하고 있다.
∠BAD=70°일 때, ∠a, ∠b, ∠BCD의 크기를 구하여라.

12 오른쪽 그림과 같이 $\widehat{AB}$ 가 반원일 때, 즉 두 점 A, B가 원 O의 지름의 양 끝점일 때, ∠APB의 크기를 구하여라.

2 원주각의 성질

[13~20] 다음 그림에서 ∠x의 크기를 구하여라.

13

14

15

16

17

18

19

20

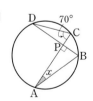

21

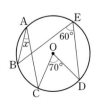

[22~27] 다음 그림에서 ∠x, ∠y의 크기를 구하여라.

22

23

24

25

26

27

28

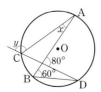

29

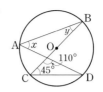

30 오른쪽 그림에서
$\widehat{AB} : \widehat{CD} = 3 : 2$이고
∠AOB=120°일 때,
∠x, ∠y의 크기를 구하
여라.

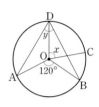

31 오른쪽 그림에서
$\overline{AE} /\!/ \overline{CD}$일 때, ∠x, ∠y
의 크기를 구하여라.

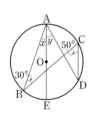

32 오른쪽 그림에서 $\overline{AB}$
는 원 O의 지름이고
∠APR=50°일 때,
∠x의 크기를 구하여라.

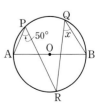

3 | 원주각의 크기와 호의 길이

[33~36] 다음 그림에서 x의 값을 구하여라.

33

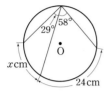

34

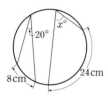

35

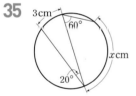

36

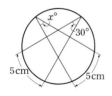

37 오른쪽 그림에서 원 O의
두 현 AB, CD의 교점은
P이고, 호 BC의 길이는
4π cm이다.
$\angle ACD = 23°$,
$\angle BPC = 53°$일 때 원 O의 둘레의 길이를
구하여라.

38 다음은 원에 내접하는 사각형의 성질을 확인하는 과정이다. □ 안의 (가)~(라)에 알맞은 것을 써넣어라.

오른쪽 그림과 같이
사각형 ABCD에 외
접하는 원 O에서 $\overset{\frown}{BD}$
에 대한 중심각을
$\angle a$, $\overset{\frown}{BAD}$에 대한 중
심각을 $\angle b$라고 하면

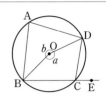

$\angle BAD = \boxed{(가)} \times \angle a$,

$\angle BCD = \boxed{(나)} \times \angle b$

$\angle a + \angle b = 360°$이므로

$\angle BAD + \angle BCD = \boxed{(다)}$

또, $\angle BCD + \angle DCE = 180°$이므로

$\angle BAD = \boxed{(라)}$

[39~41] 다음 그림에서 $\angle x$, $\angle y$의 크기를
구하여라.

39

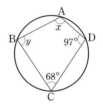

40

41

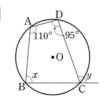

정답 p. 77

01 오른쪽 그림에서 $\angle x$, $\angle y$의 크기를 구하여라.

02 오른쪽 그림에서 $\widehat{AB} = \widehat{BC}$일 때, $\angle x$의 크기는?

① $45°$ ② $50°$
③ $55°$ ④ $60°$
⑤ $65°$

03 오른쪽 그림에서 반직선 PA, PB는 원 O의 접선이고 두 점 A, B는 접점이다. $\angle APB = 40°$일 때, $\angle ACB$의 크기를 구하여라.

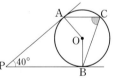

04 다음 중 오른쪽 그림에서 크기가 같은 각끼리 연결된 것을 모두 골라라.

┤ 보기 ├

(ㄱ) $\angle BAC - \angle ABD$

(ㄴ) $\angle BAC - \angle BDC$

(ㄷ) $\angle ABD - \angle ACD$

(ㄹ) $\angle ACD - \angle BDC$

05 오른쪽 그림에서 $\angle x + \angle y$의 크기는?

① $76°$ ② $78°$
③ $80°$ ④ $82°$
⑤ $84°$

06 오른쪽그림에서 $\overline{PA}$는 원 O의 접선이고, 점 A는 접점이다. $\angle ABP = 125°$일 때 $\angle ACB$의 크기를 구하여라.

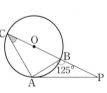

07 오른쪽 그림에서
$\overparen{AB} = \overparen{BC}$이고
$\angle ABC = 27°$일 때
$\angle BAC$의 크기를 구하
여라.

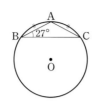

10 오른쪽 그림에서 사각
형 ABCD가 원 O에
내접할 때, $\angle x$, $\angle y$의
크기를 구하여라.

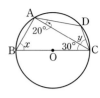

08 오른쪽 그림에서 두 현
AC, BD의 교점을 P라
하고 $\overparen{BC} = 2\overparen{AD}$,
$\angle BPC = 75°$일 때, $\angle x$
의 크기는?

① 23°   ② 25°
③ 27°   ④ 29°
⑤ 31°

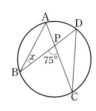

11 오른쪽 그림에서 $\angle x$의
크기는?

① 68°   ② 70°
③ 72°   ④ 74°
⑤ 76°

09 오른쪽 그림에서 $\angle x$
의 크기를 구하여라.

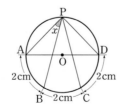

12 오른쪽 그림에서 선분
BD는 원 O의 지름이
고 $\angle ADB = 28°$,
$\angle ABP = 70°$일 때,
$\angle x$의 크기를 구하여라.

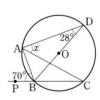

01 오른쪽 그림과 같은 원 O에서 $\angle ADB=48°$일 때, $\angle x+\angle y$의 크기는?

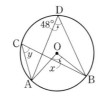

① $140°$ ② $144°$

③ $148°$ ④ $152°$

⑤ $156°$

02 오른쪽 그림에서 $\angle ADB=25°$, $\angle CBD=35°$일 때, $\angle APB$의 크기는?

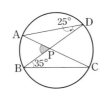

① $40°$ ② $45°$

③ $50°$ ④ $55°$

⑤ $60°$

서술형

03 오른쪽 그림의 원 O에서 $\angle AOB=140°$, $\angle CBO=65°$일 때, $\angle x$의 크기를 구하여라. (단, 풀이 과정을 자세히 써라.)

04 오른쪽 그림에서 $\angle x$의 크기는?

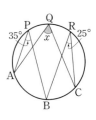

① $50°$ ② $55°$

③ $60°$ ④ $65°$

⑤ $70°$

05 오른쪽 그림과 같이 $\overset{\frown}{BC}=3$, $\angle CAB=24°$, $\angle APD=72°$일 때, $\overset{\frown}{AD}$의 길이를 구하여라.

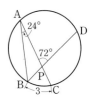

06 오른쪽 그림과 같이 원 O의 두 현 AB, CD의 연장선의 교점을 P라 하고 $\angle ABC=63°$, $\overset{\frown}{AC}=3\overset{\frown}{BD}$일 때, $\angle x$의 크기는?

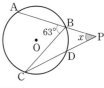

① $40°$ ② $41°$

③ $42°$ ④ $43°$

⑤ $44°$

07 오른쪽 그림과 같이 사각형 ABCD가 원 O에 내접하고, $\overline{BD}$는 원 O의 지름이다.
∠BDC=50°, ∠ABP=115°일 때, ∠x의 크기를 구하여라.

08 오른쪽 그림과 같이 사각형 ABCD가 원 O에 내접하고 ∠BOD=154°일 때, ∠DCE의 크기를 구하여라.

서술형

09 오른쪽 그림과 같이 사각형 ABCD가 원 O에 내접하고 $\overline{AC}=\overline{BC}$이다. ∠ADC=105°일 때, ∠ACB의 크기는?

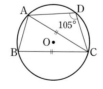

① 20° ② 25°
③ 30° ④ 35°
⑤ 40°

서술형

10 오른쪽 그림에서 $\overline{AB}$가 원 O의 지름이고 ∠DCB=30°, ∠CDB=43°일 때, ∠BPC의 크기를 구하여라.
(단, 풀이 과정을 자세히 써라.)

11 오른쪽 그림과 같이 사각형 ABCD가 원 O에 내접하고 ∠CAD=50°, ∠BCD=90°, ∠ADB=45°일 때, ∠x+∠y+∠z의 크기를 구하여라.

12 오른쪽 그림과 같이 원 O에 내접하는 오각형 ABCDE에서 ∠B=115°, ∠COD=70°일 때, ∠x의 크기는?

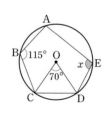

① 95° ② 100°
③ 105° ④ 110°
⑤ 115°

13 오른쪽 그림에서 $\overline{PA}$, $\overline{PB}$는 원 O 의 접선이고, 두 점 A, B는 접점이다. ∠APB=40°일 때, ∠ACB의 크기는?

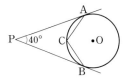

① 100°　　② 105°
③ 110°　　④ 115°
⑤ 120°

14 오른쪽 그림의 원 O 에서 ∠BAC=36°, $\widehat{AB}$=12cm, $\overline{OM}=\overline{ON}$일 때, $\widehat{BC}$ 의 길이는?

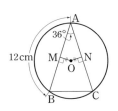

① 4cm　　② 5cm
③ 6cm　　④ 7cm
⑤ 8cm

서술형

15 오른쪽 그림의 원 O에서 ∠OAC=15°, ∠OBC=50°일 때, ∠x 의 크기를 구하여라.

(단, 풀이 과정을 자세히 써라.)

16 오른쪽 그림과 같이 사각형 ABCD가 원 O에 내접하고 ∠BDC=55°, ∠OCD=30°일 때, ∠x 의 크기를 구하여라.

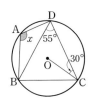

17 오른쪽 그림과 같이 사각형 ABCD가 원 O에 내접하고 ∠DPA=48°, ∠DQC=32°일 때, ∠ABC의 크기는?

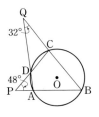

① 48°　　② 50°
③ 52°　　④ 54°
⑤ 56°

18 오른쪽 그림의 두 원 O, O'이 두 점 P, Q에서 만나고 ∠PAB=85°, ∠ABQ=75°일 때, ∠QCD의 크기는?

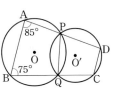

① 75°　　② 85°
③ 95°　　④ 105°
⑤ 115°

19 오른쪽 그림과 같이 두 현 AB, CD의 연장선의 교점을 P라 하고, $\overline{AD}$와 $\overline{BC}$의 교점을 Q라 하자. ∠APC=32°, ∠AQC=76°일 때, ∠BCD의 크기를 구하여라.

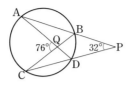

20 오른쪽 그림에서 사각형 ABCD는 원 O에 내접하고 $\overset{\frown}{BC}=\overset{\frown}{CD}$이다. ∠BOC=94°일 때, ∠DCE의 크기는?

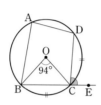

① 94° ② 96°

③ 98° ④ 100°

⑤ 102°

21 오른쪽그림은 지름 AB의 길이가 10cm인 반원을 나타낸 것이다. 반원의 내부에 한 점 P를 잡아 삼각형 PAB를 만들 때, 다음 중 $\overline{PA}$, $\overline{PB}$의 길이가 될 수 있는 것은?

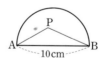

① $\overline{PA}=6$cm, $\overline{PB}=8$cm

② $\overline{PA}=6$cm, $\overline{PB}=9$cm

③ $\overline{PA}=7$cm, $\overline{PB}=7$cm

④ $\overline{PA}=7$cm, $\overline{PB}=8$cm

⑤ $\overline{PA}=5\sqrt{2}$cm, $\overline{PB}=5\sqrt{2}$cm

22 오른쪽 그림에서 점 E는 원 O의 두 현 AB, CD의 연장선의 교점이다. ∠BCD=21°이고 $\overset{\frown}{AB}=\overset{\frown}{AC}=\overset{\frown}{CD}$일 때, ∠AEC의 크기를 구하여라.

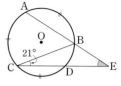

23 오른쪽 그림에서 $\overset{\frown}{ADC}$의 길이는 원의 둘레의 길이의 $\frac{3}{4}$이고 $\overset{\frown}{BCD}$의 길이는 원의 둘레의 길이의 $\frac{1}{3}$일 때, ∠x+∠y의 크기를 구하여라.

서술형

24 오른쪽 그림에서 점 P는 원 O의 두 현 AB, CD의 연장선의 교점이다. ∠AOC=100°, ∠BOD=40°일 때, ∠x의 크기를 구하여라.

(단, 풀이 과정을 자세히 써라.)

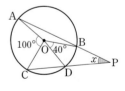

유형 01

오른쪽 그림에서 $\overline{BD}$
는 원 O의 지름이고
∠ACD=20°,
∠BDC=30°일 때,
∠x, ∠y의 크기를 구
하여라.

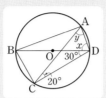

해결**포인트** (원주각의 크기)=$\frac{1}{2}$×(중심각의 크기)임
을 이용하여 문제를 해결한다. 특히, 반원에 대한 중심각의
크기는 180°이므로 반원에 대한 원주각의 크기는
$\frac{1}{2}$×180°=90°이다.

유형 02

오른쪽 그림에서 $\overline{AB}$
는 원 O의 지름이고
$\overgroup{AC}=\overgroup{CD}$이다.
∠ABC=20°일 때,
∠BCD의 크기를 구
하여라.

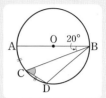

해결**포인트** 한 원에서 호의 길이는 그 호에 대한 원주각
의 크기에 정비례함을 이용하여 문제를 해결한다.

확인문제

1-1 오른쪽 그림에서 $\overline{AB}$
는 원 O의 지름이고
∠C=42°일 때,
∠BAD의 크기를 구
하여라.

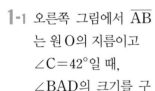

확인문제

2-1 오른쪽 그림에서 점 P는
두 현 AB, CD의 교점
이고 $\overgroup{BC}=4$cm,
∠ACD=20°,
∠BPC=65°일 때, 이
원의 둘레의 길이를 구하여라.

1-2 오른쪽 그림에서 $\overline{AB}$는
원 O의 지름이고
∠BEC=24°일 때,
∠ADC의 크기를 구하
여라.

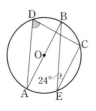

2-2 오른쪽 그림에서
원 O에 내접하는
삼각형 ABC는
$\overline{AB}=\overline{AC}$인 이등
변삼각형이다. $\overgroup{AD}=2\overgroup{DC}$이고
∠PAC=20°일 때, ∠APC의 크기를 구
하여라.

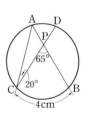

유형 03

오른쪽 그림에서 $\overline{BC}$ 는 원 O의 지름이고 ∠DBC=40°일 때, ∠x의 크기를 구하여라.

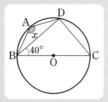

해결**포인트** 사각형 ABCD가 원에 내접하면 한 쌍의 대각의 크기의 합이 180°이다. 즉, ∠A+∠C=180°, ∠B+∠D=180°이다.

유형 04

오른쪽 그림에서 두 사각형 ABCD, EBCD 는 모두 원에 내접한다. ∠ADE=25°, ∠ABC=70°일 때, ∠EBP의 크기를 구하여라.

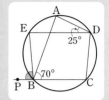

해결**포인트** 사각형 ABCD가 원에 내접하면 한 외각의 크기는 그 내대각의 크기와 같다. 또, 한 외각과 그 내대각의 크기가 같은 사각형은 원에 내접한다.

확인문제

3-1 오른쪽 그림과 같이 사각형 ABCD가 원에 내접할 때, ∠x의 크기를 구하여라.

3-2 오른쪽 그림에서 오각형 ABCDE가 원 O에 내접하고 ∠B=100°이다. CD의 길이가 원의 둘레의 길이의 $\frac{1}{5}$일 때, ∠AED의 크기를 구하여라.

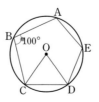

확인문제

4-1 오른쪽 그림에서 사각형 ABCD가 원에 내접하고 ∠BAC=65°, ∠DCE=110° 일 때, ∠CAD의 크기를 구하여라.

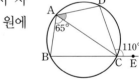

4-2 오른쪽 그림과 같이 사각형 ABCD가 원 O에 내접하고 ∠APD=35°, ∠DQC=45°일 때, ∠ABC의 크기를 구하여라.

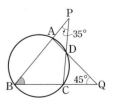

1 오른쪽 그림에서 두 반직선 PA, PB는 원 O의 접선이고, 두 점 A, B는 접점이다. ∠APB=48°일 때, ∠ACB의 크기를 구하여라.

(단, 풀이 과정을 자세히 써라.)

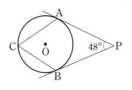

2 오른쪽 그림과 같이 두 원 O, O′이 두 점 P, Q에서 만난다. ∠PDC=92°일 때, ∠x의 크기를 구하여라.

(단, 풀이 과정을 자세히 써라.)

3 오른쪽 그림과 같이 원 O의 두 현 AB, CD의 교점이 P이고, 호 AC, BD의 길이는 각각 원의 둘레의 길이의 $\frac{1}{5}$, $\frac{1}{3}$ 일 때, ∠APC의 크기를 구하여라.

(단, 풀이 과정을 자세히 써라.)

4 오른쪽 그림에서 $\overline{AB}$는 반원 O의 지름이고 ∠APB=70°일 때, ∠COD의 크기를 구하여라. (단, 풀이 과정을 자세히 써라.)

원주각의 성질

정답 p. 82

1 네 점이 한 원 위에 있을 조건

01 다음 보기에서 네 점 A, B, C, D가 한 원 위에 있는 것을 모두 골라라.

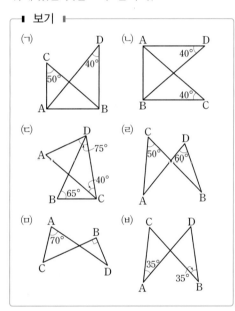

[02~04] 다음 그림에서 네 점 A, B, C, D 가 한 원 위에 있도록 하는 ∠x의 크기를 구 하여라.

02
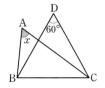

03
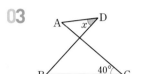

04
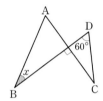

05
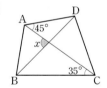

06
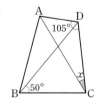

2 사각형이 원에 내접하기 위한 조건

07 한 쌍의 대각의 크기의 합이 [　　]인 사각 형은 원에 내접한다.

08 한 외각의 크기가 그 [　　]의 크기와 같은 사각형은 원에 내접한다.

09 다음 사각형 중 항상 원에 내접하는 것을 모두 골라라.

┌─ 보기 ─┐

(ㄱ) 직사각형　　(ㄴ) 평행사변형

(ㄷ) 마름모　　　(ㄹ) 등변사다리꼴

(ㅁ) 정사각형

10 다음 중 사각형 ABCD가 원에 내접하는 것을 모두 골라라.

┌─ 보기 ─┐

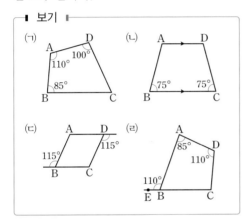

[11~14] 다음 그림에서 사각형 ABCD가 원에 내접하도록 하는 $\angle x$의 크기를 구하여라.

11

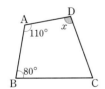

12

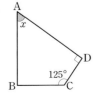

13

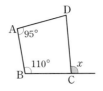

14

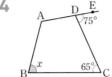

3 원의 접선과 현이 이루는 각

15 원의 접선과 그 접점을 지나는 현이 이루는 각의 크기는 그 각의 내부에 있는 호에 대한 □□□의 크기와 같다.

[16~21] 다음 그림에서 직선 PT가 원 O의 접선일 때, $\angle x$의 크기를 구하여라.

16

17

18

19

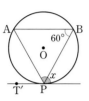

20

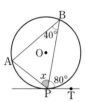

21

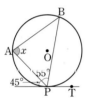

[22~25] 다음 그림에서 직선 PT가 원 O의 접선일 때, $\angle x$, $\angle y$의 크기를 구하여라.

22

23

24

25

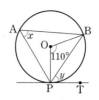

4 원에서의 비례 관계

26 다음은 원에서 두 현 AB, CD의 교점을 P 라 할 때, $\overline{PA} \times \overline{PB} = \overline{PC} \times \overline{PD}$가 성립함을 확인하는 과정이다. ☐ 안의 ⑺~⑷에 알맞은 것을 써넣어라.

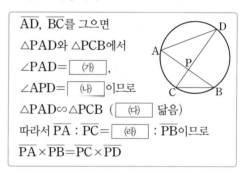

$\overline{AD}$, $\overline{BC}$를 그으면
△PAD와 △PCB에서
$\angle PAD = \boxed{⑺}$,
$\angle APD = \boxed{⑷}$이므로
△PAD∽△PCB ($\boxed{⑷}$ 닮음)
따라서 $\overline{PA} : \overline{PC} = \boxed{⑷} : \overline{PB}$이므로
$\overline{PA} \times \overline{PB} = \overline{PC} \times \overline{PD}$

[27~28] 다음 그림에서 x의 값을 구하여라.

27

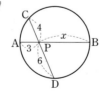

28

29 다음은 원에서 두 현 AB, CD의 연장선의 교점을 P라 할 때, $\overline{PA} \times \overline{PB} = \overline{PC} \times \overline{PD}$가 성립함을 확인하는 과정이다. □ 안의 (개), (나), (다)에 알맞은 것을 써넣어라.

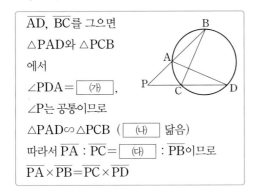

$\overline{AD}$, $\overline{BC}$를 그으면
△PAD와 △PCB
에서
∠PDA = □ (개) ,
∠P는 공통이므로
△PAD ∽ △PCB (□ (나) 닮음)
따라서 $\overline{PA} : \overline{PC} = $ □ (다) $: \overline{PB}$이므로
$\overline{PA} \times \overline{PB} = \overline{PC} \times \overline{PD}$

[30~31] 다음 그림에서 x의 값을 구하여라.

30

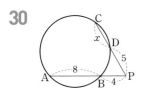

31

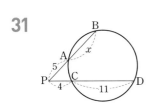

32 오른쪽 그림을 보고 □ 안에 알맞은 수를 써넣어라.

➡ $\overline{OP} = $□이므로
$\overline{PB} = $□
$\overline{PC} = \overline{PD}$이고
$\overline{PA} \times \overline{PB} = \overline{PC} \times \overline{PD}$이므로
$\overline{PC}^2 = $□ ∴ $\overline{PC} = $□

33 오른쪽 그림에서 $\overline{CD}$는 원 O의 지름이고, $\overline{OP} = \overline{CP}$, $\overline{AP} = 8$cm, $\overline{BP} = 6$cm일 때, 원 O의 반지름의 길이를 구하여라.

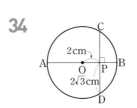

[34~37] 다음 그림에서 $\overline{AB}$가 원 O의 지름일 때, 원 O의 반지름의 길이를 구하여라.

34

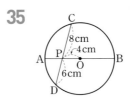

35

36

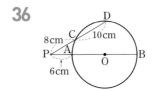

37

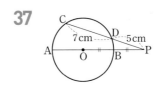

5 원의 할선과 접선

38 다음은 원 밖의 한 점 P에서 이 원에 그은 접선과 할선이 원과 만나는 점을 각각 T, A, B라 하면 $\overline{PT}^2=\overline{PA}\times\overline{PB}$가 성립함을 확인하는 과정이다. □ 안의 ㈎, ㈏, ㈐에 알맞은 것을 써넣어라.

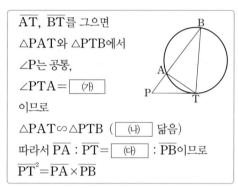

$\overline{AT}$, $\overline{BT}$를 그으면
△PAT와 △PTB에서
∠P는 공통,
∠PTA= ㈎
이므로
△PAT∽△PTB (㈏ 닮음)
따라서 $\overline{PA} : \overline{PT} =$ ㈐ $: \overline{PB}$이므로
$\overline{PT}^2=\overline{PA}\times\overline{PB}$

[39~46] 다음 그림에서 직선 $\overline{PT}$가 원 O의 접선일 때, x의 값을 구하여라.

39

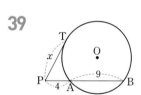

40

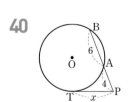

41

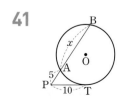

42

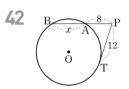

43

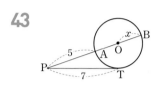

44

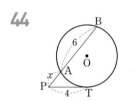

45

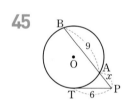

46

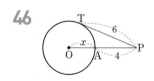

47 오른쪽 그림에서 $\overline{PT}$는 원 O의 접선이다. $\overline{PO}$와 원이 만나는 점을 A라고 할 때, $\overline{PA}=8$, $\overline{OA}=5$일 때, 접선 $\overline{PT}$의 길이를 구하여라.

 정답 p. 84

01 오른쪽 그림과 같이 사각형 ABCD가 원 O에 내접할 때, $\angle x + \angle y$의 크기는?

① $178°$　　② $180°$

③ $185°$　　④ $188°$

⑤ $190°$

02 다음 중 네 점 A, B, C, D가 한 원 위에 있지 <u>않은</u> 것은?

①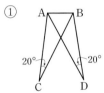

②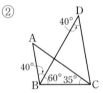

③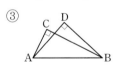

④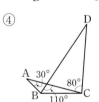

⑤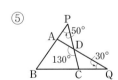

03 오른쪽 그림에서 $\angle x$, $\angle y$의 크기는?

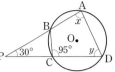

① $\angle x = 85°$, $\angle y = 65°$

② $\angle x = 85°$, $\angle y = 75°$

③ $\angle x = 85°$, $\angle y = 85°$

④ $\angle x = 95°$, $\angle y = 65°$

⑤ $\angle x = 95°$, $\angle y = 75°$

04 오른쪽 그림과 같은 사각형 ABCD가 원에 내접할 때, $\angle x$, $\angle y$의 크기는?

① $\angle x = 85°$, $\angle y = 95°$

② $\angle x = 85°$, $\angle y = 100°$

③ $\angle x = 95°$, $\angle y = 80°$

④ $\angle x = 100°$, $\angle y = 80°$

⑤ $\angle x = 100°$, $\angle y = 85°$

05 오른쪽 그림에서 직선 PT가 원 O의 접선이고, 점 P는 접점이다.
$\angle ABP = 40°$,
$\angle BPT = 85°$일 때,
$\angle APB$의 크기를 구하여라.

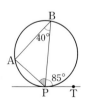

06 오른쪽 그림에서 직선 PT 가 원 O의 접선이고, 점 P 는 접점이다.
∠BPT=72°일 때, ∠x 의 크기를 구하여라.

09 오른쪽 그림에서 $\overline{AB}$는 원 O의 지름이고, $\overline{AB} \perp \overline{CD}$이다. $\overline{AP}$=3cm이고 원 O의 반지름의 길이가 9cm일 때, $\overline{CP}$의 길이를 구하여라.

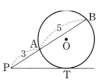

07 오른쪽 그림에서 $\overline{PA}$=4cm, $\overline{PC}$=3cm, $\overline{PD}$=12cm일 때, $\overline{PB}$의 길이는?

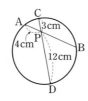

① 6cm   ② 7cm
③ 8cm   ④ 9cm
⑤ 10cm

10 오른쪽 그림에서 직선 PT가 원 O의 접선이고, 점 T는 접점이다. $\overline{PA}$=4, $\overline{AB}$=6일 때, $\overline{PT}$의 길이는?

① $2\sqrt{5}$ ② $2\sqrt{6}$
③ $2\sqrt{7}$ ④ $\sqrt{30}$
⑤ $4\sqrt{2}$

08 오른쪽 그림에서 $\overline{PA}$의 길이를 구하여라.
(단, $\overline{PA}<\overline{PB}$)

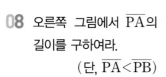

11 오른쪽 그림에서 직선 PT가 원 O의 접선이고, 점 T는 접점이다. $\overline{AB}$는 원 O의 지름이고 $\overline{PA}$=8, $\overline{PT}$=12일 때, 원 O의 반지름의 길이를 구하여라.

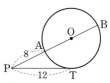

01 오른쪽 그림에서
∠ABC=65°,
∠BAC=75°이고, 네
점 A, B, C, D가 한
원 위에 있을 때, ∠x의 크기를 구하여라.

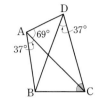

04 오른쪽 그림의 사각형
ABCD에서 ∠BCD의
크기는?

① 70°   ② 72°

③ 74°   ④ 76°

⑤ 78°

02 오른쪽그림에서
∠BAC=50°,
∠BPC=85°,
∠PCD=35°일 때, 다음
중 옳은 것을 모두 고른 것은?

┌─ 보기 ─┐

(ㄱ) ∠APB=85°   (ㄴ) ∠PBA=35°

(ㄷ) ∠PDC=50°   (ㄹ) ∠CPD=85°

① (ㄱ), (ㄴ)   ② (ㄱ), (ㄷ)

③ (ㄱ), (ㄹ)   ④ (ㄴ), (ㄷ)

⑤ (ㄴ), (ㄹ)

05 오른쪽 그림에서 점 O
는 삼각형 ABC의 세
꼭짓점에서 그 대변에
내린 수선의 교점이다.
보기의 사각형 중 원에 내접하는 것을 모두
골라라.

┌─ 보기 ─┐

(ㄱ) □ABEF   (ㄴ) □ADEF

(ㄷ) □ODBE   (ㄹ) □BEFD

03 오른쪽 그림에서 네 점
A, B, C, D가 한 원
위에 있을 때,
∠x+∠y의 크기를
구하여라.

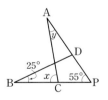

06 오른쪽 그림에서 직선
TT′은 원 O의 접선이고
점 P는 접점이다.
∠PAB=75°,
∠TPA=40°일 때, ∠x, ∠y의 크기를 구
하여라.

07 오른쪽 그림과 같이 직선 AT는 원 O의 접선이고 점 A는 접점이다. ∠ATB=30°, ∠ACB=40°일 때, ∠ABT의 크기는?

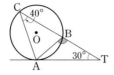

① 80° ② 90°
③ 100° ④ 110°
⑤ 120°

08 오른쪽 그림에서 원 O는 삼각형 ABC의 외접원이고

$\overset{\frown}{AB} : \overset{\frown}{BC} : \overset{\frown}{CA}$

$-4 : 5 : 6$

이다. 점 B를 지나는 원 O의 접선 BT를 그을 때, ∠x의 크기를 구하여라.

09 오른쪽 그림에서 직선 BE는 원의 접선이고 점 B는 접점이다. ∠AEB=50°, ∠BCD=85°일 때, ∠x의 크기를 구하여라.

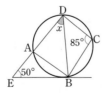

서술형

10 오른쪽 그림과 같이 직선 BT는 원 O의 접선이고 점 B는 접점이다. $\overline{AD}$는 원 O의 지름이고 ∠BCD=127°일 때, ∠ABT의 크기를 구하여라. (단, 풀이 과정을 자세히 써라.)

11 오른쪽 그림과 같이 삼각형 ABC는 원에 외접하고 세 점 D, E, F는 접점이다. ∠B=40°, ∠DEF=56°일 때, ∠EDF의 크기는?

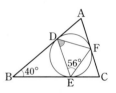

① 48° ② 50°
③ 52° ④ 54°
⑤ 56°

12 오른쪽 그림에서 직선 AE는 원의 접선이고 점 A는 접점이다. $\overline{AD}$가 ∠BAC의 이등분선이고 $\overline{AD}=\overline{BD}=\overline{AC}$일 때, ∠ABC의 크기는?

① 24° ② 30°
③ 36° ④ 42°
⑤ 48°

13 오른쪽 그림과 같이 직선 PQ는 점 T에서 접하는 두 원의 공통인 접선이고 점 T를 지나는 두 직선이 원과 만나는 점을 각각 A, B, C, D라 하자. ∠TAB=60°, ∠CTD=50°일 때, ∠TDC의 크기를 구하여라.

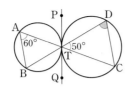

14 오른쪽 그림과 같이 원의 두 현 AB, CD의 교점을 P라 하자. $\overset{\frown}{AC}=\overset{\frown}{BC}$이고 $\overline{CP}=3$, $\overline{DP}=9$일 때, $\overline{AC}$의 길이는?

① 4   ② 5
③ 6   ④ 7
⑤ 8

서술형

15 오른쪽 그림과 같이 원 O의 두 현 AB, CD의 교점을 P라 하자. $\overline{CD}$가 원 O의 지름이고 $\overline{AB}\perp\overline{CD}$, $\overline{AP}=4$, $\overline{AC}=5$일 때, $\overline{BD}$의 길이를 구하여라.
(단, 풀이 과정을 자세히 써라.)

16 오른쪽 그림과 같이 점 T에서 외접하는 두 원 O, O′에 대하여 $\overline{AB}=\overline{BP}=4$, $\overline{PC}=3$일 때, $\overline{CD}$의 길이를 구하여라.

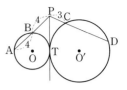

17 오른쪽 그림과 같이 두 원 O, O′이 두 점 E, F에서 만나고, 원 O의 현 AB와 원 O′의 현 CD가 $\overline{EF}$ 위의 점 P에서 만난다. $\overline{PA}=3$, $\overline{PC}=2$, $\overline{CD}=10$일 때, $\overline{PB}$의 길이는?

① 4   ② $\dfrac{14}{3}$
③ 5   ④ $\dfrac{16}{3}$
⑤ 6

18 오른쪽 그림에서 $\overline{PT}$는 두 원 O, O′의 공통인 접선이다. $\overline{PA}=5$, $\overline{AB}=3$, $\overline{PC}=4$일 때, $\overline{CD}$의 길이를 구하여라.

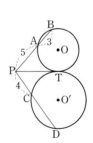

19 오른쪽 그림에서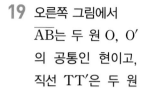
$\overline{AB}$는 두 원 O, O′
의 공통인 현이고,
직선 TT′은 두 원
에 공통인 접선이다. $\overline{PA}=4$, $\overline{AB}=5$일
때, $\overline{TT'}$의 길이를 구하여라.

20 오른쪽 그림과 같이 삼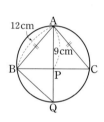
각형 ABC는 $\overline{AB}=\overline{AC}$
인 이등변삼각형이고
$\overline{AB}=12$cm,
$\overline{AP}=9$cm일 때, $\overline{PQ}$
의 길이는?

① 6cm
② $\dfrac{13}{2}$cm
③ 7cm
④ $\dfrac{15}{2}$cm
⑤ 8cm

21 오른쪽 그림은 원 O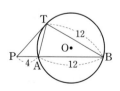
밖의 점 P에서 원 O
에 할선 PB와 접선
PT를 그은 것이다.
$\overline{PA}=4$, $\overline{AB}=\overline{BT}=12$일 때, $\overline{AT}$의 길이
를 구하여라. (단, 풀이 과정을 자세히 써라.)

22 오른쪽 그림에서 $\overline{PT}$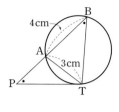
는 원의 접선이고 점
T는 접점이다.
$\angle APT = \angle ABT$,
$\overline{AT}=3$cm,
$\overline{AB}=4$cm일 때, $\overline{PT}$의 길이는?

① 4cm
② $3\sqrt{2}$cm
③ $2\sqrt{5}$cm
④ $\sqrt{21}$cm
⑤ $2\sqrt{6}$cm

23 오른쪽 그림과 같은 삼
각형 PTB에서
$\overline{PT}^2=\overline{PA}\times\overline{PB}$가 성
립하고 $\angle APT=37°$,
$\angle ATP=48°$일 때, $\angle ABT$의 크기를 구
하여라.

24 오른쪽 그림에서 원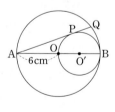
O의 반지름의 길이는
6cm이고 $\overline{OB}$는 원
O′의 지름이다. 점 A
에서 원 O′에 그은
접선 AP와 원 O가 만나는 점을 Q라 할
때, $\overline{AQ}$의 길이를 구하여라.

유형 01

오른쪽 그림에서 직선 AT는 원 O의 접선이고 점 A는 접점이다. 이때 $\angle x$, $\angle y$의 크기를 구하여라.

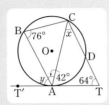

해결포인트 원의 접선과 그 접점을 지나는 현이 이루는 각의 크기는 그 각의 내부에 있는 호에 대한 원주각의 크기와 같다. 즉, 위의 그림에서 $\angle CAT = \angle ABC$, $\angle BAT' = \angle ACB$임을 알 수 있다.

유형 02

오른쪽 그림과 같이 원의 두 현 AB, CD의 연장선의 교점이 P이고 $\overline{PA}=3\text{cm}$, $\overline{AB}=3\overline{PA}$, $\overline{PC}=\overline{CD}$일 때, $\overline{PC}$의 길이를 구하여라.

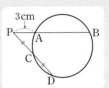

해결포인트 한 원의 두 현 AB, CD 또는 그 연장선이 만나는 점을 P라 하면 $\overline{PA}\times\overline{PB}=\overline{PC}\times\overline{PD}$가 성립한다.

확인문제

1-1 오른쪽 그림에서 직선 BT는 원 O의 접선이고 점 B는 접점이다. 이때 $\angle x$의 크기를 구하여라.

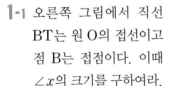

확인문제

2-1 오른쪽 그림과 같이 원의 두 현 AB, CD의 연장선의 교점이 P일 때, x의 값을 구하여라.

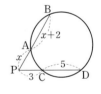

1-2 오른쪽 그림에서 사각형 ABCD는 원 O에 내접하고, 직선 AT는 원의 접선이다. 이때 $\angle x$의 크기를 구하여라.

2-2 오른쪽 그림과 같이 $\overline{AB}$는 반지름의 길이가 5cm인 원 O의 지름이고 $\overline{AB}\perp\overline{CD}$, $\overline{CP}=3\text{cm}$일 때, $\overline{AP}$의 길이를 구하여라. (단, $\overline{AP}<\overline{BP}$)

유형 03

오른쪽 그림에서 $\overline{PT}$는 원 O의 접선이고 점 T는 접점이다. $\overline{PA}$와 원 O의 교점을 B라 할 때, 원 O의 반지름의 길이를 구하여라.

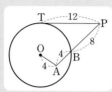

유형 04

오른쪽 그림과 같이 ∠BAC의 이등분선 AQ와 $\overline{BC}$의 교점을 P라 하고 $\overline{AB}=6$, $\overline{AC}=5$, $\overline{PQ}=1$일 때, $\overline{AP}$의 길이를 구하여라.

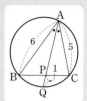

확인문제

3-1 오른쪽 그림과 같이 두 원 O, O'은 점 T에서 외접하고, $\overline{PC}$는 원 O'의 접선이다. $\overline{PC}=2\sqrt{10}$cm, $\overline{AB}=6$cm일 때, $\overline{PA}$의 길이를 구하여라.

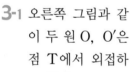

확인문제

4-1 오른쪽 그림과 같이 삼각형 ABC는 원에 내접하고 $\overline{AE}$가 ∠A의 이등분선일 때, $\overline{BE}$의 길이를 구하여라.

3-2 오른쪽 그림에서 $\overline{AD}$는 원 O의 접선이고 점 A는 접점이다. $\overline{AB}$는 원의 지름이고 $\overline{AB}=7$cm, $\overline{DC}=2$cm일 때, $\overline{BC}$의 길이를 구하여라.

4-2 오른쪽 그림과 같이 삼각형 ABC는 원에 내접하고 ∠A의 이등분선이 $\overline{BC}$와 만나는 점을 D, 원과 만나는 점을 E라 할 때, $\overline{DE}$의 길이를 구하여라.

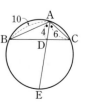

1 오른쪽 그림에서 직선 CT는 원 O의 접선이고 점 C는 접점이다. 반지름의 길이가 2cm인 원 O에 내접하는 삼각형 ABC에서 $\overline{BC}=3$cm, $\angle BCT=x$라 할 때, $\cos(90°-x)$의 값을 구하여라. (단, 풀이 과정을 자세히 써라.)

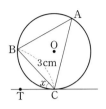

3 오른쪽 그림에서 $\overline{PA}$는 원의 접선이고 점 A는 접점이다. $\angle APC=45°$, $\overline{PA}=6$, $\overline{PB}=4$일 때, $\triangle ABC$의 넓이를 구하여라. (단, 풀이 과정을 자세히 써라.)

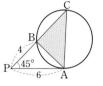

2 오른쪽 그림에서 $\overline{PT}$는 원 O의 접선이고 점 T는 접점이다. $\angle TPA=45°$, $\overline{PB}=2$일 때, $\overline{PT}$의 길이를 구하여라. (단, 풀이 과정을 자세히 써라.)

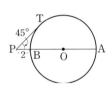

4 오른쪽 그림의 원 O에서 $\overline{AD}$는 지름, $\overline{BC}$는 원의 접선, 점 M은 접점이다. $\overline{AB}\perp\overline{BC}$, $\overline{BC}\perp\overline{CD}$이고 $\overline{AB}=9$cm, $\overline{CD}=4$cm일 때, $\square ABCD$의 넓이를 구하여라. (단, 풀이 과정을 자세히 써라.)

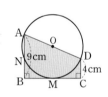

Step 6

도전 1등급

정답 p. 88

생각해봅시다!

01 오른쪽 그림과 같이 삼각형 ABC의 외접원 O의 중심에서 변 AB, AC에 내린 수선의 발을 각각 P, Q라 할 때, $\overline{PQ}$의 길이를 구하여라.

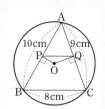

● 원의 중심에서 현에 내린 수선은 현을 이등분함을 이용한다.

02 오른쪽 그림과 같이 $\overline{AB}$는 원 O의 지름이고, 원 O는 △ABC의 외접원, 원 O′은 △ABC의 내접원이다. 두 원 O, O′의 반지름의 길이가 각각 10cm, 4cm일 때, △ABC의 넓이를 구하여라.

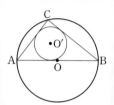

● 세 변의 길이가 각각 a, b, c인 삼각형의 내접원의 반지름의 길이가 r일 때, 삼각형의 넓이는 $\frac{1}{2}(a+b+c)r$와 같다.

03 오른쪽 그림과 같이 원 O가 정사각형 ABCD의 두 변 AB, AD에 접하고, 나머지 두 변 BC, CD와 만난다. 원 O와 $\overline{BC}$의 교점을 P, Q라 하자. $\overline{BP}=8$cm, $\overline{CP}=17$cm일 때, $\overline{PQ}$의 길이는?

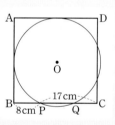

① 8cm ② 9cm ③ 10cm
④ 11cm ⑤ 12cm

● $\overline{PQ}$는 원 O의 현이므로 원의 중심 O에서 $\overline{PQ}$에 수선을 내리면 수선은 $\overline{PQ}$를 이등분한다.

04 오른쪽 그림과 같이 ∠B=90°인 삼각형 ABC에서 ∠A의 이등분선이 $\overline{BC}$와 만나는 점을 D라 하면 $\overline{BD}=4$, $\overline{CD}=5$이다. 이때 △ABC의 내접원 O의 반지름의 길이를 구하여라.

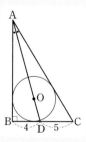

● $\overline{AD}$가 ∠A의 이등분선이므로 $\overline{AB} : \overline{AC} = \overline{BD} : \overline{CD}$가 성립함을 이용한다.

05 오른쪽 그림에서 오각형 ABCDE가
원 O에 내접하고 ∠AOE=74°일 때,
∠B+∠D의 크기는?

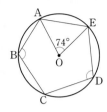

① 214°　　　　② 217°

③ 220°　　　　④ 223°

⑤ 227°

> $\overline{BE}$를 그으면 원주각의 크기는 중심각의 크기의 $\frac{1}{2}$임을 이용하여 ∠ABE의 크기를 구할 수 있다.

06 오른쪽 그림에서 ∠P=34°, ∠Q=20°
일 때, ∠B의 크기를 구하여라.

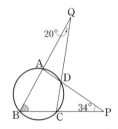

> 원에 내접하는 사각형의 성질을 이용한다.

07 오른쪽 그림에서 $\overline{AB}$는 반원 O의
지름이고 작은 원이 점 O에서 $\overline{AB}$
와 접한다. ∠PBA=31°일 때,
∠POQ의 크기를 구하여라.

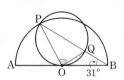

> 원의 접선과 그 접점을 지나는 현이 이루는 각의 크기는 그 각의 내부에 있는 호에 대한 원주각의 크기와 같음을 이용한다.

08 오른쪽 그림과 같이 점 P에서 그은
직선이 두 원과 만나는 점을 각각
A, B, T, Q라 하자.
$\overline{OT}$=12cm, $\overline{BQ}$=6cm일 때,
$\overline{PA}$의 길이를 구하여라.

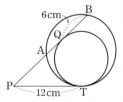

> 원 밖의 한 점에서 원에 그은 두 접선의 길이는 서로 같음을 이용한다.

09 오른쪽 그림과 같이 두 원의 교점 B, E를 지나는 두 직선이 만나는 점을 P라 하고, $\overline{CP}=4$, $\overline{DP}=5$, $\overline{PF}=30$일 때, $\overline{PA}$의 길이를 구하여라.

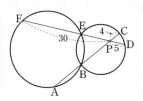

한 원의 두 현 AB, CD 또는 그 연장선의 교점을 P라 하면 $\overline{PA}\times\overline{PB}=\overline{PC}\times\overline{PD}$가 성립함을 이용한다.

10 오른쪽 그림과 같이 두 원 O, O′은 두 점 E, F에서 만나고 $\overline{PA}=6$, $\overline{PC}=9$, $\overline{PE}=8$, $\overline{EF}=10$일 때, $x+y$의 값을 구하여라.

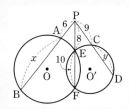

원 O에서 비례 관계를 이용하여 x의 값을 구하고, 원 O′에서 비례 관계를 이용하여 y의 값을 구한다.

11 오른쪽 그림과 같이 원에 내접하는 두 삼각형 ABC, ABE에서 $\angle BAE=\angle CAE$, $\overline{AB}=8$cm, $\overline{AC}=5$cm, $\overline{DE}=6$cm일 때, $\overline{AD}$의 길이를 구하여라.

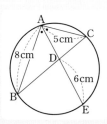

$\angle ACB$와 $\angle AEB$는 호 AB에 대한 원주각이므로 그 크기가 같음을 이용한다.

12 오른쪽 그림에서 $\overline{AB}$는 점 B에서 원 O에 그은 접선이고 $\overline{AB}=12$, $\overline{BC}=\overline{CD}=6$, $\overline{OD}=4$일 때, $\overline{OH}$의 길이를 구하여라.

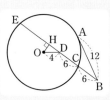

접선과 할선 사이의 관계를 이용한다.

대단원 성취도 평가

나의 점수 _____ 점 / 100점 만점

정답 p. 89

객관식 [각 5점]

01 오른쪽 그림과 같은 원 O의 반지름의 길이는?

① 6cm
② $\dfrac{20}{3}$cm
③ 8cm
④ $\dfrac{25}{3}$cm
⑤ 9cm

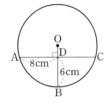

02 오른쪽 그림에서 $\overline{AB}$는 원 O의 지름이고, $\overline{AB} \perp \overline{CD}$이다. $\overline{PA} : \overline{PB} = 3 : 1$일 때, $\overline{CP}$의 길이는?

① $2\sqrt{5}$cm
② $2\sqrt{6}$cm
③ 5cm
④ $3\sqrt{3}$cm
⑤ $4\sqrt{2}$cm

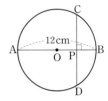

03 오른쪽 그림에서 삼각형 ABC는 원 O에 외접하고 세 점 D, E, F는 접점이다. 이때 △ABC의 둘레의 길이는?

① 22
② 24
③ 26
④ 28
⑤ 30

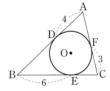

04 오른쪽 그림에서 원 O는 삼각형 ABC의 내접원이고, $\overline{DE}$가 원 O에 접할 때, 삼각형 DEC의 둘레의 길이는?

① 8cm
② 9cm
③ 10cm
④ 11cm
⑤ 12cm

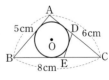

05 오른쪽 그림에서 $\overline{AB}$가 원 O의 지름일 때, ∠AOC의 크기는?

① 54°
② 58°
③ 60°
④ 61°
⑤ 64°

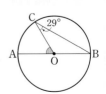

06 오른쪽 그림에서 $\overline{AB}$는 원 O의 지름이고, 점 D는 호 BC를 이등
분하는 점이다. ∠BAD=26°일 때, ∠ADC의 크기는?

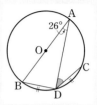

① 32°　　　　② 34°　　　　③ 36°

④ 38°　　　　⑤ 40°

07 오른쪽 그림과 같이 원 O의 두 현 AB, CD의 교점이 P이고,
$\overline{AD}$와 $\overline{BC}$의 연장선의 교점이 Q이다.
∠DAP=15°, ∠AQC=40°일 때, ∠APC의 크기는?

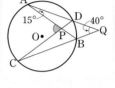

① 50°　　　　② 55°　　　　③ 60°

④ 65°　　　　⑤ 70°

08 오른쪽 그림과 같이 두 사각형 ABCD, ABCE가 모두 원에 내
접하고 ∠BAD=94°, ∠DCE=30°일 때, ∠x의 크기는?

① 48°　　　　② 50°　　　　③ 52°

④ 54°　　　　⑤ 56°

09 오른쪽 그림과 같이 반지름의 길이가 같은 두 원 O, O′이
두 점 A, B에서 만날 때, ∠ACB=30°이다. 이때
∠CAD의 크기는?

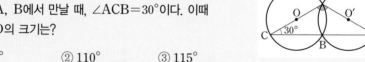
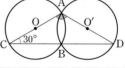

① 105°　　　　② 110°　　　　③ 115°

④ 120°　　　　⑤ 125°

10 오른쪽 그림에서 $\overline{AB}$는 원 O의 지름이고 직선 DC는 원 O의
접선이다. ∠A=60°, ∠CDB=90°, $\overline{AB}$=12 cm일 때,
△BCD의 넓이는?

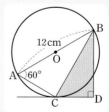

① $12\sqrt{3}$ cm²　　② $\dfrac{25\sqrt{3}}{2}$ cm²　　③ $13\sqrt{3}$ cm²

④ $\dfrac{27\sqrt{3}}{2}$ cm²　　⑤ $14\sqrt{3}$ cm²

11 오른쪽 그림과 같이 두 원 O, O'이 두 점 E, F에서 만난다. $\overline{CD}$의 길이는?

① $\dfrac{3}{2}$ ② 2   ③ $\dfrac{5}{2}$

④ $\dfrac{8}{3}$ ⑤ 3

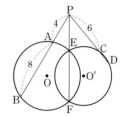

12 오른쪽 그림과 같이 두 원 O, O'이 두 점 P, Q에서 만날 때, 점 P를 지나는 직선이 두 원 O, O'과 만나는 점을 각각 A, B, 점 Q를 지나는 직선이 두 원 O, O'과 만나는 점을 각각 C, D라고 하자. ∠B=93°일 때, ∠x−∠y의 크기는?

① 79°   ② 81°   ③ 83°   ④ 85°   ⑤ 87°

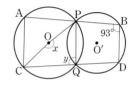

13 오른쪽 그림과 같이 무대의 길이가 10 m인 원 모양의 공연장이 있다. 공연장의 한 지점 P에서 무대의 양 끝을 바라본 각의 크기가 30°일 때, 이 공연장의 지름의 길이는?

① $10\sqrt{2}$ m   ② $10\sqrt{2}$ m   ③ 20 m

④ $10\sqrt{5}$ m   ⑤ 30 m

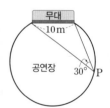

주관식 [각 6점]

14 오른쪽 그림과 같이 사각형 ABCD가 원 O에 외접하고, $\overline{AB}=9$ cm, $\overline{BC}=14$ cm, $\overline{AD}=6$ cm일 때, $\overline{CD}$의 길이를 구하여라.

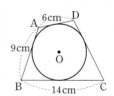

15 오른쪽 그림에서 점 P는 원 O의 두 현 AB, CD의 연장선의 교점이다. ∠AOC=78°, ∠BOD=30°일 때, ∠BPD의 크기를 구하여라.

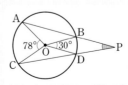

16 오른쪽 그림에서 네 점 A, B, C, D가 한 원 위에 있을 때, $\angle x$, $\angle y$의 크기를 구하여라.

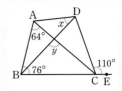

17 오른쪽 그림과 같이 원 O 밖의 한 점 P에서 원에 접선과 할선을 그어 원 O와 만나는 점을 각각 T, A, B라 하자. $\overline{BT}=\overline{BA}=12$, $\overline{PA}=4$일 때, $\overline{TA}$의 길이를 구하여라.

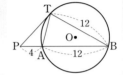

서술형 주관식

18 오른쪽 그림에서 직선 TH는 원 O의 접선이고 점 T는 접점이다. $\overline{AB}$가 원 O의 지름이고 $\overline{BH}\perp\overline{TH}$일 때, xy의 값을 구하여라. (단, 풀이 과정을 자세히 써라.) [5점]

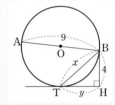

19 오른쪽 그림에서 $\overline{AB}$는 원 O의 지름이고 $\angle BAC=30°$, $\overline{OB}=6$cm일 때, 다음 물음에 답하여라. [총 6점]

(1) $\overline{BP}$의 길이를 구하여라. [4점]

(2) $\triangle APC$의 넓이를 구하여라. [2점]

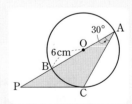

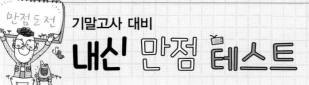

01 오른쪽 그림과 같은 직각삼각형 ABC에 대하여 다음 중 옳지 <u>않은</u> 것은? [4점]

① $\sin A = \dfrac{3}{5}$

② $\cos B = \dfrac{3}{5}$

③ $\tan B = \dfrac{3}{4}$

④ $\sin B - \cos A = 0$

⑤ $\tan A \times \tan B = 1$

02 오른쪽 그림과 같은 직각삼각형 ABC에서 $\tan C = \dfrac{15}{8}$일 때, △ABC의 넓이는? [4점]

① 216　　② 240

③ 270　　④ 300

⑤ 320

03 다음 보기의 삼각비의 값을 크기가 작은 것부터 순서대로 나열한 것은? [4점]

> ▌ 보기 ▐
>
> (ㄱ) $\sin 90°$　　(ㄴ) $\cos 45°$
>
> (ㄷ) $\cos 60°$　　(ㄹ) $\cos 90°$
>
> (ㅁ) $\sin 60°$　　(ㅂ) $\tan 60°$

① (ㄱ) − (ㄷ) − (ㄴ) − (ㄹ) − (ㅂ) − (ㅁ)

② (ㄴ) − (ㄱ) − (ㅁ) − (ㄹ) − (ㅂ) − (ㄷ)

③ (ㄴ) − (ㄷ) − (ㄱ) − (ㅁ) − (ㅂ) − (ㄹ)

④ (ㄹ) − (ㄱ) − (ㄷ) − (ㅁ) − (ㄹ) − (ㄴ)

⑤ (ㄹ) − (ㄷ) − (ㄴ) − (ㅁ) − (ㄱ) − (ㅂ)

04 A, B의 값이 다음과 같을 때, $A-B$의 값은? [4점]

> $A = \tan 60° + \sin 90° - \cos 90°$
>
> $B = \sin 60° + \cos 30° - \tan 45°$

① -2　　　　② $-\sqrt{3}$

③ 0　　　　④ $\sqrt{3}$

⑤ 2

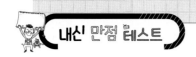

05 오른쪽 그림에서 $\overline{AB}\perp\overline{OH}$일 때, x의 값은? [3점]

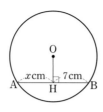

① 4 　② 5
③ 6 　④ 7
⑤ 8

06 오른쪽 그림에서 x의 값은? [3점]

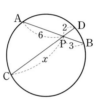

① 7 　② 8
③ 9 　④ 10
⑤ 11

07 오른쪽 그림에서 사각형 ABCD는 원 O에 외접하고 네 점 E, F, G, H는 접점이다. 이때 x의 값은? [4점]

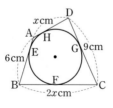

① 4
② $\dfrac{14}{3}$
③ 5
④ $\dfrac{17}{3}$
⑤ 6

08 오른쪽 그림과 같은 평행사변형 ABCD에서 $\overline{BC}$의 중점을 M이라 할 때, △AMC의 넓이는? [4점]

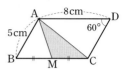

① $2\sqrt{3}\,\text{cm}^2$ 　② $3\sqrt{3}\,\text{cm}^2$
③ $4\sqrt{3}\,\text{cm}^2$ 　④ $5\sqrt{3}\,\text{cm}^2$
⑤ $6\sqrt{3}\,\text{cm}^2$

09 오른쪽 그림과 같이 삼각형 ABC가 원 O에 내접하고 $\overline{OD}=\overline{OE}$, $\angle A=50°$일 때, $\angle B$의 크기는? [4점]

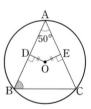

① 60° 　② 65°
③ 70° 　④ 75°
⑤ 80°

10 오른쪽 그림에서 원 O는 $\overline{AB}=\overline{AC}$인 이등변삼각형 ABC의 외접원이다. $\overline{AC}\perp\overline{OD}$이고, $\overline{OD}=3\,cm$, $\overline{AB}=6\,cm$일 때, △OAB의 넓이는? [4점]

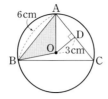

① $8\,cm^2$　　② $9\,cm^2$

③ $10\,cm^2$　　④ $11\,cm^2$

⑤ $12\,cm^2$

11 오른쪽 그림과 같이 사각형 ABCD가 원에 내접하고 있다. $\angle ABD=40°$, $\angle ADB=55°$일 때, $\angle DCE$의 크기는? [4점]

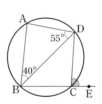

① $75°$　　② $80°$

③ $85°$　　④ $90°$

⑤ $95°$

12 오른쪽 그림에서 직선 l은 원의 접선이다. $\angle x$의 크기는? [4점]

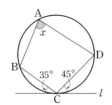

① $60°$　② $65°$

③ $70°$　④ $75°$

⑤ $80°$

13 오른쪽 그림과 같이 삼각형 ABC의 세 꼭짓점에서 그 대변에 내린 수선의 교점을 H라 하자. $\overline{BD}=5$, $\overline{BF}=6$, $\overline{DC}=7$일 때, $\overline{AF}$의 길이는? [4점]

① 4　　② $\dfrac{9}{2}$

③ 5　　④ $\dfrac{11}{2}$

⑤ 6

14 오른쪽 그림과 같이 $\angle A=90°$인 직각삼각형 ABC에서 변 BC의 중점을 M이라 하자. $\angle AMC=60°$일 때, $\dfrac{\overline{AB}}{\overline{AC}}$의 값은? [4점]

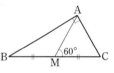

① $\dfrac{2\sqrt{3}}{3}$　　② $\sqrt{2}$

③ $\sqrt{3}$　　④ 2

⑤ $\dfrac{3\sqrt{2}}{3}$

15 오른쪽 그림은 직선 $y=\frac{1}{2}x+2$의 그래프 이다. 다음 중 옳지 않은 것은? [4점]

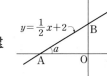

① A$(-4,\ 0)$

② B$(0,\ 2)$

③ $\overline{AB}=2\sqrt{5}$

④ $\tan a=\frac{1}{2}$

⑤ $\cos a=\frac{\sqrt{2}}{3}$

16 오른쪽 그림에서 삼 각형 ABC는 원 O 에 외접하고 세 점 D, E, F는 접점이 다. $\angle ABC=34°$, $\angle FDE=65°$일 때, $\angle x$의 크기는? [4점]

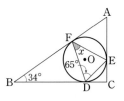

① $34°$　　② $42°$

③ $44°$　　④ $64°$

⑤ $73°$

주관식

17 오른쪽 그림의 원 O에서 $\overline{AB}\perp\overline{OP}$이고 $\overline{AB}=8cm$, $\overline{MP}=2cm$일 때, 원 O 의 반지름의 길이를 구하 여라. [5점]

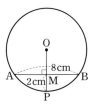

18 오른쪽 그림과 같이 반지름 의 길이가 $6cm$인 원 O에 내접하는 삼각형 ABC에 서 $\overline{BC}=9cm$이다. 이때 $\sin A+\cos A$의 값을 구 하여라. [5점]

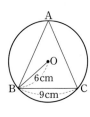

19 오른쪽 그림에서 직 선 PT는 원 O의 접 선이고 점 T는 접점 이다. 이때 $\overline{TA}$의 길 이를 구하여라. [5점]

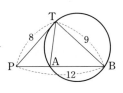

20 오른쪽 그림에서 $\overline{AB}$는 원 O의 지름이고 $\angle APR=55°$일 때, $\angle BQR$의 크기를 구하여라. [5점]

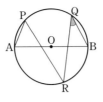

22 $\angle A$가 예각이고 $\angle C=90°$인 직각삼각형 ABC에서 $\tan A=\dfrac{3}{2}$일 때, $\dfrac{\tan A+1}{\cos A}\times\cos B$의 값을 구하여라.

(단, 풀이 과정을 자세히 써라.) [6점]

21 오른쪽 그림에서 x의 값을 구하여라. [5점]

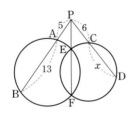

23 오른쪽 그림에서 $\overset{\frown}{AM}=\overset{\frown}{BM}$이고 $\overline{AM}=9\,cm$, $\overline{MQ}=6\,cm$일 때, $\overline{PQ}$의 길이를 구하여라.

(단, 풀이 과정을 자세히 써라.) [7점]

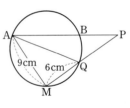

_____ 반   이름 _____

01 $\sin 30° \times \tan 45° - \sin 90° \times \cos 60°$의 값은? [3점]

① 0

② $\dfrac{1}{2}$

③ $\dfrac{\sqrt{2}}{2}$

④ $\dfrac{\sqrt{3}}{2}$

⑤ $\sqrt{3}$

02 다음 중 네 점 A, B, C, D가 한 원 위에 있는 것은? [4점]

①

②

③

④

⑤

03 오른쪽 그림과 같은 삼각형 ABC에서 $\overline{AB}=5$, $\overline{AC}=8$ 이고 $\angle CAH=60°$ 일 때, $\tan x$의 값은? [3점]

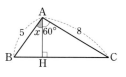

① $\dfrac{5}{8}$

② $\dfrac{4}{5}$

③ $\dfrac{3}{4}$

④ $\dfrac{\sqrt{3}}{3}$

⑤ $\sqrt{3}$

04 이차방정식 $x^2-2ax+3=0$의 한 근이 $\sin 60° + \cos 30°$일 때, 상수 a의 값은? [4점]

① $-2\sqrt{3}$

② $-\sqrt{3}$

③ $\dfrac{\sqrt{3}}{2}$

④ $\sqrt{3}$

⑤ $2\sqrt{3}$

05 오른쪽 그림에서 직선 l은 원 O의 접선이고 점 A는 접점이다. $\angle CAB = 115°$일 때, $\angle ACB$의 크기는?

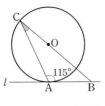

[4점]

① $25°$ ② $30°$

③ $35°$ ④ $40°$

⑤ $45°$

06 오른쪽 그림에서 원 O는 삼각형 ABC의 외접원이고 $\overline{OD} = \overline{OE} = \overline{OF}$이다. $\overline{AD} = 2\,cm$일 때, $\triangle ABC$의 넓이는? [4점]

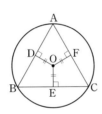

① $2\sqrt{3}\,cm^2$ ② $3\sqrt{3}\,cm^2$

③ $4\sqrt{3}\,cm^2$ ④ $5\sqrt{3}\,cm^2$

⑤ $6\sqrt{3}\,cm^2$

07 오른쪽 그림의 네 점 A, B, C, D가 한 원 위의 점일 때, $\angle x$의 크기는?

[4점]

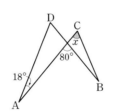

① $18°$ ② $32°$

③ $44°$ ④ $62°$

⑤ $80°$

08 오른쪽 그림과 같이 두 원 O, O′이 두 점 A, B에서 만나고 $\overline{PT}$는 원 O의 접선, 점 T는 접점이다. $\overline{PT} = 6\sqrt{2}$, $\overline{PA} = 6$, $\overline{PC} = 4$일 때, $x+y$의 값은? [4점]

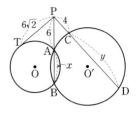

① 18 ② 19

③ 20 ④ 21

⑤ 22

09 오른쪽 그림에서 $\overarc{AC}$는 원의 둘레의 길이의 $\frac{1}{6}$이고 $\overarc{BD}$는 원의 둘레의 길이의 $\frac{1}{5}$일 때, $\angle x$의 크기는? [4점]

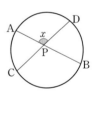

① $112°$ ② $114°$

③ $116°$ ④ $118°$

⑤ $120°$

10 $\sqrt{(\sin A+1)^2}+\sqrt{(\sin A-1)^2}$을 간단히 하면? (단, $0°<A<90°$) [4점]

① $2\sin A$ ② $2\cos A$

③ 0 ④ 1

⑤ 2

11 직선 $y=\dfrac{2}{5}x-1$이 x축과 이루는 예각의 크기를 a라고 할 때, 다음 중 옳은 것은? [4점]

① $\sin a=\dfrac{\sqrt{5}}{5}$

② $\cos a=\dfrac{2\sqrt{5}}{5}$

③ $\sin a\times\cos a=\dfrac{2}{5}$

④ $\tan a=\dfrac{2}{5}$

⑤ $\tan a\times\sin a=2$

12 오른쪽 그림과 같이 원에 내접하는 팔각형 ABCDEFGH에 대하여 $\angle A=135°$, $\angle C=150°$, $\angle G=140°$ 일 때, $\angle E$의 크기는? [4점]

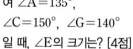

① $105°$ ② $110°$

③ $115°$ ④ $120°$

⑤ $125°$

13 오른쪽 그림과 같이 원에 내접하는 직각이등변삼각형 ABC에 대하여 변 AB와 호 AB로 둘러싸인 활꼴의 넓이가 $2\pi-4$일 때, 이 원의 반지름의 길이는? [4점]

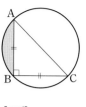

① 1 ② $\sqrt{2}$

③ 2 ④ $2\sqrt{2}$

⑤ 4

14 오른쪽 그림의 원 O에서 $\overline{AB}/\!/\overline{CD}$이고 $\overparen{BD}=8$, $\angle ABC=30°$ 일 때, $\overparen{AB}$의 길이는? [4점]

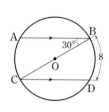

① 12 ② 14

③ 16 ④ 18

⑤ 20

15 다음 그림에서 $\overline{PT}$는 원 O의 접선이고 $\overline{PA}$
와 원 O의 교점을 B라 할 때, 원 O의 반지름
의 길이는? [4점]

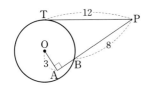

① $4\sqrt{2}$ ② $\sqrt{34}$

③ 6 ④ $\sqrt{38}$

⑤ $2\sqrt{10}$

16 다음 그림과 같이 거리가 200m 떨어진 두
지점 A, B에서 열기구 C를 올려다 본 각의
크기가 각각 27°, 50°이었다. 이때 열기구의
높이 $\overline{CH}$는? [4점]

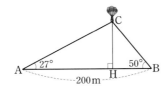

① $\dfrac{200}{\tan 63° + \tan 40°}$ m

② $\dfrac{200}{\tan 27° + \tan 50°}$ m

③ $\dfrac{200}{\tan 63° + \tan 50°}$ m

④ $200\cos 27° + \cos 50°$ m

⑤ $\left(\dfrac{200}{\tan 27°} + \dfrac{200}{\tan 50°} \right)$ m

주관식

17 다음 그림과 같은 평행사변형 ABCD의 넓이
를 구하여라. [5점]

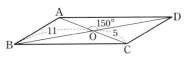

18 오른쪽 그림의 삼각
형 ABC에서
$\overline{AB}=8$cm,
$\overline{BC}=15$cm,
$\angle B=60°$이다. 이때 $\overline{AC}$의 길이를 구하여라.
[5점]

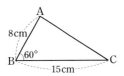

19 오른쪽 그림에서 직선
PT는 원 O의 접선이
고 점 T는 접점이다.
이때 $x+y$의 값을 구
하여라. [5점]

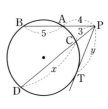

20 다음 그림에서 직선 PT가 원 O의 접선일 때, ∠CPT의 크기를 구하여라. [5점]

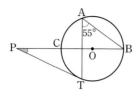

서술형 주관식

22 오른쪽 그림과 같이 $\overline{AB}=\overline{AC}$인 이등변삼각형 ABC의 꼭짓점 A를 지나는 직선과 $\overline{BC}$의 교점을 P, △ABC의 외접원과의 교점을 Q라 하자. $\overline{AP}=9$, $\overline{PQ}=3$일 때, $\overline{AC}$의 길이를 구하여라. (단, 풀이 과정을 자세히 써라.) [6점]

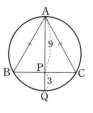

21 다음 그림에서 지선 PT는 원 O이 접선이고 점 P는 접점이다. 이때 ∠APT의 크기를 구하여라. [5점]

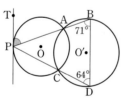

23 다음 그림에서 $\overline{AP}$, $\overline{AQ}$, $\overline{BC}$는 모두 원 O의 접선이다. 삼각형 APQ의 넓이가 16이고 ∠PAQ=30°일 때, 삼각형 ABC의 둘레의 길이를 구하여라. (단, 풀이 과정을 자세히 써라.) [7점]

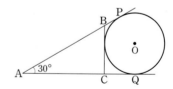

삼각비의 표

각도	사인(sin)	코사인(cos)	탄젠트(tan)	각도	사인(sin)	코사인(cos)	탄젠트(tan)
0°	0.0000	1.0000	0.0000	45°	0.7071	0.7071	1.0000
1°	0.0175	0.9998	0.0175	46°	0.7193	0.6947	1.0355
2°	0.0349	0.9994	0.0349	47°	0.7314	0.6820	1.0724
3°	0.0523	0.9986	0.0524	48°	0.7431	0.6691	1.1106
4°	0.0698	0.9976	0.0699	49°	0.7547	0.6561	1.1504
5°	0.0872	0.9962	0.0875	50°	0.7660	0.6428	1.1918
6°	0.1045	0.9945	0.1051	51°	0.7771	0.6293	1.2349
7°	0.1219	0.9925	0.1228	52°	0.7880	0.6157	1.2799
8°	0.1392	0.9903	0.1405	53°	0.7986	0.6018	1.3270
9°	0.1564	0.9877	0.1584	54°	0.8090	0.5878	1.3764
10°	0.1736	0.9848	0.1763	55°	0.8192	0.5736	1.4281
11°	0.1908	0.9816	0.1944	56°	0.8290	0.5592	1.4826
12°	0.2079	0.9781	0.2126	57°	0.8387	0.5446	1.5399
13°	0.2250	0.9744	0.2309	58°	0.8480	0.5299	1.6003
14°	0.2419	0.9703	0.2493	59°	0.8572	0.5150	1.6643
15°	0.2588	0.9659	0.2679	60°	0.8660	0.5000	1.7321
16°	0.2756	0.9613	0.2867	61°	0.8746	0.4848	1.8040
17°	0.2924	0.9563	0.3057	62°	0.8829	0.4695	1.8807
18°	0.3090	0.9511	0.3249	63°	0.8910	0.4540	1.9626
19°	0.3256	0.9455	0.3443	64°	0.8988	0.4384	2.0503
20°	0.3420	0.9397	0.3640	65°	0.9063	0.4226	2.1445
21°	0.3584	0.9336	0.3839	66°	0.9135	0.4067	2.2460
22°	0.3746	0.9272	0.4040	67°	0.9205	0.3907	2.3559
23°	0.3907	0.9205	0.4245	68°	0.9272	0.3746	2.4751
24°	0.4067	0.9135	0.4452	69°	0.9336	0.3584	2.6051
25°	0.4226	0.9063	0.4663	70°	0.9397	0.3420	2.7475
26°	0.4384	0.8988	0.4877	71°	0.9455	0.3256	2.9042
27°	0.4540	0.8910	0.5095	72°	0.9511	0.3090	3.0777
28°	0.4695	0.8829	0.5317	73°	0.9563	0.2924	3.2709
29°	0.4848	0.8746	0.5543	74°	0.9613	0.2756	3.4874
30°	0.5000	0.8660	0.5774	75°	0.9659	0.2588	3.7321
31°	0.5150	0.8572	0.6009	76°	0.9703	0.2419	4.0108
32°	0.5299	0.8480	0.6249	77°	0.9744	0.2250	4.3315
33°	0.5446	0.8387	0.6494	78°	0.9781	0.2079	4.7046
34°	0.5592	0.8290	0.6745	79°	0.9816	0.1908	5.1446
35°	0.5736	0.8192	0.7002	80°	0.9848	0.1736	5.6713
36°	0.5878	0.8090	0.7265	81°	0.9877	0.1564	6.3138
37°	0.6018	0.7986	0.7536	82°	0.9903	0.1392	7.1154
38°	0.6157	0.7880	0.7813	83°	0.9925	0.1219	8.1443
39°	0.6293	0.7771	0.8098	84°	0.9945	0.1045	9.5144
40°	0.6428	0.7660	0.8391	85°	0.9962	0.0872	11.4301
41°	0.6561	0.7547	0.8693	86°	0.9976	0.0698	14.3007
42°	0.6691	0.7431	0.9004	87°	0.9986	0.0523	19.0811
43°	0.6820	0.7314	0.9325	88°	0.9994	0.0349	28.6363
44°	0.6947	0.7193	0.9657	89°	0.9998	0.0175	57.2900
45°	0.7071	0.7071	1.0000	90°	1.0000	0.0000	

MeMo

기초 탄탄, 성적 쑥쑥
시험에 나올만한 문제는 모두 모았다!

문제은행

3000제
꿀꺽수학

정답 및 해설   하

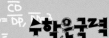

수학은극격

3000제 꿀꺽수학

정답
및
해설

정답 및 해설 활용법

문제를 모두 풀었습니까? 반드시 문제를 푼 다음에 해설을 확인하도록 합시다.

해설을 미리 보면 모르는 것도 마치 알고 있는 것처럼 생각하고 쉽게 넘어갈 수 있습니다.

정답
및
해설

---

01 대푯값과 산포도

P. 6~9

Step 1 교과서 이해

01 대푯값

02 평균

03 중앙값

04 최빈값

05 $\dfrac{6+7+6+5+4+10+5+6+9+7}{10}$

$=\dfrac{65}{10}=6.5$ 　　　　답 6.5

06 $\dfrac{70+67+x+72+63+80}{10}=72$

$352+x=432$ 　　∴ $x=80$ 　　답 80

07 5반의 학생 수를 x명이라고 하면

$\dfrac{29+30+32+31+x+28+31}{7}=31$

$181+x=217$ 　　∴ $x=36$ 　　답 36명

08 값이 작은 것부터 나열하면 1, 2, 3, 5, 6이므로 중앙값은 3이다. 　　답 3

09 값이 작은 것부터 나열하면 1, 3, 4, 6, 7, 8, 9이므로 중앙값은 6이다. 　　답 6

10 값이 작은 것부터 나열하면 3, 3, 3, 4, 4, 4, 5, 6, 7, 8, 9이므로 중앙값은 4이다. 　　답 4

11 $35\leq x<44$이므로 $\dfrac{x+44}{2}=41$

∴ $x=38$ 　　답 38

12 4

13 9

14 5

15 3

16 5, 6

17 변량을 값이 작은 것부터 나열하면

66, 66, 67, 67, 67, 68, 68, 68, 69, 69,
70, 70, 70, 70, 71, 71, 72, 72, 73, 74

따라서 최빈값은 70회, 중앙값은 69.5회이다.

답 최빈값 : 70회, 중앙값 : 69.5회

18 최빈값이 7회이므로 평균도 7회이다.

$\dfrac{10+7+x+7+6+7+8}{7}=7$

$45+x=49$ 　　∴ $x=4$ 　　답 4

19 중앙값이 10이므로 평균도 10이다.

$\dfrac{7+9+10+12+x}{5}=10$

$38+x=50$ 　　∴ $x=12$ 　　답 12

20 평균이 5회이므로

$\dfrac{2+4+5+x+8+7+6+3+6+3}{10}=5$

$44+x=50$ 　　∴ $x=6$

변량을 값이 작은 것부터 나열하면

2, 3, 3, 4, 5, 6, 6, 6, 7, 8

따라서 최빈값은 6회, 중앙값은 $\dfrac{5+6}{2}=5.5$회

이다. 　　답 최빈값 : 6회, 중앙값 : 5.5회

21 산포도

22 편차

23 편차의 총합은 0이므로 $-3+5+x-2+1=0$

$\therefore x=-1$ 　　　　　　　　　**답** -1

24 C의 편차를 x라고 하면 편차의 총합은 0이므로

$4-12+x+8-6=0$ 　　$\therefore x=6$

평균이 190회이므로 C의 기록은 196회이다.

　　　　　　　　　　　　　　　답 196회

25 (평균)$=\dfrac{14+13+12+15+19+17}{6}$

$=\dfrac{90}{6}=15$(점)

따라서 각 변량의 편차는 순서대로

-1, -2, -3, 0, 4, 2 ⋯ **답**

26 분산

27 표준편차

28 (분산)$=\dfrac{4+9+4+0+9+16}{6}=\dfrac{42}{6}=7$

(표준편차)$=\sqrt{7}$(kg)

　　　　　　　답 분산 : 7, 표준편차 : $\sqrt{7}$kg

29 (ㄴ), (ㄱ), (ㄹ), (ㄷ), (ㅁ)

30 (분산)$=\dfrac{1^2+(-3)^2+0^2+(-2)^2+4^2}{5}$

$=\dfrac{30}{5}=6$ 　　　　　**답** 6

31 (평균)$=\dfrac{7+9+9+15}{4}=\dfrac{40}{4}=10$

(분산)$=\dfrac{(-3)^2+(-1)^2+(-1)^2+5^2}{4}$

$=\dfrac{36}{4}=9$

$\therefore$ (표준편차)$=\sqrt{9}=3$ 　　**답** 3

32 (평균)$=\dfrac{13+15+21+19+17}{5}=\dfrac{85}{5}=17$

(분산)$=\dfrac{(-4)^2+(-2)^2+4^2+2^2+0^2}{4}$

$=\dfrac{40}{5}=8$

$\therefore$ (표준편차)$=\sqrt{8}=2\sqrt{2}$ 　　　**답** $2\sqrt{2}$

33 (평균)$=\dfrac{5+5+6+6+6+2}{6}=\dfrac{30}{6}=5$

(분산)$=\dfrac{0^2+0^2+1^2+1^2+1^2+(-3)^2}{6}$

$=\dfrac{12}{6}=2$

$\therefore$ (표준편차)$=\sqrt{2}$ 　　　　　**답** $\sqrt{2}$

34 (평균)$=\dfrac{6+8+7+5+4+5+7}{7}=\dfrac{42}{7}=6$

(분산)$=\dfrac{0^2+2^2+1^2+(-1)^2+(-2)^2+(-1)^2+1^2}{7}$

$=\dfrac{12}{7}$

$\therefore$ (표준편차)$=\sqrt{\dfrac{12}{7}}=\dfrac{2\sqrt{21}}{7}$ 　　**답** $\dfrac{2\sqrt{21}}{7}$

35 (평균)$=\dfrac{6+10+9+8+7}{5}=\dfrac{40}{5}=8$

(분산)$=$(변량의 제곱의 평균)$-$(평균)^2

$=\dfrac{6^2+10^2+9^2+8^2+7^2}{5}-8^2$

$=\dfrac{330}{5}-64=66-64=2$

$\therefore$ (표준편차)$=\sqrt{2}$ 　　　　　**답** $\sqrt{2}$

36 (분산)$=\dfrac{(-2)^2\times3+(-1)^2\times5+0^2\times5+1^2\times4+2^2\times2+3^2\times1}{3+5+5+4+2+1}$

$=\dfrac{38}{20}=1.9$

$\therefore$ (표준편차)$=\sqrt{1.9}$

　　　　　　　답 분산 : 1.9, 표준편차 : $\sqrt{1.9}$

[37~39]

신발 크기 (mm)	도수(명)	(계급값) ×(도수)	편차	(편차)²×(도수)
260	3	780	-9	243
265	5	1325	-4	80
270	7	1890	1	7
275	3	825	6	108
280	2	560	11	242
합계	20	5380		680

37 (평균)$=\dfrac{5380}{20}=269$(mm) ⋯ **답**

38 (분산)$=\dfrac{680}{20}=34$ ⋯ **답**

39 (표준편차)$=\sqrt{34}$(mm) ··· 답

[40~42]

점수(점)	도수(명)	(계급값)×(도수)	편차	(편차)²×(도수)
60이상 ~ 70미만	4	260	−13	676
70 ~ 80	8	600	−3	72
80 ~ 90	6	510	7	294
90 ~ 100	2	190	17	578
합계	20	1560		1620

40 (평균)$=\dfrac{1560}{20}=78$(점) ··· 답

41 (분산)$=\dfrac{1620}{20}=81$ ··· 답

42 (표준편차)$=\sqrt{81}=9$(점) ··· 답

43

책의 수(권)	학생 수(명)	(계급값)×(도수)	편차	(편차)²×(도수)
0이상 ~ 4미만	4	8	−8	256
4 ~ 8	5	30	−4	80
8 ~ 12	7	70	0	0
12 ~ 16	5	70	4	80
16 ~ 20	4	72	8	256
합계	25	250		672

(평균)$=\dfrac{250}{25}=10$(권)

$\therefore$ (분산)$=\dfrac{672}{25}=26.88$ 답 26.88

P. 10~11

Step2 개념탄탄

01 여학생의 평균을 x점이라고 하면

$\dfrac{102\times72+98\times x}{102+98}=72.49$

$7344+98x=14498,\ 98x=7154$

$\therefore x=73$ 답 73점

02 네 선수 A, B, C, D의 점수를 각각 a, b, c라고 하면

$a=b-0.5=c+0.2=\dfrac{a+b+c+d}{4}-0.3$

$a=8.6$이므로 위의 식에 대입하면

$b-0.5=8.6$에서 $b=9.1$

$c+0.2=8.6$에서 $c=8.4$

$\dfrac{a+b+c+d}{4}-0.3=8.6$에서

$\dfrac{8.6+9.1+8.4+d}{4}=8.9$

$\therefore d=9.5$ 답 9.5점

03 (ㄱ), (ㄹ), (ㅂ)

04 ④의 경우 극단적인 값인 100이 포함되어 있으므로 평균을 대푯값으로 하기에 적절하지 않다.
답 ④

05 (평균)$=\dfrac{62+52+60+98}{5}=\dfrac{328}{5}=65.6$(kg)

5명의 몸무게를 크기가 작은 것부터 나열하면 52kg, 56kg, 60kg, 62kg, 98kg이므로 중앙값은 60kg이다. 답 ③

06 성적이 가장 고른 학생은 표준편차가 가장 작은 D이다. 답 D

07 $a=\dfrac{7.5\times3+12.5\times6+17.5\times9+22.5\times7+27.5\times4+32.5\times1}{3+6+9+7+4+1}$

$=\dfrac{555}{30}=18.5$(분)

도수가 가장 큰 계급의 계급값은 17.5분이므로 $b=17.5$(분)

도수의 총합이 30이므로 변량을 크기가 작은 것부터 나열하면 15번째와 16번째 변량이 속하는 계급은 15분 이상 20분 미만이다. 따라서 중앙값

$c=\dfrac{15+20}{2}=17.5$(분)

$\therefore a+b-c=18.5+17.5-17.5=18.5$
답 18.5

08 $M=\dfrac{a+b+c+d+e}{5}$ 이므로 구하는 자료의

평균은

$\dfrac{(a+4)+(b+8)+(c-3)+(d+1)+(e-1)}{5}$

$=\dfrac{a+b+c+d+e}{5}+\dfrac{9}{5}=M+\dfrac{9}{5}$

답 $M+\dfrac{9}{5}$

09 목요일의 편차를 x회라고 하면 편차의 합은 0이

므로

$3+(-1)+2+x+0+1+(-3)=0$

$\therefore x=-2$

(분산)$=\dfrac{3^2+(-1)^2+2^2+(-2)^2+0^2+1^2+(-3)^2}{7}$

$=\dfrac{28}{7}=4$

$\therefore$ (표준편차)$=\sqrt{4}=2$(회)

답 2회

10 편차의 합은 0이므로

$a+(-4)+(-3)+1+4=0$ $\therefore a=2$

(분산)$=\dfrac{2^2+(-4)^2+(-3)^2+1^2+4^2}{5}$

$=\dfrac{46}{5}=9.2$

$\therefore$ (표준편차)$=\sqrt{9.2}$(cm)

답 $\sqrt{9.2}$ cm

11 ① 편차는 각 변량에서 평균을 뺀 값이다.

답 ①

12 분산은 각 변량의 제곱의 평균에서 평균의 제곱

을 뺀 값과 같으므로

$100=\dfrac{1}{n}(x_1{}^2+x_2{}^2+\cdots+x_n{}^2)-100^2$

$\therefore \dfrac{1}{n}(x_1{}^2+x_2{}^2+\cdots+x_n{}^2)=100^2+100=10100$

답 10100

P. 12~16

Step**3** 실력완성

1 $\dfrac{x_1+x_2+\cdots+x_n}{n}=6$이므로

$x_1+x_2+\cdots+x_n=6n$이고 주어진 자료의 총합은

$\dfrac{1}{3}(x_1+2)+\dfrac{1}{3}(x_2+2)+\cdots+\dfrac{1}{3}(x_n+2)$

$=\dfrac{1}{3}(x_1+x_2+\cdots+x_n)+\dfrac{2}{3}n$

$=\dfrac{1}{3}\times 6n+\dfrac{2}{3}n=\dfrac{8}{3}n$

따라서 구하는 자료의 평균은

$\dfrac{8}{3}n\div n=\dfrac{8}{3}$

답 $\dfrac{8}{3}$

2 1반의 학생 수를 x명, 2반의 학생 수를 y명이라

고 하면 1반과 2반 전체 학생들의 점수의 총합

은 $65x+70y$(점)

1반과 2반 전체의 평균이 68점이므로

$\dfrac{65x+70y}{x+y}=68$, $65x+70y=68x+68y$

$2y=3x$ $\therefore x:y=2:3$

답 2 : 3

채점 기준	
1반과 2반의 학생 수를 문자로 나타내기	20%
1반과 2반 전체 학생들의 점수의 총합을 식으로 나타내기	20%
1반과 2반 전체의 평균을 이용하여 식 세우기	30%
답 구하기	20%

3 $\dfrac{a+b+c}{3}=21$이므로 $a+b+c=63$

$\dfrac{25+20+a+b+c+18}{6}=\dfrac{a+b+c+63}{6}$

$=\dfrac{63+63}{6}=\dfrac{126}{6}$

$=21$

답 ③

4 ① 각 변량의 편차의 합은 0이므로 편차의 평균

은 0이다.

③ 표준편차는 산포도의 일종이다.

⑤ 변량들이 고르게 분포되어 있을수록 변량들

이 평균 주위에 모여 있다는 뜻이므로 표준편

차는 작아진다.

답 ③

5 $A = \dfrac{6 \times 2 + 7 \times 3 + 8 \times 4 + 9}{10} = \dfrac{74}{10} = 7.4(\text{시간})$

주어진 변량을 크기가 작은 것부터 순서대로 나열하면 6, 6, 7, 7, 7, 8, 8, 8, 8, 9이므로

$B = \dfrac{7+8}{2} = 7.5(\text{시간})$

8시간이 4회로 가장 많이 나타나므로

$C = 8(\text{시간})$

$\therefore A < B < C$ **답** ①

6 자료의 개수가 짝수일 때 중앙값은 가운데 있는 두 자료의 값의 평균이므로

$\dfrac{x+12}{2} = 10, \ x+12 = 20 \qquad \therefore x = 8$

$\therefore (\text{평균}) = \dfrac{4+6+8+12+13+17}{6} = \dfrac{60}{6} = 10$

답 10

7 주어진 표에서 도수가 가장 큰 것은 독서이다.

답 ②

8 $8 < a < 17$이므로 주어진 자료의 중앙값은

$\dfrac{a+10}{2} = 10 \qquad \therefore a = 10$ **답** 10

9 (ㄱ) 도수가 가장 큰 계급은 10 이상 20 미만인 계급이므로 이 계급의 계급값인 15가 최빈값이다.

(ㄴ) 변량을 작은 것부터 나열하였을 때 20번째와 21번째 오는 변량이 모두 10 이상 20 미만인 계급에 속하므로 이 계급의 계급값인 15가 중앙값이다.

(ㄷ) $(\text{평균}) = \dfrac{5 \times 7 + 15 \times 14 + 25 \times 11 + 35 \times 5 + 45 \times 2 + 55 \times 1}{40}$

$= \dfrac{840}{40} = 21$

따라서 옳은 것은 (ㄱ), (ㄷ)이다. **답** ③

10 중앙값이 90점이므로 변량을 크기가 작은 것부터 나열하면 두 번째와 세 번째 오는 변량이 각각 88점, 92점이다.

$\therefore x \geq 92$ ····· ㉠

또, 점수의 평균이 90점 미만이므로

$\dfrac{85+88+92+x}{4} < 90, \ x+265 < 360$

$\therefore x < 95$ ····· ㉡

㉠, ㉡에서 $92 \leq x < 95$이므로 x의 값이 될 수 있는 자연수는 92, 93, 94의 3개이다.

답 3개

채점 기준	
중앙값이 90점임을 이용하여 x의 값의 범위 구하기	40%
평균이 90점 미만임을 이용하여 x의 값의 범위 구하기	40%
답 구하기	20%

11

계급(점)	도수(명)	계급값	(계급값)×(도수)
50이상 ~ 60미만	5	55	275
60 ~ 70	x	65	$65x$
70 ~ 80	4	75	300
80 ~ 90	y	85	$85y$
90 ~ 100	1	95	95
합계	20		

$5 + x + 4 + y + 1 = 20$

$\therefore x + y = 10$ ····· ㉠

$\dfrac{275 + 65x + 300 + 85y + 95}{20} = 68$

$65x + 85y = 690$

$\therefore 13x + 17y = 138$ ····· ㉡

㉠, ㉡을 연립하여 풀면 $x = 8, \ y = 2$

답 ④

12 자료 '1, 2, a, b, 5'의 중앙값이 4이므로 5개의 변량을 크기가 작은 것부터 나열하면 세 번째 오는 변량이 4이어야 한다.

또, $a < b$이므로 $a = 4$

자료 '8, 4, b, 12'의 중앙값이 7이므로

$4 < b < 8$이고, 4개의 변량을 크기가 작은 것부터 나열하면 4, b, 8, 12이므로 중앙값은

$\dfrac{b+8}{2} = 7$

따라서 $b = 6$이므로 $a + b = 10$

답 10

13 $a = \dfrac{1 \times 8 + 3 \times 6 + 5 \times 9 + 7 \times 4 + 9 \times 3}{30}$

$= \dfrac{126}{30} = 4.2$(회)

변량을 작은 것부터 나열하면 15번째, 16번째 변량이 모두 4회 이상 6회 미만인 계급에 속하므로 이 자료의 중앙값은 이 계급의 계급값인 5회이다.   ∴ $b = 5$

또, 도수가 가장 큰 계급은 4회 이상 6회 미만이므로 이 자료의 최빈값은 이 계급의 계급값인 5회이다.   ∴ $c = 5$

∴ $a + b + c = 4.2 + 5 + 5 = 14.2$ **답** 14.2

14 편차의 합은 0이므로 $-1 + x - 5 + 2 = 0$

$x = 4$이므로 2회의 수학 성적은

$83 + 4 = 87$(점)   **답** ③

15 (평균)$= \dfrac{2 + 4 + 6 + 8 + x}{5} = 4 + \dfrac{x}{5}$

(분산)$= \dfrac{1}{5}\left\{\left(-2 - \dfrac{x}{5}\right)^2 + \dfrac{x^2}{25} + \left(2 - \dfrac{x}{5}\right)^2 \right.$

$\left. + \left(4 - \dfrac{x}{5}\right)^2 + \left(\dfrac{4}{5}x - 4\right)^2\right\} = 4$

이므로 $40 - \dfrac{40}{5}x + \dfrac{20}{25}x^2 = 20$

$x^2 - 10x + 25 = 0$, $(x - 5)^2 = 0$ ∴ $x = 5$

답 5

채점 기준	
평균을 x에 대한 식으로 나타내기	30%
분산이 4임을 이용하여 x에 대한 식 세우기	40%
답 구하기	30%

16 (i) A모둠

(평균)$= \dfrac{74 + 80 + 86 + 82 + 78 + 80 + 80 + 80 + 80}{9}$

$= 80$(점)

변량을 크기가 작은 것부터 나열하면 74, 78, 80, 80, 80, 80, 80, 82, 86이므로 중앙값은 80점, 최빈값도 80점이다.

(ii) B모둠

(평균)$= \dfrac{70 + 90 + 60 + 100 + 70 + 80 + 90 + 50 + 90}{9}$

$= \dfrac{700}{9}$(점)

변량을 크기가 작은 것부터 나열하면 50, 60, 70, 70, 80, 90, 90, 90, 100이므로 중앙값은 80점이고 최빈값은 90점이다.

① A모둠과 B모둠의 평균은 같지 않다.

③ B모둠의 평균과 중앙값은 같지 않다.

④ B모둠의 중앙값이 평균보다 크다.

⑤ B모둠의 최빈값은 중앙값보다 크다.   **답** ②

17 (평균)$= \dfrac{10}{5} = 2$

(분산)$= \dfrac{1}{5}\{(a - 2)^2 + (b - 2)^2 + (c - 2)^2$

$+ (d - 2)^2 + (e - 2)^2\}$

$= \dfrac{a^2 + b^2 + c^2 + d^2 + e^2}{5}$

$- \dfrac{4}{5}(a + b + c + d + e) + 4$

$= \dfrac{100}{5} - \dfrac{4}{5} \times 10 + 4 = 16$ **답** 16

18 $\dfrac{14 + x + 16 + y + 18}{5} = 16$에서

$x + y = 32$ ······ ㉠

$\dfrac{(-2)^2 + (x - 16)^2 + 0^2 + (y - 16)^2 + 2^2}{5} = 5$에서

$(x - 16)^2 + (y - 16)^2 = 17$

∴ $x^2 + y^2 = 32(x + y) - 495$ ······ ㉡

㉠을 ㉡에 대입하면

$x^2 + y^2 = 32 \times 32 - 495 = 529$ **답** 529

채점 기준	
평균을 이용하여 x, y에 대한 식 얻기	30%
분산을 이용하여 x, y에 대한 식 얻기	40%
답 구하기	30%

19 a, b, c, d의 평균이 21이므로

$\dfrac{a + b + c + d}{4} = 21$

a, b, c, d의 표준편차가 3이므로 분산은 9이다.

∴ $\dfrac{(a - 21)^2 + (b - 21)^2 + (c - 21)^2 + (d - 21)^2}{4} = 9$

$a + 2$, $b + 2$, $c + 2$, $d + 2$의 평균은

$\dfrac{(a + 2) + (b + 2) + (c + 2) + (d + 2)}{4}$

$= \dfrac{a + b + c + d}{4} + 2$

$= 21 + 2 = 23$

또, $a+2$, $b+2$, $c+2$, $d+2$의 분산은

$\frac{1}{4}\{(a+2-23)^2+(b+2-23)^2+(c+2+23)^2+(d+2-23)^2\}$

$=\frac{1}{4}\{(a-21)^2+(b-21)^2+(c-21)^2+(d-21)^2\}$

$=9$

따라서 구하는 평균은 23, 표준편차는 $\sqrt{9}=3$이다. **답** ③

20 평균이 10이므로 $\frac{x_1+x_2+\cdots x_n}{n}=10$

표준편차가 $\sqrt{2}$이므로 분산은 2이다.

$\frac{1}{n}\{(x_1-10)^2+(x_2-10)^2+\cdots+(x_n-10)^2\}=2$

위의 식의 좌변을 정리하면

$\frac{x_1^2+x_2^2+\cdots+x_n^2}{n}-\frac{20(x_1+x_2+\cdots+x_n)}{n}+100$

$=\frac{x_1^2+x_2^2+\cdots+x_n^2}{n}-20\times10+100$

$=\frac{x_1^2+x_2^2+\cdots+x_n^2}{n}-100$

이므로 $\frac{x_1^2+x_2^2+\cdots+x_n^2}{n}-100=2$에서

$\frac{x_1^2+x_2^2+\cdots+x_n^2}{n}=102$

따라서 구하는 평균은 102이다. **답** 102

21 a, b, c, d, e의 평균이 7이므로

$\frac{a+b+c+d+e}{5}=7$

또, a, b, c, d, e의 분산이 5이므로

$\frac{1}{5}\{(a-7)^2+(b-7)^2+(c-7)^2+(d-7)^2+(e-7)^2\}=5$

$2a$, $2b$, $2c$, $2d$, $2e$의 평균은

$\frac{2a+2b+2c+2d+2e}{5}=\frac{2(a+b+c+d+e)}{5}$

$=2\times7=14$

$2a$, $2b$, $2c$, $2d$, $2e$의 분산은

$\frac{1}{5}\{(2a-14)^2+(2b-14)^2+(2c-14)^2+(2d-14)^2+(2e-14)^2\}$

$=\frac{4}{5}\{(a-7)^2+(b-7)^2+(c-7)^2+(d-7)^2+(e-7)^2\}$

$=4\times5=20$

답 평균 : 14, 분산 : 20

22 $a=85$, $b=8\times85=680$

주어진 자료의 평균은

$\frac{4\times65+6\times75+8\times85+2\times95}{20}$

$=\frac{1580}{20}=79(점)$

이므로 $c=75-79=-4$, $d=(-4)^2\times6=96$

따라서 분산은

$\frac{784+96+288+512}{20}=\frac{1680}{20}=84$

이므로 $e=84$

$\therefore a+b+c+d+e=85+680+(-4)+96+84$

$=941$ **답** 941

23 (분산)$=\frac{5^2+(-3)^2+x^2+(-2)^2+(-x)^2}{5}=8$

에서 $2x^2=2$, $x^2=1$ $\therefore x=1(\because x>0)$

버스를 기다린 시간의 평균이 10분이므로 수요일에 버스를 기다린 시간은 11분이고, 금요일에 버스를 기다린 시간은 9분이다.

답 수요일 : 11분, 금요일 : 9분

24 주어진 자료의 평균은

$=\frac{55\times2+65\times4+75\times9+85\times7+95\times3}{2+4+9+7+3}$

$=\frac{1925}{25}=77(점)$

이므로 분산은

$\frac{1}{25}\{(55-77)^2\times2+(65-77)^2\times4+(75-77)^2\times9$

$+(85-77)^2\times7+(95-77)^2\times3\}$

$=\frac{968+576+36+448+972}{25}=\frac{3000}{25}=120$

따라서 표준편차는 $\sqrt{120}=2\sqrt{30}(점)$이므로

$a=30$ **답** ④

25 도수의 합이 20이어야 하므로 70점 이상 80점 미만인 계급의 도수는

$20-(2+4+6+1)=7(명)$이므로

(평균)$=\frac{55\times2+65\times4+75\times7+85\times6+95\times1}{20}$

$=\frac{1500}{20}=75(점)$

$$\therefore \text{(분산)} = \frac{1}{20}\{(-20)^2 \times 2 + (-10)^2 \times 4$$
$$+ 0^2 \times 7 + 10^2 \times 6 + 20^2 \times 1\}$$
$$= \frac{2200}{20} = 110$$

따라서 이 자료의 표준편차는 $\sqrt{110}$점이다.

답 $\sqrt{110}$점

26 $\dfrac{x_1 + x_2 + \cdots + x_7}{7} = 4$ 이고

$\dfrac{x_1^2 + x_2^2 + \cdots + x_7^2}{7} - 4^2 = 4$ 이므로

$x_1 + x_2 + \cdots + x_7 = 28$

$x_1^2 + x_2^2 + \cdots + x_7^2 = 140$

10개의 변량 x_1, x_2, x_3, $\cdots$, x_{10}의 평균을 m,
분산을 V라고 하면

$$m = \frac{x_1 + x_2 + \cdots + x_7 + 5 + 7 + 10}{10}$$
$$= \frac{28 + 22}{10} = 5$$
$$V = \frac{x_1^2 + x_2^2 + \cdots + x_7^2 + 5^2 + 7^2 + 10^2}{10} - 5^2$$
$$= \frac{140 + 25 + 49 + 100}{10} - 25$$
$$= 31.4 - 25 = 6.4$$

답 평균 : 5, 분산 : 6.4

채점 기준	
x_1, x_2, $\cdots$, x_7의 합과 제곱의 합 구하기	30%
x_1, x_2, $\cdots$, x_{10}의 평균 구하기	30%
답 구하기	40%

27 20명 전체의 제기차기 횟수의 평균을 m이라고
하면

$$m = \frac{12 \times 15 + 8 \times 20}{12 + 8} = \frac{340}{20} = 17\text{(회)}$$

A모둠의 변량을 a_1, a_2, $\cdots$, a_{12}, B모둠의 변
량을 b_1, b_2, $\cdots$, b_8이라고 하면

$\dfrac{1}{12}(a_1^2 + a_2^2 + \cdots + a_{12}^2) - 15^2 = 2^2$

$\dfrac{1}{8}(b_1^2 + b_2^2 + \cdots + b_8^2) - 20^2 = 3^2$

$\therefore a_1^2 + a_2^2 + \cdots + a_{12}^2 = 2748$,

$\quad b_1^2 + b_2^2 + \cdots + b_8^2 = 3272$

전체 20명의 분산을 V라고 하면

$$V = \frac{1}{20}(a_1^2 + \cdots + a_{12}^2 + b_1^2 + \cdots + b_8^2) - 17^2$$
$$= \frac{1}{20}(2748 + 3272) - 289 = 12$$

답 12

28 ③ 2반과 3반의 성적의 평균은 같고, 3반의 성적
의 표준편차가 더 작으므로 3반의 성적이 더 고
르다.

답 ③

29 1반과 2반의 독서 시간을 도수분포표로 나타내
면 다음과 같다.

계급(시간)	도수(명)	
	1반	2반
2이상 ~ 4미만	3	0
4 ~ 6	8	3
6 ~ 8	4	6
8 ~ 10	2	5
10 ~ 12	0	2
합계	17	16

(i) 1반의 자료

$$\text{(평균)} = \frac{3 \times 3 + 5 \times 8 + 7 \times 4 + 9 \times 2 + 11 \times 0}{17}$$
$$= \frac{95}{17}\text{(시간)}$$

9번째 변량이 속한 계급이 4시간 이상 6시간
미만이므로 중앙값은 $\dfrac{4+6}{2} = 5$(시간)

도수가 가장 큰 계급은 4시간 이상 6시간 미만
이므로 최빈값은 $\dfrac{4+6}{2} = 5$(시간)

(ii) 2반의 자료

$$\text{(평균)} = \frac{3 \times 0 + 5 \times 3 + 7 \times 6 + 9 \times 5 + 11 \times 2}{16}$$
$$= \frac{124}{16} = \frac{31}{4}\text{(시간)}$$

8번째 변량과 9번째 변량이 속한 계급이 모두
6시간 이상 8시간 미만이므로 중앙값은

$\dfrac{6+8}{2} = 7$(시간)

도수가 가장 큰 계급은 6시간 이상 8시간 미
만이므로 최빈값 $\dfrac{6+8}{2} = 7$(시간)

(ㄱ) 평균은 2반이 더 크다

(ㄴ) 2반의 중앙값이 더 크다.

(ㄷ) 2반의 최빈값이 더 크다.

답 (ㄹ)

P. 17

Step4 유형클리닉

1 평균이 5이므로

$$\frac{5+6+7+a+b}{5}=5 \quad \therefore a+b=7 \cdots\cdots ㉠$$

분산이 2이므로

$$\frac{1}{5}\{(5-5)^2+(6-5)^2+(7-5)^2+(a-5)^2$$
$$+(b-5)^2\}=2$$

$$(a-5)^2+(b-5)^2=5$$

$$a^2+b^2-10(a+b)+50=5$$

㉠을 대입하면 $a^2+b^2=10\times7-50+5$

$$\therefore a^2+b^2=25 \qquad\qquad \cdots\cdots ㉡$$

㉠의 양변을 제곱하면 $a^2+2ab+b^2=49$

㉡을 대입하면 $25+2ab=49$

$$\therefore ab=12 \qquad\qquad\qquad \boxed{답}\,12$$

[다른 풀이] 평균이 5이므로

$$\frac{5+6+7+a+b}{5}=5 \quad \therefore a+b=7 \cdots\cdots ㉠$$

분산은 변량의 제곱의 평균에서 평균의 제곱을
뺀 값과 같으므로

$$\frac{5^2+6^2+7^2+a^2+b^2}{5}-5^2=2$$

$$\therefore a^2+b^2=25 \qquad\qquad \cdots\cdots ㉡$$

㉠, ㉡에서 $ab=12$

1-1 평균이 8이므로 $\frac{x+y}{2}=8$

$$\therefore x+y=16 \qquad\qquad \cdots\cdots ㉠$$

분산이 5이므로 $\frac{(x-8)^2+(y-8)^2}{2}=5$

$$x^2+y^2-16(x+y)+128=10$$

㉠을 대입하여 정리하면

$$x^2+y^2=16\times16-128+10=138 \qquad \boxed{답}\,138$$

1-2 평균이 11이므로

$$\frac{a+b+9+10+13}{5}=11$$

$$\therefore a+b=23 \qquad\qquad \cdots\cdots ㉠$$

분산이 2이므로

$$\frac{1}{5}\{(a-11)^2+(b-11)^2+(9-11)^2$$
$$+(10-11)^2+(13-11)^2\}=2$$

$$(a-11)^2+(b-11)^2=1$$

$$a^2+b^2-22(a+b)+242=1$$

㉠을 대입하면 $a^2+b^2=22\times23-242+1=265$

$$\therefore a^2+b^2=265 \qquad\qquad \cdots\cdots ㉡$$

㉠에서 $b=23-a$이므로 ㉡에 대입하면

$$a^2+(23-a)^2=265,\ 2a^2-46a+264=0$$

$$a^2-23a+132=0,\ (a-11)(a-12)=0$$

$$\therefore a=11 \text{ 또는 } a=12$$

$a=11$일 때 $b=12$, $a=12$일 때 $b=11$이고
$a<b$이므로 구하는 답은 $a=11$, $a=12$이다.

$$\boxed{답}\,a=11,\ a=12$$

2 주어진 자료의 평균은

$$\frac{1\times4+3\times8+5\times16+7\times8+9\times4}{40}$$

$$=\frac{200}{40}=5\text{(시간)}$$

이므로 분산은

$$\frac{1}{40}\{(-4)^2\times4+(-2)^2\times8+0^2\times16$$
$$+2^2\times8+4^2\times4\}$$

$$=\frac{192}{40}=\frac{24}{5}$$

따라서 주어진 자료의 표준편차는

$$\sqrt{\frac{24}{5}}=\frac{2\sqrt{30}}{5}\text{(시간)} \qquad \boxed{답}\,\frac{2\sqrt{30}}{5}\text{시간}$$

2-1 도수의 합이 30이므로

$$1+3+x+8+9+4=30 \qquad \therefore x=5$$

주어진 자료의 평균은

$$\frac{45\times1+55\times3+65\times5+75\times8+85\times9+95\times4}{30}$$

$$=\frac{2280}{30}=76\text{(점)}$$

이므로 분산은

$$\frac{1}{30}\{(45-76)^2\times1+(55-76)^2\times3+(65-76)^2\times5$$
$$+(75-76)^2\times8+(85-76)^2\times9+(95-76)^2\times4\}$$

$$=\frac{5070}{30}=169$$

따라서 $y=13$이므로 $x+y=89$ \qquad $\boxed{답}\,89$

Step **5** 서술형 만점 대비

1 a, b, c, 3, 6, 6의 평균이 5이므로

$$\frac{a+b+c+3+6+6}{6}=5 \quad \therefore a+b+c=15$$

표준편차가 2이므로 분산은 4이다. 즉,

$$\frac{(a-5)^2+(b-5)^2+(c-5)^2+(-2)^2+1^2+1^2}{6}=4$$

에서 $(a-5)^2+(b-5)^2+(c-5)^2=18$

따라서 3개의 변량 a, b, c의 평균은

$$\frac{a+b+c}{3}=\frac{15}{3}=5$$

이고, 분산은

$$\frac{(a-5)^2+(b-5)^2+(c-5)^2}{3}=\frac{18}{3}$$

이므로 표준편차는 $\sqrt{6}$이다.　　　　　**답** $\sqrt{6}$

채점 기준	
a, b, c에 대한 식 얻기	30%
a, b, c의 평균 구하기	20%
a, b, c의 분산 구하기	30%
a, b, c의 표준편차 구하기	20%

2 5개의 변량의 평균은

$$\frac{4+x+5+(11-x)+10}{5}=6$$

이고, 분산이 9.2이므로

$$\frac{1}{5}\{(4-6)^2+(x-6)^2+(5-6)^2+(11-x-6)^2$$
$$+(10-6)^2\}=9.2$$

$x^2-11x+18=0, \ (x-2)(x-9)=0$

$\therefore x=2$ 또는 $x=9$ … **답**

채점 기준	
주어진 자료의 평균 구하기	30%
분산을 이용하여 x에 대한 식 세우기	40%
답 구하기	30%

3 a, b, c, d, e의 평균이 2이므로

$$\frac{a+b+c+d+e}{5}=2$$

$\therefore a+b+c+d+e=10$

표준편차가 5이므로 분산은 25이다. 즉,

$$\frac{1}{5}\{(a-2)^2\times(b-2)^2+(c-2)^2+(d-e)^2+(e-2)^2\}=25$$

$(a-2)^2+(b-2)^2+(c-2)^2+(d-2)^2+(e-2)^2=125$

$a^2+b^2+c^2+d^2+e^2-4(a+b+c+d+e)+20=125$

$\therefore a^2+b^2+c^2+d^2+e^2=145$

$f(t)=(a-t)^2+(b-t)^2+(c-t)^2+(d-t)^2+(e-t)^2$

$\quad =5t^2-2(a+b+c+d+e)t+(a^2+b^2+c^2+d^2+e^2)$

$\quad =5t^2-20t+145=5(t-2)^2+125$

따라서 $t=2$일 때 $f(t)$의 최솟값은 125이다.

답 125

채점 기준	
평균과 분산을 이용하여 a, b, c, d, e의 합과 제곱의 합 구하기	40%
$f(t)$를 전개하여 정리하기	30%
답 구하기	30%

4 직육면체의 12개의 모서리는 가로 4개, 세로 4개, 높이가 4개이고, 12개의 모서리의 평균이 8이므로 $\dfrac{4x+4y+4z}{12}=8$

$\therefore x+y+z=24$ 　　　　 …… ㉠

표준편차가 2이므로 분산은 4이다. 즉,

$$\frac{1}{12}\{(x-8)^2\times4+(y-8)^2\times4+(z-8)^2\times4\}=4$$

$(x-8)^2+(y-8)^2+(z-8)^2=12$

$x^2+y^2+z^2-16(x+y+z)+180=0$

㉠을 대입하면 $x^2+y^2+z^2=204$

$(x+y+z)^2=x^2+y^2+z^2+2(xy+yz+zx)$

이므로 $xy+yz+zx=\dfrac{24^2-204}{2}=186$

따라서 직육면체의 6개의 면의 넓이의 평균은

$$\frac{2xy+2yz+2zx}{6}=\frac{2\times186}{6}=62$$　**답** 62

채점 기준	
x, y, z의 합 구하기	20%
x, y, z의 제곱의 합 구하기	30%
답 구하기	50%

P. 19~20

Step **6** 도전 1등급

1 4, 6, x, 9의 평균은 $\dfrac{4+6+x+9}{4}=\dfrac{x+19}{4}$

4, 6, x의 평균은 $\dfrac{4+6+x}{3}=\dfrac{x+10}{3}$

6, x, 9의 평균은 $\dfrac{6+x+9}{3}=\dfrac{x+15}{3}$

$\dfrac{x+10}{3}<\dfrac{x+19}{4}<\dfrac{x+15}{3}$ 이므로

$\dfrac{x+10}{3}<\dfrac{x+19}{4}$ 을 풀면 $x<17$

$\dfrac{x+19}{4}<\dfrac{x+15}{3}$ 을 풀면 $x>-3$

따라서 $-3<x<17$이므로 자연수 x의 최댓값은 16이다.　**답** 16

2 ㈎에서 중앙값이 23이므로 $x\geq23$

㈏에서 중앙값이 28이고, $\dfrac{26+30}{2}=28$이므로

$x\leq26$

㈐에서 중앙값이 22이고, $\dfrac{20+24}{2}=22$이므로

$x\geq24$

따라서 $24\leq x\leq26$이므로 자연수 x는 24, 25, 26의 3개이다.　**답** 3개

3 평균이 8점이므로

$\dfrac{6+8+9+10+a+b}{6}=8$　$\therefore a+b=15$

$(분산)=\dfrac{(-2)^2+0^2+1^2+2^2+(a-8)^2+(b-8)^2}{6}$

이고, 표준편차가 가장 작게 나오려면 분산이 가장 작게 나와야 한다. 즉, $(a-8)^2+(b-8)^2$의 값이 가장 작게 나오면 된다.

$a<b$이고 $a+b=15$이므로 구하는 자연수 a, b의 순서쌍 (a, b)는 $(7, 8)$이다.　**답** $(7, 8)$

4 태영이를 제외한 11명의 키의 총합을 A cm라 하고, 12명의 정확한 키의 평균을 M cm라고 하면

$\dfrac{A+168}{12}=M$

$\therefore A=12M-168$　……㉠

이때 잘못 측정한 태영이의 키를 x cm라고 하면

$\dfrac{A+x}{12}=M-2$

$\therefore x=12M-24-A$　……㉡

㉠을 ㉡에 대입하면

$x=12M-24-(12M-168)=144(cm)$

답 144 cm

5 세 자료 A, B, C의 변량을 각각

[자료 A] $a_1, a_2, a_3, \cdots, a_{10}$

[자료 B] $b_1, b_2, b_3, \cdots, b_{10}$

[자료 C] $c_1, c_2, c_3, \cdots, c_{10}$

이라고 하면 $b_i=a_i+10(i=1, 2, 3, \cdots, 10)$이므로 $b=a$

또, $c_i=2a_i(i=1, 2, 3, \cdots, 10)$이므로 $c=2a$

따라서 $c=2a=2b$이고 a, b, c는 모두 양수이므로 $a=b<c$　**답** ②

6 두 모둠 전체의 평균은

$\dfrac{8\times12+12\times17}{8+12}=\dfrac{300}{20}=15(점)$

A모둠 8명의 점수를 각각 $x_1, x_2, \cdots, x_8$, B모둠 12명의 점수를 각각 $y_1, y_2, \cdots, y_{12}$라고 하면 분산은 변량의 제곱의 평균에서 평균의 제곱을 뺀 값과 같으므로

$\dfrac{x_1^2+x_2^2+\cdots+x_8^2}{8}-12^2=4^2$

$\therefore x_1^2+x_2^2+\cdots+x_8^2=1280$

$\dfrac{y_1^2+y_2^2+\cdots+y_{12}^2}{12}-17^2=6^2$

$\therefore y_1^2+y_2^2+\cdots+y_{12}^2=3900$

두 모둠 전체 20명의 분산은

$\dfrac{x_1^2+x_2^2+\cdots+x_8^2+y_1^2+y_2^2+\cdots+y_{12}^2}{20}-15^2$

$=\dfrac{1280+3900}{20}-15^2=34$

따라서 두 모둠 전체 20명의 표준편차는 $\sqrt{34}$점이다.　**답** $\sqrt{34}$점

7 $M=\dfrac{(x-1)^2+(x-2)^2+(x-3)^2+(x-4)^2+(x-5)^2}{5}$

$=\dfrac{5x^2-30x+55}{5}=x^2-6x+11$

$=(x-3)^2+2$

따라서 $x=3$일 때 M의 값이 최소가 된다.

답 3

8 최빈값이 12이고 9가 2개이므로 a, b, c 중 적어도 두 수는 12이어야 한다.

$a=12$, $b=12$라 하고, c를 제외한 7개의 변량을 크기가 작은 것부터 나열하면

8, 9, 9, 12, 12, 12, 14

중앙값이 11이므로 $9 < c < 12$이어야 하고

$$\frac{c+12}{2}=11 \quad \therefore c=10$$

$$\therefore a+b+c=12+12+10=34$$

답 34

P. 21~24

Step 7 대단원 성취도 평가

1 네 개의 변량을 크기가 작은 것부터 나열할 때, 중앙값이 48이므로 x는 42와 51 사이에 있다. 이때 중앙값은 2번째 변량과 3번째 변량의 평균이므로

$$\frac{x+51}{2}=48, \ x+51=96$$

$$\therefore x=45$$

답 ③

2 $(평균)=\dfrac{2+10+3+a+9+b+5}{7}=5$이므로

$a+b=6$

최빈값이 5이므로 a, b의 값 중 적어도 하나는 5이어야 한다. 그런데 $a \geq b$이므로

$a=5$, $b=1$ $\quad \therefore a-b=4$

답 ④

3 5회째의 점수를 x점이라고 하면

$$\frac{4 \times 90 + x}{5} \geq 91, \ 360+x \geq 455$$

$$\therefore x \geq 95$$

따라서 5회째의 시험에서 최소한 95점 이상을 받아야 한다.

답 ⑤

4 각 자료를 변량의 크기가 작은 것부터 나열하면

① 2, 3, 3, 5, 6, 6이므로 $(중앙값)=\dfrac{3+5}{2}=4$

② 1, 3, 4, 6, 8, 9이므로 $(중앙값)=\dfrac{4+6}{2}=5$

③ 3, 4, 4, 5, 7, 8이므로 $(중앙값)=\dfrac{4+5}{2}=\dfrac{9}{2}$

④ 2, 3, 3, 4, 6, 8이므로 $(중앙값)=\dfrac{3+4}{2}=\dfrac{7}{2}$

⑤ 2, 3, 4, 7, 7, 8이므로 $(중앙값)=\dfrac{4+7}{2}=\dfrac{11}{2}$

답 ⑤

5 ② 변량 중 극단적인 값 170이 있으므로 평균보다는 중앙값이 대푯값으로 더 적절하다. **답** ②

6 ① 자료 전체의 특징을 대표적으로 나타내는 값을 대푯값이라고 한다.

② 자료의 개수가 짝수 개인 경우 중앙값은 변량을 크기가 작은 것부터 나열할 때 가운데 오는 두 변량의 평균이므로 주어진 자료 중에서 존재하지 않을 수도 있다.

③ 편차의 절댓값이 작을수록 변량들은 평균에 가까이 있다.

④ 분산은 편차의 제곱의 평균이다.

답 ⑤

7 (i) 자료 A

$$(평균)=\frac{2+3+2+0+1+2+4+2}{8}=\frac{16}{8}=2$$

변량의 크기가 작은 것부터 나열하면 0, 1, 2, 2, 2, 2, 3, 4이므로 중앙값과 최빈값은 모두 2이다.

$$(분산)=\frac{0^2+1^2+0^2+(-2)^2+(-1)^2+0^2+2^2+0^2}{8}$$

$$=\frac{10}{8}=\frac{5}{4}(시간)$$

$$(표준편차)=\frac{\sqrt{5}}{2}$$

(ii) 자료 B

$$(평균)=\frac{5+6+7+4+5+7+8+6}{8}=\frac{48}{8}=6$$

변량의 크기가 작은 것부터 나열하면 4, 5, 5, 6, 6, 7, 7, 8이므로 중앙값은 6이고 최빈값은 없다.

$$\text{(분산)} = \frac{(-1)^2 + 0^2 + 1^2 + (-2)^2 + (-1)^2 + 1^2 + 2^2 + 0^2}{8}$$

$$= \frac{12}{8} = \frac{3}{2}$$

$$\text{(표준편차)} = \sqrt{\frac{3}{2}} = \frac{\sqrt{6}}{2}$$

⑤ 자료 B의 표준편차가 자료 A의 표준편차보다 크므로 자료 B가 자료 A보다 평균으로부터 더 넓게 흩어져 있다.

따라서 옳지 않은 것은 ④, ⑤이다.　　답 ④, ⑤

8 ① 편차의 합은 0이므로

$$-1 + x + 3 - 2 + 5 = 2 \quad \therefore x = -5$$

② (편차)=(변량)−(평균)이고 A의 편차가 −1이므로 A는 평균보다 맥박 수가 작다.

③ 평균보다 맥박 수가 많은 사람은 편차가 양수이어야 하므로 C와 E의 2명이다.

④ D의 맥박 수를 d라 하면 $d - 65 = -2$에서 $d = 63$이다.

⑤ $\text{(분산)} = \frac{(-1)^2 + (-5)^2 + 3^2 + (-2)^2 + 5^2}{2}$

$$= \frac{64}{5} = 12.8$$

따라서 옳지 않은 것은 ④이다.　　답 ④

9 평균이 4이므로 $\dfrac{1 + 3 + 5 + x + y}{5} = 4$

$$\therefore x + y = 11 \quad \cdots\cdots \text{㉠}$$

표준편차가 2이므로 분산은 4이다. 즉,

$$\frac{(-3)^2 + (-1)^2 + 1^2 + (x-4)^2 + (y-4)^2}{5} = 4$$

$$(x-4)^2 + (y-4)^2 = 9$$

$$x^2 + y^2 - 8(x+y) + 32 = 9$$

$$\therefore x^2 + y^2 = 8(x+y) - 32 + 9$$

$$= 8 \times 11 - 23 = 65 \ (\because \text{㉠})　답 ⑤$$

10 평균$= \dfrac{3 + 6 \times 4 + 10 \times 3 + 11 + 12 \times 3 + 14 + 15 \times 2 + 68}{16}$

$$= \frac{216}{16} = \frac{27}{2} (\text{시간})$$

$$\text{(중앙값)} = \frac{10+11}{2} = \frac{21}{2} (\text{시간})$$

주어진 자료에서 6의 개수가 4로 가장 많으므로 최빈값은 6시간이다.

따라서 $a = \dfrac{27}{2}$, $b = \dfrac{21}{2}$, $c = 6$이므로

$$c < b < a \qquad\qquad 답 ⑤$$

11 평균이 4이므로 $\dfrac{2 + 4 + a + b}{4} = 4$

$$\therefore a + b = 10$$

분산이 6이므로

$$\frac{(-2)^2 + 0^2 + (a-4)^2 + (b-4)^2}{4} = 6$$

$$(a-4)^2 + (b-4)^2 = 20$$

$$a^2 + b^2 - 8(a+b) + 32 = 20$$

$$a + b = 10$$이므로

$$a^2 + b^2 = 8 \times 10 - 32 + 20 = 68$$

$$a + b = 10$$의 양변을 제곱하면

$$a^2 + 2ab + b^2 = 100, \quad 2ab = 32$$

$$\therefore ab = 16 \qquad\qquad 답 ⑤$$

12 평균이 75점이므로

$$\frac{55 \times 2 + 65x + 75 \times 7 + 85 \times 6 + 95y}{2 + x + 7 + 6 + y} = 75$$

$$\therefore x - 2y = 2 \qquad\qquad \cdots\cdots \text{㉠}$$

분산이 110이므로

$$\frac{(-20)^2 \times 2 + (-10)^2 x + 0^2 \times 7 + 10^2 \times 6 + 20^2 y}{2 + x + 7 + 6 + y} = 110$$

$$\therefore x - 29y = -25 \qquad\qquad \cdots\cdots \text{㉡}$$

㉠, ㉡을 연립하여 풀면 $x = 4$, $y = 1$

$$\therefore x + y = 5 \qquad\qquad 답 ③$$

13 윗몸일으키기 횟수가 작은 순서로 10번째, 11번째인 학생의 기록은 각각 14회와 15회이므로 이 자료의 중앙값은

$$\frac{14+15}{2} = \frac{29}{2} (\text{회}) \qquad \therefore a = \frac{29}{2}$$

윗몸일으키기의 횟수가 16회인 학생이 3명으로 가장 많으므로 최빈값은 16회이다.　$\therefore b = 16$

$$\therefore a + b = \frac{29}{2} + 16 = \frac{61}{2} \qquad\qquad 답 \frac{61}{2}$$

14 조건 ㈎에서 a를 제외한 변량들을 크기가 작은 것부터 순서대로 나열하면 12, 15, 19, 24이고 중앙값이 19이므로 $a \geq 19$

조건 (나)에서 a를 제외한 변량들을 크기가 작은 것부터 순서대로 나열하면 14, 19, 21, 22, 28 이고 중앙값이 20이므로 $a \leq 19$

따라서 $a=19$　　　　　　　　　　**답** 19

15 편차의 합은 0이므로

$(-3)+(-5)+a+b+6=0$　　$\therefore a+b=2$

분산이 16이므로

$$\frac{(-3)^2+(-5)^2+a^2+b^2+6^2}{5}=16$$

$\therefore a^2+b^2=10$

$a+b=2$의 양변을 제곱하면 $a^2+2ab+b^2=4$

이므로 $2ab+10=4$　　$\therefore ab=-3$　　**답** -3

16 4개들이 묶음에 있는 달걀의 무게의 편차를 각각 a_1, a_2, a_3, a_4라 하면 분산이 4이므로

$$\frac{a_1^{\,2}+a_2^{\,2}+a_3^{\,2}+a_4^{\,2}}{4}=4$$

$\therefore a_1^{\,2}+a_2^{\,2}+a_3^{\,2}+a_4^{\,2}=16$

6개들이 묶음에 있는 달걀의 무게의 편차를 각각 b_1, b_2, b_3, b_4, b_5, b_6이라 하면 분산이 3이므로

$$\frac{b_1^{\,2}+b_2^{\,2}+\cdots+b_6^{\,2}}{4}=3$$

$\therefore b_1^{\,2}+b_2^{\,2}+\cdots+b_6^{\,2}=18$

4개들이 묶음과 6개들이 묶음의 달걀의 무게의 평균이 서로 같으므로 달걀 10개 전체의 무게의 분산은

$$\frac{16+18}{10}=\frac{34}{10}=\frac{17}{5}$$　　**답** $\dfrac{17}{5}$

17 평균이 2이므로 $\dfrac{-3+1+x+y+6}{5}=2$

$\therefore x+y=6$　　　　　　　　…… ㉠

분산이 9.2이므로

$$\frac{(-5)^2+(-1)^2+(x-2)^2+(y-2)^2+4^2}{5}=9.2$$

$\therefore (x-2)^2+(y-2)^2=4$　　　…… ㉡

㉠에서 $y=6-x$이므로 이것을 ㉡에 대입하면

$(x-2)^2+(4-x)^2=4$, $x^2-6x+8=0$

$(x-2)(x-4)=0$　　$\therefore x=2$ 또는 $x=4$

$x=2$일 때 $y=4$이고 $x=4$일 때 $y=2$이므로 $0<x<y$를 만족하는 것은 $x=2$, $y=4$

　　　　　　　　　　　　답 $x=2$, $y=4$

18 5개의 변량의 총합은 $15x+15$이므로

$$(평균)=\frac{15x+15}{5}=3x+3$$

각각의 변량에 대한 편차는

$-2x-2$, $-x-1$, 0, $x+1$, $2x+2$

이므로

$$(분산)=\frac{(-2x-2)^2+(-x-1)^2+0^2+(x+1)^2+(2x+2)^2}{5}$$

$$=\frac{4x^2+8x+4+x^2+2x+1+x^2+2x+1+x^2+4x^2+8x+4}{5}$$

$$=2x^2+4x+2$$

즉, $2x^2+4x+2=2$에서 $2x^2+4x=0$이므로

$2x(x+2)=0$

$x \neq 0$이므로 $x=-2$　　　　**답** -2

정답
및
해설

3000제 꿀꺽수학

01 피타고라스 정리

P. 26~30

Step **1** 교과서 이해

01 c^2

02 $x^2=3^2+4^2=25$
$x>0$이므로 $x=5$ 　　　**답** 5

03 $7^2=5^2+x^2$에서 $x^2=24$
$x>0$이므로 $x=2\sqrt{6}$ 　　**답** $2\sqrt{6}$

04 $(x+4)^2=x^2+(2+\sqrt{10})^2$
$x^2+8x+16=x^2+40$, $8x=24$
$\therefore x=3$ 　　　**답** 3

05 $(2x+5)^2=(2x)^2+10^2$
$4x^2+20x+25=4x^2+100$, $20x=75$
$\therefore x=\dfrac{15}{4}$ 　　**답** $\dfrac{15}{4}$

06 직각삼각형 ABC에서 $\overline{AB}=\sqrt{5^2-3^2}=4(\text{cm})$
직각삼각형 ABD에서 $x=\sqrt{4^2+(3+4)^2}=\sqrt{65}$
　　　답 $\sqrt{65}$

07 직각삼각형 ABC에서 $\overline{AD}=\sqrt{13^2-5^2}=12(\text{cm})$
직각삼각형 ADC에서 $x=\sqrt{20^2-12^2}=16$
　　　답 16

08 $x=\sqrt{4^2+8^2}=\sqrt{80}=4\sqrt{5}$
$y=\sqrt{6^2+(4\sqrt{5})^2}=\sqrt{116}=2\sqrt{29}$
　　　답 $x=4\sqrt{5}$, $y=2\sqrt{29}$

09 $x=\sqrt{17^2-15^2}=\sqrt{64}=8$
$y=\sqrt{15^2+(8+12)^2}=\sqrt{625}=25$
　　　답 $x=8$, $y=25$

10 $\overline{BC}=\sqrt{10^2-6^2}=\sqrt{64}=8(\text{cm})$
$\overline{BD}=\overline{CD}=4\text{cm}$이므로
$\overline{AD}=\sqrt{4^2+6^2}=\sqrt{52}=2\sqrt{13}(\text{cm})$
　　　답 $2\sqrt{13}\,\text{cm}$

11 $x=\sqrt{10^2-6^2}=\sqrt{64}=8$
$y=\sqrt{8^2+2^2}=\sqrt{68}=2\sqrt{17}$　　**답** $x=8$, $y=2\sqrt{17}$

12 $x=\sqrt{13^2-5^2}=\sqrt{144}=12$
$y=\sqrt{12^2-8^2}=\sqrt{80}=4\sqrt{5}$　　**답** $x=12$, $y=4\sqrt{5}$

13 △EBC와 △ABF에서
$\overline{EB}=\overline{AB}$, $\overline{BC}=\boxed{\overline{BF}}$, $\angle EBC=\angle ABF$
이므로 △EBC≡△ABF ($\boxed{\text{SAS}}$ 합동)
$\overline{EB}//\overline{DC}$, $\overline{BF}//\overline{AM}$이므로
△EBA＝△EBC＝△ABF＝$\boxed{\text{△LBF}}$
$\therefore \Box\text{ADEB}=\Box\text{BFML}$
　　　답 ㈎ : $\overline{BF}$, ㈐ : SAS, ㈑ : △LBF

14 $\Box\text{BFGC}=\Box\text{ADEB}+\Box\text{ACHI}$
$=16+9=25(\text{cm}^2)$ 　　**답** $25\,\text{cm}^2$

15 $\overline{BC}^2=\Box\text{BFGC}=25$이므로 $\overline{BC}=5(\text{cm})$
　　　답 $5\,\text{cm}$

16 $\Box\text{ACHI}=\Box\text{ADEB}+\Box\text{BFGC}$이므로
$87=\Box\text{ADEB}+59$ $\therefore \Box\text{ADEB}=28(\text{cm}^2)$
　　　답 $28\,\text{cm}^2$

17 $\Box\text{BFML}=\Box\text{ADEB}=4^2=16(\text{cm}^2)$
　　　답 $16\,\text{cm}^2$

18 $\Box\text{CDEF}=4\triangle\text{ABC}+\boxed{\Box\text{AGHB}}$이므로
$\boxed{(a+b)^2}=4\times\dfrac{1}{2}ab+c^2$
$a^2+2ab+b^2=2ab+c^2$
$\therefore c^2=\boxed{a^2+b^2}$
　　　답 ㈎ : $\Box$AGHB, ㈐ : $(a+b)^2$, ㈑ : a^2+b^2

19 $\overline{EH}=\sqrt{5^2+12^2}=\sqrt{169}=13(\text{cm})$

답 13cm

20 □EFGH는 한 변의 길이가 13cm인 정사각형
이므로 둘레의 길이는
$13\times4=52(\text{cm})$

답 52cm

21 □EFGH$=13^2=169(\text{cm}^2)$

답 169cm²

22 □ABDE$=4\triangle ABC+\boxed{\text{□CFGH}}$이므로
$c^2=4\times\dfrac{1}{2}ab+\boxed{(a-b)^2}$
$c^2=2ab+a^2-2ab+b^2$
$\therefore c^2=\boxed{a^2+b^2}$

답 (가) : □CFGH, (나) : $(a-b)^2$, (다) : a^2+b^2

23 □CFGH$=9$이므로 $\overline{CF}=3$
$\overline{CB}=2+3=5$이므로 $\overline{AB}=\sqrt{2^2+5^2}=\sqrt{29}$
$\therefore$ □ABDE$=(\sqrt{29})^2=29$

답 29

24 □EFGH는 한 변의 길이가 $5-4=1$인 정사각
형이므로 그 넓이는 $1^2=1$

답 1

25 □BCDE$=\triangle ABC+\triangle BAE+\triangle ADE$이고
□BCDE$=\dfrac{1}{2}(a+b)(a+b)=\dfrac{1}{2}(a+b)^2$
이므로
$\boxed{\dfrac{1}{2}(a+b)^2}=\dfrac{1}{2}ab+\boxed{\dfrac{1}{2}c^2}+\dfrac{1}{2}ab$
$(a+b)^2=c^2+2ab$　$\therefore c^2=\boxed{a^2+b^2}$

답 (가) : $\dfrac{1}{2}(a+b)^2$, (나) : $\dfrac{1}{2}c^2$, (다) : a^2+b^2

26 $\overline{BE}=4(\text{cm})$에서 $\overline{AE}=\sqrt{2^2+4^2}=2\sqrt5(\text{cm})$
$\triangle AED$는 직각이등변삼각형이므로
$\triangle AED=\dfrac{1}{2}\times2\sqrt5\times2\sqrt5=10(\text{cm}^2)$

답 10cm²

27 $\overline{BC}=4+2=6(\text{cm})$이므로
□ABCD$=\dfrac{1}{2}(2+4)(2+4)=18(\text{cm}^2)$

답 18cm²

28 c

29 (ㄱ) $5^2=3^2+4^2$이므로 직각삼각형이다.
(ㄴ) $(\sqrt{57})^2\neq3^2+7^2$이므로 직각삼각형이 아니다.
(ㄷ) $9^2\neq4^2+7^2$이므로 직각삼각형이 아니다.
(ㄹ) $(\sqrt{74})^2=5^2+7^2$이므로 직각삼각형이다.

답 (ㄱ), (ㄹ)

30 (ㄱ) $10^2=8^2+6^2$이므로 직각삼각형이다.
(ㄴ) $6^2\neq3^2+5^2$이므로 직각삼각형이 아니다.
(ㄷ) $(\sqrt{13})^2=2^2+3^2$이므로 직각삼각형이다.
(ㄹ) $12^2\neq8^2+10^2$이므로 직각삼각형이 아니다.
(ㅁ) $17^2\neq7^2+15^2$이므로 직각삼각형이 아니다.
(ㅂ) $(\sqrt{30})^2=(2\sqrt5)^2+(\sqrt{10})^2$이므로 직각삼각
형이다.

답 (ㄱ), (ㄷ), (ㅂ)

31 $(x+1)^2=x^2+5^2$, $x^2+2x+1=x^2+25$
$2x=24$　$\therefore x=12$

답 12

32 (ⅰ) x가 가장 긴 변의 길이일 때
$x=\sqrt{3^2+4^2}=5$
(ⅱ) 4가 가장 긴 변의 길이일 때
$x=\sqrt{4^2-3^2}=\sqrt7$

답 5 또는 $\sqrt7$

33 (1) $<$ (2) $=$ (3) $>$

34 (1) $<$ (2) $=$ (3) $>$

[35~37]
(ㄱ) $4^2=2^2+(2\sqrt3)^2$이므로 직각삼각형이다.
(ㄴ) $17^2<12^2+13^2$이므로 예각삼각형이다.
(ㄷ) $25^2=7^2+24^2$이므로 직각삼각형이다.
(ㄹ) $19^2>8^2+15^2$이므로 둔각삼각형이다.
(ㅁ) $14^2<9^2+12^2$이므로 예각삼각형이다.
(ㅂ) $8^2>5^2+6^2$이므로 둔각삼각형이다.
(ㅅ) $9^2<6^2+7^2$이므로 예각삼각형이다.
(ㅇ) $4^2>2^2+3^2$이므로 둔각삼각형이다.

35 (ㄴ), (ㅁ), (ㅅ)

36 (ㄱ), (ㄷ)

37 (ㄹ), (ㅂ), (ㅇ)

38 a가 가장 긴 변의 길이이므로

$a^2>4^2+6^2$, $a^2>52$

$a>6$이므로 $a>2\sqrt{13}$

또, 삼각형의 두 변의 길이의 합은 나머지 한 변 보다 길어야 하므로 $a<4+6$ ∴ $a<10$

따라서 구하는 a의 값의 범위는 $2\sqrt{13}<a<10$

답 $2\sqrt{13}<a<10$

39 $\overline{AB}=c$, $\overline{BC}=a$, $\overline{AC}=b$라 하면 △ABC는 직각삼각형이므로 $a^2=b^2+c^2$ ······ ㉠

$P=\pi\left(\dfrac{a}{2}\right)^2=\dfrac{\pi}{4}a^2$, $Q=\pi\left(\dfrac{b}{2}\right)^2=\dfrac{\pi}{4}b^2$,

$R=\pi\left(\dfrac{c}{2}\right)^2=\dfrac{\pi}{4}c^2$

㉠의 양변에 $\dfrac{\pi}{4}$를 곱하면 $\dfrac{\pi}{4}a^2=\dfrac{\pi}{4}b^2+\dfrac{\pi}{4}c^2$

∴ $P=Q+R$ ··· 답

40 $\overline{BC}=2r$ cm라고 하면 $\dfrac{\pi}{2}r^2=3\pi$, $r^2=6$

∴ $r=\sqrt{6}$

따라서 $\overline{BC}=2\sqrt{6}$ cm이므로

$\overline{AC}=\sqrt{(3\sqrt{2})^2+(2\sqrt{6})^2}=\sqrt{42}$ (cm)

답 $\sqrt{42}$ cm

41 (가) : △ABC, (나) : S_3, (다) : △ABC

P. 31~32

Step2 개념탄탄

01 $(n+4)^2=n^2+(n+2)^2$에서

$n^2+8n+16=n^2+n^2+4n+4$

$n^2-4n-12=0$, $(n+2)(n-6)=0$

$n>0$이므로 $n=6$

답 6

02 점 D에서 $\overline{BC}$에 내린 수선의 발을 H라 하면

$\overline{BH}=\overline{AD}=2$ (cm),

$\overline{DH}=\overline{AB}=4$ (cm)

이므로

△DHC에서

$\overline{CH}=\sqrt{5^2-4^2}=\sqrt{9}=3$ (cm)

∴ $x=\overline{BC}=\overline{BH}+\overline{CH}=2+3=5$

답 ③

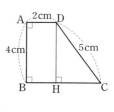

03 $\overline{AB}=\overline{BC}$이므로

$(7\sqrt{2})^2=\overline{AB}^2+\overline{AB}^2$, $\overline{AB}=49$

$\overline{AB}>0$이므로 $\overline{AB}=7$ (cm)

답 7 cm

04 $\overline{OA}=r$ cm라고 하면 $2\pi r\times\dfrac{90}{360}=2\pi$

$\dfrac{\pi r}{2}=2\pi$ ∴ $r=4$

∴ $\overline{AB}=\sqrt{4^2+4^2}=4\sqrt{2}$ (cm)

답 $4\sqrt{2}$ cm

05 $\overline{AC}=\sqrt{1^2+1^2}=\sqrt{2}$,

$\overline{AD}=\sqrt{(\sqrt{2})^2+1^2}=\sqrt{3}$이므로

$\overline{AE}=\sqrt{(\sqrt{3})^2+1^2}=\sqrt{4}=2$

답 2

06 □EFGH는 정사각형이므로

$\overline{EH}^2=20$ ∴ $\overline{EH}=2\sqrt{5}$

△AEH에서 $\overline{AH}=\sqrt{(2\sqrt{5})^2-2^2}=\sqrt{16}=4$이 므로 □ABCD는 한 변의 길이가 $2+4=6$인 정사각형이다.

∴ □ABCD$=6^2=36$

답 ④

07 △ABC≡△BDF이므로 $\overline{AC}=\overline{BF}=1$

□FGHC$=4$이므로 $\overline{CF}=2$

따라서 $\overline{BC}=1+2=3$이므로

$\overline{AB}=\sqrt{3^2+1^2}=\sqrt{10}$

∴ □ABCD$=(\sqrt{10})^2=10$

답 10

08 $9^2>5^2+7^2$이므로 △ABC는 $\angle B>90°$인 둔각 삼각형이다.

답 ③

09 ① $7^2 > 4^2 + 5^2$이므로 둔각삼각형이다.

② $4^2 < (2\sqrt{2})^2 + 3^2$이므로 예각삼각형이다.

③ $8^2 < 6^2 + 7^2$이므로 예각삼각형이다.

④ $20^2 > 7^2 + 15^2$이므로 둔각삼각형이다.

⑤ $5^2 = (\sqrt{5})^2 + (2\sqrt{5})^2$이므로 직각삼각형이다.

답 ②, ③

10 $\overline{AC} = \sqrt{15^2 - 9^2} = \sqrt{144} = 12(\text{cm})$이고

$\overline{AB} \times \overline{AC} = \overline{BC} \times \overline{AD}$이므로

$9 \times 12 = 15 \times \overline{AD}$ $\therefore \overline{AD} = \dfrac{36}{5}(\text{cm})$

답 $\dfrac{36}{5}$ cm

11 ㉠+㉢을 하면 $\overline{AB}^2 + \overline{CD}^2 = \boxed{a^2 + b^2 + c^2 + d^2}$

㉡+㉣을 하면 $\overline{BC}^2 + \overline{DA}^2 = \boxed{a^2 + b^2 + c^2 + d^2}$

답 $a^2 + b^2 + c^2 + d^2$

P. 33~36

Step 3 실력완성

1 $\overline{BE} = \overline{CF} = \overline{DG} = \overline{AH} = 7 - 4 = 3(\text{cm})$이므로

정사각형 EFGH의 한 변의 길이는

$\overline{EF} = \sqrt{4^2 + 3^2} = \sqrt{25} = 5(\text{cm})$

$\therefore \square EFGH = 5^2 = 25(\text{cm}^2)$

답 25cm^2

2 $\triangle AFC = \triangle FAB = \triangle ACD = \triangle ADH$ 답 ③

3 $\triangle ABC$에서 $\overline{AC} = \sqrt{5^2 - 3^2} = 4(\text{cm})$

$\square ADGF$는 $\overline{AC}$를 한 변으로 하는 정사각형과 넓이가 같으므로 $\square ADGF = 4^2 = 16(\text{cm}^2)$

$\therefore \triangle FDG = \dfrac{1}{2}\square ADGF = 8(\text{cm}^2)$ 답 8cm^2

채점 기준	
$\overline{AC}$의 길이 구하기	30%
$\square ADGF$의 넓이 구하기	40%
답 구하기	30%

4 $\triangle ABQ$에서 $\overline{AQ} = \sqrt{2^2 - 1^2} = \sqrt{3}$이므로

$\overline{PQ} = \sqrt{3} - 1$

$\therefore \square PQRS = (\sqrt{3} - 1)^2 = 4 - 2\sqrt{3}$

답 $4 - 2\sqrt{3}$

5 $\overline{CD} = x$라 하면 $\triangle ABC$에서

$\overline{AC}^2 = 10^2 - (5 + x)^2$

$\triangle ADC$에서 $\overline{AC}^2 = 6^2 - x^2$

즉, $10^2 - (5 + x)^2 = 6^2 - x^2$이므로

$100 - 25 - 10x - x^2 = 36 - x^2$

$10x = 39$ $\therefore x = \dfrac{39}{10}$

답 $\dfrac{39}{10}$

6 $\triangle ABD$에서 $\overline{AB} = \sqrt{17^2 - 8^2} = \sqrt{225} = 15$

$\triangle ABC$에서

$\overline{AC} = \sqrt{15^2 + (8 + 12)^2} = \sqrt{625} = 25$

답 25

7 $\triangle ACD$에서 $\overline{AB} = \sqrt{6^2 + 3^2} = \sqrt{45} = 3\sqrt{5}$

$\triangle ABC$에서

$\overline{AB} = \sqrt{(3\sqrt{5})^2 - (2\sqrt{10})^2} = \sqrt{5}(\text{cm})$

답 ②

8 $\triangle ADC$에서 $\overline{AD} = \sqrt{20^2 - 16^2} = 12$

$\therefore x = 12$

$\triangle ABD$에서 $\overline{BD} = \sqrt{15^2 - 12^2} = 9$

$\therefore y = 9$

$\therefore x + y = 12 + 9 = 21$ 답 21

채점 기준	
x의 값 구하기	40%
y의 값 구하기	40%
답 구하기	20%

9 꼭짓점 A에서 $\overline{BC}$에 내린 수선의 발을 H라 하면

$\overline{AH} = \overline{DC} = 6(\text{cm})$

$\triangle ABH$에서

$\overline{BH} = \sqrt{10^2 - 6^2} = 8(\text{cm})$

$\therefore \overline{BC} = \overline{BH} + \overline{CH} = 16(\text{cm})$ 답 ④

10 마름모의 두 대각선은 서로 다른 것을 수직이등
분하므로

$\overline{AC}\perp\overline{BD}$, $\overline{AO}=\overline{CO}$, $\overline{BO}=\overline{DO}$

따라서 △ABO에서 ∠AOB=90°이고

$\overline{AO}=8cm$, $\overline{BO}=15cm$이므로

$\overline{AB}=\sqrt{15^2+8^2}=\sqrt{289}=17(cm)$ **답** 17cm

채점 기준	
마름모의 두 대각선의 성질 알기	40%
$\overline{AO}$, $\overline{BO}$의 길이 구하기	30%
답 구하기	30%

11 $\overline{PB}=\sqrt{1^2+1^2}=\sqrt{2}$,

$\overline{PC}=\sqrt{(\sqrt{2})^2+1^2}=\sqrt{3}$,

$\overline{PD}=\sqrt{(\sqrt{3})^2+1^2}=\sqrt{4}=2$,

$\overline{PE}=\sqrt{2^2+1^2}=\sqrt{5}$, $\overline{PF}=\sqrt{(\sqrt{5})^2+1^2}=\sqrt{6}$

$\therefore \overline{PG}=\sqrt{(\sqrt{6})^2+1^2}=\sqrt{7}$ **답** ④

12 $(2x+1)^2=(2x-1)^2+8^2$

$4x^2+4x+1=4x^2-4x+1+64$

$8x=64$ $\therefore x=8$ **답** ③

13 ④

14 ① $(\sqrt{5})^2<(\sqrt{3})^2+2^2$이므로 예각삼각형이다.

② $13^2=5^2+12^2$이므로 직각삼각형이다.

③ $(\sqrt{3})^2=1^2+(\sqrt{2})^2$이므로 직각삼각형이다.

④ $5^2=3^2+4^2$이므로 직각삼각형이다.

⑤ $4^2>2^2+3^2$이므로 둔각삼각형이다. **답** ①

15 가장 긴 변의 길이가 $x+18$이므로 삼각형의 결
정조건에 의하여

$x+18<(x-7)+x$ $\therefore x>25$

주어진 삼각형이 직각삼각형이 되려면

$(x+18)^2=(x-7)^2+x^2$

$x^2-50x-275=0$, $(x-55)(x+5)=0$

$x>25$이므로 $x=55$ **답** 55

채점 기준	
삼각형의 결정조건을 이용하여 x의 값의 범위 구하기	40%
직각삼각형이 되기 위한 x의 값 구하기	40%
답 구하기	20%

16 $\overline{AB}^2=\overline{BD}\times\overline{BC}=5\cdot(5+4)=45$

$\therefore \overline{AB}=\sqrt{45}=3\sqrt{5}(cm)$ **답** ③

17 $\overline{BE}^2+\overline{CD}^2=\overline{DE}^2+\overline{BC}^2$이므로

$5^2+6^2=4^2+\overline{BC}^2$, $\overline{BC}^2=45$

$\therefore \overline{BC}=\sqrt{45}=3\sqrt{5}(cm)$ **답** $3\sqrt{5}$cm

18 $\overline{AB}^2+\overline{CD}^2=\overline{BC}^2+\overline{AD}^2$이므로

$x^2+3^2=y^2+4^2$

$\therefore x^2-y^2=16-9=7$ **답** ③

19 $\overline{AB}=\sqrt{15^2-9^2}=12(cm)$이고, 어두운 부분의
넓이는 △ABC의 넓이와 같으므로

$(구하는 넓이)=\dfrac{1}{2}\times12\times9=54(cm^2)$

답 $54cm^2$

20 $\overline{PQ}=\overline{AP}=x(cm)$라 하면 $\overline{PB}=8-x(cm)$

$\overline{BQ}=\overline{CQ}=4(cm)$이므로 직각삼각형 PBQ에서

$x^2=(8-x)^2+4^2$, $x^2=64-16x+x^2+16$

$16x=80$ $\therefore x=5$ **답** 5cm

채점 기준	
$\overline{PB}$의 길이를 $\overline{PQ}$에 대한 식으로 나타내기	30%
직각삼각형에서 피타고라스 정리 이용하기	40%
답 구하기	30%

21 $\overline{AC}=\sqrt{6^2+8^2}=10(cm)$

점 D가 △ABC의 외심이므로

$\overline{AD}=\overline{BD}=\overline{CD}=\dfrac{1}{2}\overline{AC}$ $\therefore \overline{BD}=5(cm)$

또, 점 G가 △ABC의 무게중심이므로

$\overline{BG}=\dfrac{2}{3}\overline{BD}=\dfrac{2}{3}\times5=\dfrac{10}{3}(cm)$ **답** ④

22

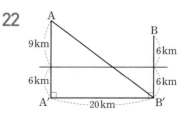

위의 그림과 같이 두 마을을 점 A, B로 나타내
고 점 B와 강변에 대하여 대칭인 점을 B′이라
하면 직각삼각형 AA′B′에서

$\overline{AB'}=\sqrt{(9+6)^2+20^2}=\sqrt{625}=25(km)$

답 25km

23 $\overline{AP}^2+\overline{CP}^2=\overline{BP}^2+\overline{DP}^2$이므로

$\overline{BP}^2+\overline{DP}^2=11^2+9^2=202$ **답** ④

24 $\overline{AP}=x(cm)$라 하면 $\triangle ABP\equiv\triangle QDP$이므로

$\overline{BP}=10-x(cm)$

$\triangle ABP$에서 $(10-x)^2=x^2+(2\sqrt{5})^2$이므로

$100-20x+x^2=x^2+20,\ 20x=80$ $\therefore\ x=4$

따라서 $\overline{BP}=6cm$,

$\overline{BD}=\sqrt{10^2+(2\sqrt{5})^2}=2\sqrt{30}\,cm$이고

$\overline{PB}=\overline{PD}$이므로

$\overline{BR}=\dfrac{1}{2}\overline{BD}=\sqrt{30}\,(cm)$

$\triangle PBR$에서 $\overline{PR}=\sqrt{6^2-(\sqrt{30})^2}=\sqrt{6}\,(cm)$

    답 $\sqrt{6}\,cm$

1-2 오른쪽 그림과 같이 두 꼭 짓점 A, D에서 $\overline{BC}$에 내 린 수선의 발을 각각 E, F 라 하면

$\overline{BE}=\overline{CF}=1$

$\triangle CDF$에서 $\overline{DF}=\sqrt{3^2-1^2}=2\sqrt{2}$

$\triangle DBF$에서

$\overline{BD}=\sqrt{\overline{BF}^2+\overline{DF}^2}=\sqrt{5^2+(2\sqrt{2})^2}=\sqrt{33}$

    답 $\sqrt{33}$

2 $\overline{AC}=\sqrt{13^2-12^2}=\sqrt{25}=5$

$\square LMDC$는 $\overline{AC}$를 한 변으로 하는 정사각형과

그 넓이가 같으므로

$\square LMDC=5^2=25$

$\therefore\ \triangle ACD=\triangle LDC=\dfrac{1}{2}\square LMDC=\dfrac{25}{2}$

    답 $\dfrac{25}{2}$

P. 37~38

Step4 유형클리닉

1 오른쪽 그림과 같이 두 점 A, D에서 $\overline{BC}$에 내린 수 선의 발을 각각 H, G라 하 면 $\overline{HG}=\overline{AD}=10$,

$\overline{BH}=\overline{CG}=5$이므로

$\overline{AH}=\sqrt{15^2-5^2}=\sqrt{200}=10\sqrt{2}$

$\therefore\ \square ABCD=\dfrac{1}{2}(10+20)\times10\sqrt{2}=150\sqrt{2}$

    답 $150\sqrt{2}$

1-1 오른쪽 그림과 같이 꼭짓 점 A에서 $\overline{BC}$에 내린 수 선의 발을 H라 하면

$\overline{BH}=20-12=8$이므로

$\triangle ABH$에서 $\overline{AH}=\sqrt{16^2-8^2}=\sqrt{192}=8\sqrt{3}$

$\overline{CD}=\overline{AH}=8\sqrt{3}$이므로 $\triangle DBC$에서

$\overline{BD}=\sqrt{20^2+(8\sqrt{3})^2}=\sqrt{592}=4\sqrt{37}$

    답 $4\sqrt{37}$

2-1 $\square AFGB=\overline{AB}^2$, $\square CDEA=\overline{AC}^2$이므로

$\square AFGB+\square CDEA=\overline{AB}^2+\overline{AC}^2=\overline{BC}^2$

$=10^2=100\,(cm^2)$

    답 $100\,cm^2$

2-2 $26+52=78$에서 $\overline{AB}^2+\overline{AC}^2=\overline{BC}^2$이므로

$\triangle ABC$는 $\angle A=90°$인 직각삼각형이다.

따라서 $\overline{AB}=\sqrt{26}\,cm$, $\overline{AC}=\sqrt{52}=2\sqrt{13}\,cm$

이므로

$\triangle ABC=\dfrac{1}{2}\times\sqrt{26}\times2\sqrt{13}=13\sqrt{2}\,(cm^2)$

    답 $13\sqrt{2}\,cm^2$

3 $\overline{BD}=x$라고 하면 $\overline{DC}=8-x$

$\overline{AD}^2=\overline{BD}\cdot\overline{DC}$이므로

$(2\sqrt{3})^2=x(8-x)$

$x^2-8x+12=0,\ (x-2)(x-6)=0$

$\therefore\ x=2$ 또는 $x=6$

$\overline{BD}<\overline{DC}$이므로 $x=2$ **답** 2

3-1 $\overline{BC}=\sqrt{4^2+3^2}=5(cm)$이고

$\overline{AB}^2=\overline{BH}\cdot\overline{BC}$이므로 $4^2=5\cdot\overline{BH}$

$\therefore \overline{BH}=\dfrac{16}{5}(cm)$ 답 $\dfrac{16}{5}$ cm

3-2 $5^2=(2\sqrt{5})^2+(\sqrt{5})^2$이므로 $\triangle ABC$는 $\angle A=90°$ 인 직각삼각형이다.

따라서 $\overline{AB}\times\overline{AC}=\overline{BC}\times\overline{AH}$이므로

$2\sqrt{5}\cdot\sqrt{5}=5\overline{AH}$ $\therefore \overline{AH}=2$ 답 2

4 $\overline{AC}=\sqrt{17^2-15^2}=\sqrt{64}=8(cm)$

$\therefore$ (어두운 부분의 넓이)$=\triangle ABC$

$=\dfrac{1}{2}\times15\times8$

$=60(cm^2)$ 답 $60cm^2$

4-1 $\triangle ABC$에서 $\overline{AB}=\overline{BC}=x$cm라 하면

$10^2=x^2+x^2$, $2x^2=100$ $\therefore x=5\sqrt{2}$

$\therefore$ (어두운 부분의 넓이)$=\triangle ABC$

$=\dfrac{1}{2}\times5\sqrt{2}\times5\sqrt{2}$

$=25(cm^2)$ 답 $25cm^2$

4-2 주어진 직사각형에서 대각선 BD를 그으면

$\triangle ABD$, $\triangle BCD$는 모두 직각삼각형이므로 구 하는 넓이는

$\triangle ABD+\triangle BCD=\square ABCD$

$=4\times8=32(cm^2)$

답 $32cm^2$

P. 39

Step5 서술형 만점 대비

1 $\overline{EF}$는 $\overline{BD}$의 수직이등분선이므로 $\square EBFD$는 마름모이다.

$\overline{BE}=\overline{ED}=x$라 하면 $\overline{AE}=8-x$

$\triangle ABE$에서 $x^2=6^2+(8-x)^2$이므로

$x^2=36+64-16x+x^2$

$16x=100$ $\therefore x=\dfrac{25}{4}$

$\triangle DBC$에서 $\overline{BD}=\sqrt{8^2+6^2}=10$이므로

$\overline{BO}=5$

$\triangle EBO$에서

$\overline{EO}=\sqrt{\left(\dfrac{25}{4}\right)^2-5^2}=\sqrt{\dfrac{225}{16}}=\dfrac{15}{4}$

$\therefore \overline{EF}=2\overline{EO}=\dfrac{15}{2}$ 답 $\dfrac{15}{2}$

채점 기준	
$\square EBFD$가 마름모임을 알기	20%
$\overline{BE}$의 길이 구하기	30%
$\overline{BO}$의 길이 구하기	20%
$\overline{EO}$의 길이 구하기	20%
답 구하기	10%

2 $\overline{AD}$가 $\angle A$의 이등분선이므로

$\overline{AB}:\overline{AC}=\overline{BD}:\overline{DC}$

$\overline{AB}=x$라 하면 $x:\overline{AC}=3:2$

$\therefore \overline{AC}=\dfrac{2}{3}x$

$\triangle ABC$에서 $x^2=5^2+\left(\dfrac{2}{3}x\right)^2$이므로

$\dfrac{5}{9}x^2=25$, $x^2=45$

$\therefore x=\sqrt{45}=3\sqrt{5}$ 답 $3\sqrt{5}$

채점 기준	
$\overline{AB}:\overline{AC}=\overline{BD}:\overline{DC}$임을 알기	40%
$\overline{AC}$를 $\overline{AB}$로 나타내기	20%
답 구하기	40%

3 $\overline{AQ}=\overline{AD}=30$이므로 $\triangle ABQ$에서

$\overline{BQ}=\sqrt{30^2-18^2}=\sqrt{576}=24$

$\overline{DP}=\overline{PQ}=x$라 하면 $\triangle PQC$에서

$\overline{QC}=6$, $\overline{PC}=18-x$이므로

$x^2=6^2+(18-x)^2$, $x^2=36+324-36x+x^2$

$36x=360$ $\therefore x=10$

$\triangle APQ$에서

$\overline{AP}=\sqrt{30^2+10^2}=\sqrt{1000}=10\sqrt{10}$

답 $10\sqrt{10}$

4 $\overline{CE}=x$라 하면 $\overline{DE}=\overline{AE}=8-x$

$\overline{BC}=8$이므로 $\overline{CD}=\dfrac{1}{2}\times 8=4$

$\triangle DCE$에서 $(8-x)^2=4^2+x^2$

$16x=48$ $\therefore x=3$

$\therefore \triangle DCE=\dfrac{1}{2}\times 4\times 3=6$ **답** 6

02 피타고라스 정리의 활용(1)-평면도형

P. 40~43

Step 1 교과서 이해

01 (가) : a^2+b^2, (나) : $\sqrt{a^2+b^2}$, (다) : $\sqrt{2}a$

02 $\sqrt{5^2+3^2}=\sqrt{34}\,(\text{cm})$ **답** $\sqrt{34}\,\text{cm}$

03 $\sqrt{10^2+10^2}=10\sqrt{2}\,(\text{cm})$ **답** $10\sqrt{2}\,\text{cm}$

04 $x=\sqrt{6^2-3^2}=3\sqrt{3}$ **답** $3\sqrt{3}$

05 $\sqrt{2}x=2\sqrt{6}$ $\therefore x=2\sqrt{3}$ **답** $2\sqrt{3}$

06 $x=\sqrt{(3\sqrt{2})^2-2^2}=\sqrt{14}$ **답** $\sqrt{14}$

07 $\overline{AB}=\sqrt{12^2-(4\sqrt{5})^2}=8$ **답** 8

08 $\square ABCD=4\sqrt{5}\times 8=32\sqrt{5}$ **답** $32\sqrt{5}$

09 가로의 길이는 $\sqrt{10^2-5^2}=5\sqrt{3}\,(\text{cm})$이므로
직사각형의 넓이는 $5\sqrt{3}\times 5=25\sqrt{3}\,(\text{cm}^2)$
답 $25\sqrt{3}\,\text{cm}^2$

10 정사각형의 한 변의 길이를 $a\,\text{cm}$라 하면
$\sqrt{2}a=12$ $\therefore a=6\sqrt{2}$
따라서 정사각형의 넓이는 $(6\sqrt{2})^2=72\,(\text{cm}^2)$
답 $72\,\text{cm}^2$

11 $h^2=a^2-\left(\dfrac{a}{2}\right)^2=\boxed{\dfrac{3}{4}a^2}$이고 $h>0$이므로

$h=\boxed{\dfrac{\sqrt{3}}{2}a}$

따라서 정삼각형의 넓이는

$\dfrac{1}{2}\times a\times\dfrac{\sqrt{3}}{2}a=\boxed{\dfrac{\sqrt{3}}{4}a^2}$

답 (가) : $\dfrac{3}{4}a^2$, (나) : $\dfrac{\sqrt{3}}{2}a$, (다) : $\dfrac{\sqrt{3}}{4}a^2$

12 높이 : $\dfrac{\sqrt{3}}{2}\times 4=2\sqrt{3}$(cm),

넓이 : $\dfrac{\sqrt{3}}{4}\times 4^2=4\sqrt{3}$(cm^2)

답 높이 : $2\sqrt{3}$ cm, 넓이 : $4\sqrt{3}$ cm^2

13 높이 : $\dfrac{\sqrt{3}}{2}\times 2\sqrt{3}=3$(cm),

넓이 : $\dfrac{\sqrt{3}}{4}\times(2\sqrt{3})^2=3\sqrt{3}$(cm^2)

답 높이 : 3 cm, 넓이 : $3\sqrt{3}$ cm^2

14 정삼각형의 한 변의 길이를 $a$cm라 하면

$\dfrac{\sqrt{3}}{2}a=2\sqrt{6}$ ∴ $a=4\sqrt{2}$ **답** $4\sqrt{2}$cm

15 정삼각형의 한 변의 길이를 $a$cm라 하면

$\dfrac{\sqrt{3}}{4}a^2=16\sqrt{3}$에서 $a^2=64$ ∴ $a=8$

따라서 정삼각형의 높이는 $\dfrac{\sqrt{3}}{2}\times 8=4\sqrt{3}$(cm)

답 한 변의 길이 : 8cm, 높이 : $4\sqrt{3}$cm

16 $\overline{BH}=\dfrac{1}{2}\overline{BC}=6$(cm)   **답** 6cm

17 $\overline{AH}=\sqrt{8^2-6^2}=\sqrt{28}=2\sqrt{7}$(cm)   **답** $2\sqrt{7}$cm

18 $\triangle ABC=\dfrac{1}{2}\times\overline{BC}\times\overline{AH}=\dfrac{1}{2}\times 12\times 2\sqrt{7}$

$=12\sqrt{7}$(cm^2)   **답** $12\sqrt{7}$cm^2

19 $\sqrt{2}:1:1$

20 $2:1:\sqrt{3}$

21 $x:5=1:1$이므로 $x=5$

$y:5=\sqrt{2}:1$이므로 $y=5\sqrt{2}$

답 $x=5$, $y=5\sqrt{2}$

22 $x:\sqrt{6}=1:\sqrt{2}$이므로 $x=\sqrt{3}$

$y:\sqrt{3}=1:1$이므로 $y=\sqrt{3}$

답 $x=\sqrt{3}$, $y=\sqrt{3}$

23 $x:8=1:2$이므로 $x=4$

$4:y=1:\sqrt{3}$이므로 $y=4\sqrt{3}$

답 $x=4$, $y=4\sqrt{3}$

24 $\sqrt{6}:x=1:\sqrt{3}$이므로 $x=3\sqrt{2}$

$\sqrt{6}:y=1:2$이므로 $y=2\sqrt{6}$

답 $x=3\sqrt{2}$, $y=2\sqrt{6}$

25 $x:9=1:\sqrt{3}$이므로 $x=3\sqrt{3}$

$3\sqrt{3}:y=1:2$이므로 $y=6\sqrt{3}$

답 $x=3\sqrt{3}$, $y=6\sqrt{3}$

26 $\triangle ABC$에서 $\overline{AB}:6=1:2$이므로

$\overline{AB}=3$(cm)

$3:\overline{AC}=1:\sqrt{3}$이므로 $\overline{AC}=3\sqrt{3}$(cm)

$\triangle ACD$에서 $\overline{AD}:3\sqrt{3}=1:\sqrt{2}$이므로

$\overline{AD}=\dfrac{3\sqrt{6}}{2}$(cm)

$\overline{CD}:\dfrac{3\sqrt{6}}{2}=1:1$이므로

$\overline{CD}=\dfrac{3\sqrt{6}}{2}$(cm)

답 $\overline{AB}=3$cm, $\overline{AC}=3\sqrt{3}$cm

$\overline{AD}=\dfrac{3\sqrt{6}}{2}$ cm, $\overline{CD}=\dfrac{3\sqrt{6}}{2}$ cm

27 $\triangle ABC$에서 $\overline{AB}:12=1:\sqrt{2}$이므로

$\overline{AB}=6\sqrt{2}$(cm)

$\triangle BDC$에서 $\overline{CD}:12=2:\sqrt{3}$이므로

$\overline{CD}=8\sqrt{3}$(cm)

답 $\overline{AB}=6\sqrt{2}$cm, $\overline{CD}=8\sqrt{3}$cm

28 (개) : 4, (내) : 3, (대) : 25, (래) : 5

29 $\overline{AB}=2-(-1)=3$ **답** 3

30 $\overline{BC}=4-(-1)=5$ **답** 5

31 $\overline{AC}=\sqrt{3^2+5^2}=\sqrt{34}$ **답** $\sqrt{34}$

32 $\sqrt{3^2+2^2}=\sqrt{13}$ **답** $\sqrt{13}$

33 $\sqrt{(-2)^2+5^2}=\sqrt{29}$ **답** $\sqrt{29}$

34 $\sqrt{(\sqrt{3})^2+1^2}=2$ **답** 2

35 $\sqrt{2^2+(-\sqrt{2})^2}=\sqrt{6}$ **답** $\sqrt{6}$

36 $\overline{AB}=\sqrt{(-1-3)^2+(5-4)^2}=\sqrt{17}$ 답 $\sqrt{17}$

37 $\overline{CD}=\sqrt{(4+3)^2+(6+2)^2}=\sqrt{113}$ 답 $\sqrt{113}$

38 $\overline{EF}=\sqrt{(3+1)^2+(-1-2)^2}=5$ 답 5

39 $\overline{GH}=\sqrt{(-5-2)^2+(-4-3)^2}=7\sqrt{2}$

         답 $7\sqrt{2}$

40 $\overline{IJ}=\sqrt{(-2-0)^2+(0-4)^2}=2\sqrt{5}$ 답 $2\sqrt{5}$

41 $\overline{AB}=\sqrt{(-3)^2+6^2}=3\sqrt{5}$,

     $\overline{BC}=\sqrt{(8+3)^2+(4-6)^2}=5\sqrt{5}$,

     $\overline{AC}=\sqrt{8^2+4^2}=4\sqrt{5}$

       답 $\overline{AB}=3\sqrt{5}$, $\overline{BC}=5\sqrt{5}$, $\overline{AC}=4\sqrt{5}$

42 $\overline{BC}^2=\overline{AB}^2+\overline{AC}^2$이므로 $\overline{BC}$가 빗변,

     즉 $\angle A=90°$인 직각삼각형이다.

           답 $\angle A=90°$인 직각삼각형

Step2 개념탄탄

01 구하는 세로의 길이는

     $\sqrt{(4\sqrt{5})^2-8^2}=4(\text{cm})$ 답 ④

02 $\overline{AC}=6\sqrt{2}\,\text{cm}$이므로

     $\overline{AH}=\dfrac{1}{2}\times6\sqrt{2}=3\sqrt{2}(\text{cm})$ 답 ④

03 정사각형의 두 대각선은 서로 다른 것을 이등분

     하므로 $\overline{DH}=\overline{AH}=3\sqrt{2}(\text{cm})$ 답 $3\sqrt{2}\,\text{cm}$

     [다른 풀이] $\triangle ACD$에서 $\overline{AC}\perp\overline{DH}$이므로

     $\overline{AD}\times\overline{CD}=\overline{AC}\times\overline{DH}$, 즉 $6\times6=6\sqrt{2}\times\overline{DH}$

     $\therefore \overline{DH}=3\sqrt{2}(\text{cm})$

---

04 점 A에서 $\overline{BC}$에 내린 수

     선의 발을 H라 하면

     $\overline{BH}=3\,\text{cm}$이므로

     $\overline{AH}=\sqrt{5^2-3^2}=4(\text{cm})$

     $\therefore \triangle ABC=\dfrac{1}{2}\times6\times4=12(\text{cm}^2)$ 답 $12\,\text{cm}^2$

05 직각삼각형 ABH에서

     $\overline{AH}^2=5^2-x^2=\boxed{25-x^2}$ $\cdots\cdots$ ㉠

     $\overline{CH}=\boxed{6-x}$ 이므로 직각삼각형 ACH에서

     $\overline{AH}^2=4^2-(6-x)^2=\boxed{-20+12x-x^2}$

           $\cdots\cdots$ ㉡

     ㉠, ㉡에서 $25-x^2=-20+12x-x^2$, $12x=45$

     $\therefore x=\boxed{\dfrac{15}{4}}$ 답 ⑺ : $25-x^2$, ⑼ : $6-x$,

                     ⒟ : $-20+12x-x^2$, ⒠ : $\dfrac{15}{4}$

06 $\overline{AH}=\sqrt{5^2-\left(\dfrac{15}{4}\right)^2}=\dfrac{5\sqrt{7}}{4}$ 이므로

     $\triangle ABC=\dfrac{1}{2}\times6\times\dfrac{5\sqrt{7}}{4}=\dfrac{15\sqrt{7}}{4}$

                   답 $\dfrac{15\sqrt{7}}{4}$

07 정삼각형의 한 변의 길이를 $a\,\text{cm}$라 하면

     $\dfrac{\sqrt{3}}{2}a=2\sqrt{3}$ $\therefore a=4$

     따라서 한 변의 길이가 $4\,\text{cm}$인 정삼각형의 넓

     이는

     $\dfrac{\sqrt{3}}{4}\times4^2=4\sqrt{3}(\text{cm}^2)$ 답 ②

08 $x:6=1:\sqrt{3}$이므로 $x=2\sqrt{3}$

     $y:6=1:2$이므로 $y=3$ 답 $x=2\sqrt{3}$, $y=3$

09 $3:\overline{BC}=1:\sqrt{2}$이므로 $\overline{BC}=3\sqrt{2}$

     $3\sqrt{2}:x=\sqrt{3}:1$이므로 $x=\sqrt{6}$ 답 ④

10 $\overline{AB}=\sqrt{(1-0)^2+(-3-0)^2}=\sqrt{10}$ 답 $\sqrt{10}$

11 $\sqrt{(x-1)^2+(5+1)^2}=10$이므로 양변을 제곱하면

     $(x-1)^2+6^2=100$

     $x^2-2x-63=0$, $(x+7)(x-9)=0$

     $\therefore x=-7$ 또는 $x=9$ 답 -7 또는 9

12 $\overline{AB}=\sqrt{(1+2)^2+(0-2)^2}=\sqrt{13}$,

$\overline{BC}=\sqrt{(5-1)^2+(5-0)^2}=\sqrt{41}$,

$\overline{AC}=\sqrt{(5+2)^2+(5-2)^2}=\sqrt{58}$에서

$\overline{AC}^2>\overline{AB}^2+\overline{BC}^2$이므로 $\angle B>90°$이다.

답 ⑤

P. 46~49

Step**3** 실력완성

1 직사각형의 세로의 길이는 $\sqrt{4^2-2^2}=2\sqrt{3}(\mathrm{cm})$
이므로 넓이는

$2\times 2\sqrt{3}=4\sqrt{3}(\mathrm{cm}^2)$ 답 ④

2 정사각형의 한 변의 길이를 $a\,\mathrm{cm}$라 하면

$\sqrt{2}a=30$ ∴ $a=15\sqrt{2}$

답 $15\sqrt{2}\mathrm{cm}$

3 $\overline{BD}=\sqrt{6^2+8^2}=10(\mathrm{cm})$

$\triangle ABD$에서 $\overline{AB}\times\overline{AD}=\overline{BD}\times\overline{AH}$이므로

$6\times 8=10\times\overline{AH}$ ∴ $\overline{AH}=\dfrac{24}{5}(\mathrm{cm})$

답 ③

4 점 A에서 $\overline{BC}$에 내린 수
선의 발을 H라 하면

$\overline{BH}=3\mathrm{cm}$이므로

$\overline{AH}=\sqrt{5^2-3^2}=4(\mathrm{cm})$

$\overline{AC}$는 직사각형 AHCD의 대각선이므로

$\overline{AC}=\sqrt{3^2+4^2}=5(\mathrm{cm})$

답 $5\mathrm{cm}$

5 정육각형은 합동인 6개의 정삼각형으로 이루어
져 있고, 정삼각형의 한 변의 길이가 10cm이므
로 구하는 정육각형의 넓이는

$\left(\dfrac{\sqrt{3}}{4}\times 10^2\right)\times 6=150\sqrt{3}(\mathrm{cm}^2)$

답 $150\sqrt{3}\mathrm{cm}^2$

6 정사각형의 한 변의 길이를 $a\,\mathrm{cm}$라 하면

$\sqrt{2}a=4\sqrt{6}$ ∴ $a=4\sqrt{3}$

따라서 $\triangle BEC$는 한 변의 길이가 $4\sqrt{3}\mathrm{cm}$인 정
삼각형이므로

$\triangle BEC=\dfrac{\sqrt{3}}{4}\times(4\sqrt{3})^2=12\sqrt{3}(\mathrm{cm}^2)$ 답 ⑤

7 오른쪽 그림에서 주어진
삼각형과 사각형은 각각
정삼각형과 정사각형이
다.

$\overline{CH}=4$이고

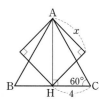

$\overline{AH}:4=\sqrt{3}:1$이므로 $\overline{AH}=4\sqrt{3}$

또, $4\sqrt{3}:x=\sqrt{2}:1$이므로 $x=2\sqrt{6}$ 답 $2\sqrt{6}$

8 오른쪽 그림과 같
이 삼각형 ABC의
한 꼭짓점 A에서
밑변 BC에 내린

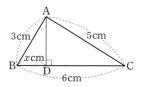

수선의 발을 D라 하고 $\overline{BD}=x\,\mathrm{cm}$라 하자.

$\triangle ABD$에서 $\overline{AD}^2=3^2-x^2$ ······ ㉠

$\triangle ACD$에서 $\overline{AD}^2=5^2-(6-x)^2$ ······ ㉡

㉠, ㉡에서 $3^2-x^2=5^2-(6-x)^2$

$12x=20$ ∴ $x=\dfrac{5}{3}$

$x=\dfrac{5}{3}$를 ㉠에 대입하면 $\overline{AD}^2=3^2-\left(\dfrac{5}{3}\right)^2=\dfrac{56}{9}$

$\overline{AD}>0$이므로 $\overline{AD}=\dfrac{2\sqrt{14}}{3}(\mathrm{cm})$

따라서 구하는 삼각형의 넓이는

$\dfrac{1}{2}\times 6\times\dfrac{2\sqrt{14}}{3}=2\sqrt{14}(\mathrm{cm}^2)$ 답 $2\sqrt{14}\mathrm{cm}^2$

채점 기준	
한 꼭짓점에서 대변에 수선 내리기	20%
두 개의 직각삼각형에서 피타고라스 정리 이용하기	40%
삼각형의 높이 구하기	20%
답 구하기	20%

9 정육각형은 합동인 6개의 정삼각형으로 이루어
져 있고, 정삼각형의 한 변의 길이가 원의 반지
름의 길이와 같은 4cm이므로 구하는 넓이는

$\left(\dfrac{\sqrt{3}}{4}\times 4^2\right)\times 6=24\sqrt{3}(\mathrm{cm}^2)$ 답 ③

10 $\overline{AB} : \overline{BC} = \sqrt{3} : 1$, 즉 $6 : \overline{BC} = \sqrt{3} : 1$이므로

$\overline{BC} = \dfrac{6}{\sqrt{3}} = 2\sqrt{3}\,(\text{cm})$

$\overline{BD} : \overline{BC} = \sqrt{2} : 1$, 즉 $\overline{BD} : 2\sqrt{3} = \sqrt{2} : 1$이므로

$\overline{BD} = 2\sqrt{6}\,(\text{cm})$ **답** $2\sqrt{6}\,\text{cm}$

11 점 O는 정삼각형 ABC의 무게중심이므로

$\overline{AO} : \overline{OH} = 2 : 1$

$\overline{AO} = 4\sqrt{3}$이므로 $\overline{OH} = 2\sqrt{3}$

$\therefore \overline{AH} = 6\sqrt{3}$

정삼각형 ABC의 한 변의 길이를 a라 하면

$\dfrac{\sqrt{3}}{2}a = 6\sqrt{3}$ $\therefore a = 12$

$\therefore \triangle ABC = \dfrac{\sqrt{3}}{4} \times 12^2 = 36\sqrt{3}$ **답** $36\sqrt{3}$

채점 기준

점 O가 △ABC의 무게중심임을 알기	20%
정삼각형의 높이 구하기	40%
정삼각형의 한 변의 길이 구하기	20%
답 구하기	20%

12 정팔각형 모양의 꽃밭의 한 변의 길이를 $x\,\text{m}$라 하면 마당의 네 모퉁이는 오른쪽 그림과 같은 직각이등변삼각형이 된다.

$a : x = 1 : \sqrt{2}$이므로 $a = \dfrac{\sqrt{2}}{2}x$

마당은 한 변의 길이가 $10\,\text{m}$인 정사각형이므로

$\dfrac{\sqrt{2}}{2}x + x + \dfrac{\sqrt{2}}{2}x = 10$, $(\sqrt{2}+1)x = 10$

$\therefore x = \dfrac{10}{\sqrt{2}+1} = 10(\sqrt{2}-1)$ **답** ③

13 $\triangle ABC \varpropto \triangle ADE$이고

$\overline{AD} = \dfrac{\sqrt{3}}{2} \times 10 = 5\sqrt{3}\,(\text{cm})$

$\therefore \triangle ABC : \triangle ADE = 10^2 : (5\sqrt{3})^2$

$= 100 : 75$

$= 4 : 3$ **답** ②

14 △AHC에서

$\overline{AH} : \overline{AC} = 1 : \sqrt{2}$

즉, $\overline{AH} : 3\sqrt{2} = 1 : \sqrt{2}$이므로 $\overline{AH} = 3$

△ABH에서 $\overline{AB} : \overline{AH} = 2 : \sqrt{3}$

즉, $\overline{AB} : 3 = 2 : \sqrt{3}$이므로

$\overline{AB} = \dfrac{6}{\sqrt{3}} = 2\sqrt{3}$ **답** $2\sqrt{3}$

채점 기준

$\overline{AH}$의 길이 구하기	50%
$\overline{AB}$의 길이 구하기	50%

15 △ABC에서 $\overline{AC} : \overline{BC} = 1 : \sqrt{3}$

즉, $8 : \overline{BC} = 1 : \sqrt{3}$이므로 $\overline{BC} = 8\sqrt{3}\,(\text{cm})$

△BCD에서 $\overline{BC} : \overline{BD} = 2 : \sqrt{3}$

즉, $8\sqrt{3} : \overline{BD} = 2 : \sqrt{3}$이므로

$\overline{BD} = 12\,(\text{cm})$

답 ④

16 △ABC에서

$\overline{AB} : \overline{AC} : \overline{BC} = 2 : 1 : \sqrt{3}$

$\overline{AD}$가 ∠A의 이등분선이므로

$\overline{AB} : \overline{AC} = \overline{BD} : \overline{DC} = 2 : 1$

$\overline{AC} : \overline{BC} = 1 : \sqrt{3}$,

즉 $2 : \overline{BC} = 1 : \sqrt{3}$이므로

$\overline{BC} = 2\sqrt{3}\,(\text{cm})$

$\therefore \overline{BD} = \dfrac{2}{3}\overline{BC} = \dfrac{2}{3} \times 2\sqrt{3} = \dfrac{4\sqrt{3}}{3}\,(\text{cm})$

답 ⑤

17 $\overline{AM}$, $\overline{BN}$은 각각 △ABC의 중선이므로 점 G는 △ABC의 무게중심이다.

즉, $\overline{AG} : \overline{GM} = 2 : 1$이고 $\overline{AG} = \sqrt{3}$이므로

$\overline{GM} = \dfrac{\sqrt{3}}{2}$ $\therefore \overline{AM} = \sqrt{3} + \dfrac{\sqrt{3}}{2} = \dfrac{3\sqrt{3}}{2}$

정삼각형 ABC의 한 변의 길이를 a라고 하면

$\dfrac{\sqrt{3}}{2}a = \dfrac{3\sqrt{3}}{2}$ $\therefore a = 3$ **답** 3

채점 기준

점 G가 △ABC의 무게중심임을 알기	30%
$\overline{AM}$의 길이 구하기	40%
답 구하기	30%

18 ① $\sqrt{(-2)^2+6^2}=2\sqrt{10}$

② $\sqrt{2^2+5^2}=\sqrt{29}$

③ $\sqrt{(\sqrt{3})^2+1^2}=2$

④ $\sqrt{3^2+(-\sqrt{3})^2}=2\sqrt{3}$

⑤ $\sqrt{4^2+4^2}=4\sqrt{2}$ 　　　답 ①

19 $\overline{PQ}=\sqrt{(6-2)^2+(2a-3)^2}=5$에서

$16+4a^2-12a+9=25,\ a^2-3a=0$

$a(a-3)=0$　　∴ $a=0$ 또는 $a=3$

그런데 $a>0$이므로 $a=3$ 　　답 3

20 $y=x^2-8x+14=(x-4)^2-2$이므로

$P(4,\ -2)$

∴ $\overline{OP}=\sqrt{4^2+(-2)^2}=2\sqrt{5}$ 　　답 ⑤

21 $\overline{AB}=\sqrt{(3-1)^2+(3+1)^2}=2\sqrt{5}$,

$\overline{BC}=\sqrt{(3-3)^2+(-1-3)^2}=4$,

$\overline{AC}=\sqrt{(3-1)^2+(-1+1)^2}=2$

따라서 $\overline{AB}^2=\overline{BC}^2+\overline{AC}^2$이므로 △ABC는

∠C=90°인 직각삼각형이다. 　　답 ③

22 $x^2=x+2$, 즉 $x^2-x-2=0$

$(x+1)(x-2)=0$　　∴ $x=-1$ 또는 $x=2$

따라서 A$(-1,\ 1)$, B$(2,\ 4)$이므로

$\overline{AB}=\sqrt{(2+1)^2+(4-1)^2}=3\sqrt{2}$ 　　답 ⑤

23 오른쪽 그림과 같이 점
C와 $\overline{AB}$에 대하여 대
칭인 점을 C′이라 하면

$\overline{CP}+\overline{PD}\geq\overline{C'D}$

△DC′D′에서

$\overline{C'D}=\sqrt{12^2+(2+3)^2}=13$

따라서 $\overline{CP}+\overline{PD}\geq13$이므로 구하는 최솟값은

13이다. 　　답 13

채점 기준	
점 C와 $\overline{AB}$에 대하여 대칭인 점 C′ 정하기	40%
두 점 C′, D 사이의 거리가 구하는 최솟값임을 알기	40%
답 구하기	20%

24 오른쪽 그림과 같이
점 P와 $\overline{AD}$에 대하여
대칭인 점을 P′, 점 Q
와 $\overline{BC}$에 대하여 대칭
인 점을 Q′이라 하면
개미가 움직인 최단
거리는 $\overline{P'Q'}$의 길이와 같으므로

$\overline{P'Q'}=\sqrt{80^2+80^2}=80\sqrt{2}$(cm)

답 $80\sqrt{2}$ cm

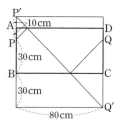

P. 50~51

Step 4 유형클리닉

1 △ABC의 한 변의 길이가 8cm이므로

$\overline{AD}=\dfrac{\sqrt{3}}{2}\times8=4\sqrt{3}$(cm)

△ADE의 한 변의 길이가 $4\sqrt{3}$cm이므로

$\overline{AF}=\dfrac{\sqrt{3}}{2}\times4\sqrt{3}=6$(cm)

따라서 △AFG는 한 변의 길이가 6cm인 정삼
각형이므로

$\triangle AFG=\dfrac{\sqrt{3}}{4}\times6^2=9\sqrt{3}$(cm^2) 　답 $9\sqrt{3}$ cm^2

1-1 정삼각형의 한 변의 길이를 $a$cm라고 하면

$\dfrac{\sqrt{3}}{2}a=\sqrt{6}$　　∴ $a=2\sqrt{2}$

따라서 넓이는 $\dfrac{\sqrt{3}}{4}\times(2\sqrt{2})^2=2\sqrt{3}$(cm^2)

답 $2\sqrt{3}$ cm^2

1-2 △PBQ에서

$\overline{PB}:\overline{BQ}:\overline{PQ}=2:1:\sqrt{3}$이므로

$\overline{BQ}=x$라고 하면

$\overline{PB}=2x,\ \overline{PQ}=\sqrt{3}x$

△PCR에서

$\overline{PC}:\overline{CR}:\overline{PR}=2:1:\sqrt{3}$이므로

$\overline{CR}=y$라고 하면

$\overline{PC}=2y$, $\overline{PR}=\sqrt{3}y$

$\overline{BC}=\overline{BP}+\overline{PC}$, 즉 $2=2x+2y$이므로

$x+y=1$

$\therefore \overline{PQ}+\overline{PR}=\sqrt{3}(x+y)=\sqrt{3}$ 답 $\sqrt{3}$

2 오른쪽 그림과 같이 점 A
에서 $\overline{BC}$에 내린 수선의
발을 H라 하고 $\overline{BH}=x$
라 하면
$\triangle ABH$에서

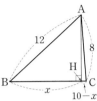

$\overline{AH}^2=12^2-x^2$

$\overline{CH}=10-x$이므로 $\triangle ACH$에서

$\overline{AH}^2=8^2-(10-x)^2$

$12^2-x^2=8^2-(10-x)^2$

즉, $144-x^2=64-100+20x-x^2$에서

$20x=180$ $\therefore x=9$

따라서 $\overline{AH}=\sqrt{12^2-9^2}=3\sqrt{7}$이므로

$\triangle ABC=\dfrac{1}{2}\times10\times3\sqrt{7}=15\sqrt{7}$

답 $15\sqrt{7}$

2-1 $\overline{BH}=x$라 하면 $\overline{CH}=6-x$

두 직각삼각형 ABH, AHC에서

$5^2-x^2=7^2-(6-x)^2$

$25-x^2=13+12x-x^2$, $12x=12$ $\therefore x=1$

$\therefore \overline{AH}=\sqrt{5^2-1^2}=\sqrt{24}=2\sqrt{6}$ 답 $2\sqrt{6}$

2-2 오른쪽 그림과 같이 점 A
에서 $\overline{BC}$에 내린 수선의
발을 H라 하고 $\overline{BH}=x$
라 하면
$\overline{CH}=14-x$
두 직각삼각형 ABH, AHC에서

$13^2-x^2=15^2-(14-x)^2$, $28x=140$

$\therefore x=5$

따라서 $\overline{AH}=\sqrt{13^2-5^2}=12$이므로

$\triangle ABC=\dfrac{1}{2}\times14\times12=84$

답 84

3 $\triangle BCD$에서 $\overline{BC}:\overline{CD}=2:1$, 즉 $9:y=2:1$

$\therefore y=\dfrac{9}{2}$

$\triangle ABC$에서 $\overline{AC}:\overline{BC}=1:\sqrt{3}$,

즉 $\overline{AC}:9=1:\sqrt{3}$에서 $\sqrt{3}\times\overline{AC}=9$이므로

$\overline{AC}=\dfrac{9}{\sqrt{3}}=3\sqrt{3}$

$\triangle ACE$에서 $\overline{AC}:\overline{CE}=1:\sqrt{2}$,

즉 $3\sqrt{3}:x=1:\sqrt{2}$이므로 $x=3\sqrt{6}$

답 $x=3\sqrt{6}$, $y=\dfrac{9}{2}$

3-1 $\overline{CH}=x$라 하면 $\triangle BHC$에서 $\overline{CH}:\overline{BH}=1:1$

이므로 $\overline{BH}=\overline{CH}=x$

$\triangle AHC$에서 $\overline{AH}:\overline{CH}=\sqrt{3}:1$,

즉 $(12+x):x=\sqrt{3}:1$에서 $\sqrt{3}x=12+x$

$(\sqrt{3}-1)x=12$

$\therefore x=\dfrac{12}{\sqrt{3}-1}=\dfrac{12(\sqrt{3}+1)}{2}=6(\sqrt{3}+1)$

답 $6(\sqrt{3}+1)$

3-2 점 A에서 $\overline{BC}$에 내린 수
선의 발을 H라 하면
$\triangle ABH$에서
$\overline{AB}:\overline{AH}=2:\sqrt{3}$이므로

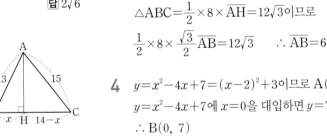

$2\overline{AH}=\sqrt{3}\times\overline{AB}$

$\therefore \overline{AH}=\dfrac{\sqrt{3}}{2}\overline{AB}$

$\triangle ABC=\dfrac{1}{2}\times8\times\overline{AH}=12\sqrt{3}$이므로

$\dfrac{1}{2}\times8\times\dfrac{\sqrt{3}}{2}\overline{AB}=12\sqrt{3}$ $\therefore \overline{AB}=6$ 답 6

4 $y=x^2-4x+7=(x-2)^2+3$이므로 $A(2, 3)$

$y=x^2-4x+7$에 $x=0$을 대입하면 $y=7$

$\therefore B(0, 7)$

$\therefore \overline{AB}=\sqrt{(0-2)^2+(7-3)^2}=2\sqrt{5}$ 답 $2\sqrt{5}$

4-1 $\overline{AB}=\sqrt{(6-a)^2+(2a+2-4)^2}=2\sqrt{5}$이므로

$(6-a)^2+(2a-2)^2=20$

$36-12a+a^2+4a^2-8a+4=20$

$5a^2-20a+20=0$, $a^2-4a+4=0$

$(a-2)^2=0$ $\therefore a=2$ 답 2

4-2 $\overline{AB}=\sqrt{(0+1)^2+(-1-6)^2}=5\sqrt{2}$,

$\overline{BC}=\sqrt{(3-0)^2+(3+1)^2}=5$,

$\overline{AC}=\sqrt{(3+1)^2+(3-6)^2}=5$

$\overline{BC}=\overline{AC}$이고 $\overline{AB}^2=\overline{BC}^2+\overline{AC}^2$이므로

$\triangle ABC$는 $\angle C=90°$인 직각이등변삼각형이다.

$\therefore \triangle ABC=\dfrac{1}{2}\times5\times5=\dfrac{25}{2}$ 　　　답 $\dfrac{25}{2}$

P. 52

Step5 서술형 만점 대비

1 정팔각형은 원에 내접 하
고 합동인 8개의 이등변
삼각형으로 이루어져 있
다. 오른쪽 그림과 같이
$\triangle AOB$의 한 꼭짓점 A
에서 $\overline{OB}$에 내린 수선의 발을 H라 하고
$\overline{AH}=\overline{OH}=x$cm라 하면
$\overline{OA}=\sqrt{2}x$cm, $\overline{OB}=\sqrt{2}x$cm이므로
$\overline{BH}=\overline{OB}-\overline{OH}=(\sqrt{2}-1)x$(cm)
$\overline{AB}=4\sqrt{2}$cm이므로 직각삼각형 AHB에서
$(4\sqrt{2})^2=x^2+\{(\sqrt{2}-1)x\}^2$
$32=x^2+(3-2\sqrt{2})x^2$, $(4-2\sqrt{2})x^2=32$
$\therefore x^2=\dfrac{16}{2-\sqrt{2}}=\dfrac{16(2+\sqrt{2})}{2}=8(2+\sqrt{2})$
$\triangle AOB=\dfrac{1}{2}\times\overline{OB}\times\overline{AH}=\dfrac{1}{2}\times\sqrt{2}x\times x$
$\qquad\quad=\dfrac{\sqrt{2}}{2}x^2(\text{cm}^2)$

이므로 구하는 정팔각형의 넓이는

$\dfrac{\sqrt{2}}{2}x^2\times8=4\sqrt{2}x^2=4\sqrt{2}\times8(2+\sqrt{2})$
$\qquad\qquad\quad=64(\sqrt{2}+1)(\text{cm}^2)$

답 $64(\sqrt{2}+1)(\text{cm}^2)$

채점 기준

정팔각형이 합동인 8개의 이등변삼각형으로 이루어져 있음을 알기	20%
삼각형의 높이 구하기	40%
삼각형 1개의 넓이 구하기	20%
답 구하기	20%

2 정사각형의 한 변의 길이를 $x$cm라 하면

$\overline{DM}=\dfrac{x}{2}$cm, $\overline{BE}=\left(3-\dfrac{x}{2}\right)$cm

$\overline{AC}=\sqrt{5^2-3^2}=4(\text{cm})$이므로

$\overline{AM}=(4-x)$cm

$\triangle ADM \backsim \triangle DBE$이므로

$\dfrac{x}{2}:\left(3-\dfrac{x}{2}\right)=(4-x):x$

즉, $\dfrac{x^2}{2}=\left(3-\dfrac{x}{2}\right)(4-x)$에서

$\dfrac{x^2}{2}=12-5x+\dfrac{x^2}{2}$　　$\therefore x=\dfrac{12}{5}$

따라서 정사각형 DEFG의 한 변의 길이는

$\dfrac{12}{5}$cm이다. 　　　　답 $\dfrac{12}{5}$cm

채점 기준

$\overline{DM}$, $\overline{BE}$, $\overline{AM}$의 길이를 상사각형의 한 번의 길이를 이용하여 나타내기	60%
$\triangle ADM \backsim \triangle DBE$임을 이용하여 식 세우기	20%
답 구하기	20%

3 $\angle ADC=30°$이고

$\angle ABD+\angle BAD=\angle ADC$이므로

$\angle BAD=15°$

즉 $\angle ABD=\angle BAD=15°$이므로 $\triangle ABD$는

$\overline{BD}=\overline{AD}=10$인 이등변삼각형이다.

$\triangle ADC$에서 $\overline{AD}:\overline{AC}=2:1$,

즉 $10:\overline{AC}=2:1$이므로

$\overline{AC}=5$ 　　　　　　　　　답 5

채점 기준

$\angle BAD$의 크기 구하기	30%
$\triangle ABD$가 이등변삼각형임을 알기	30%
답 구하기	40%

4 $\overline{PA}^2+\overline{PB}^2$

$=(x-1)^2+(y-2)^2+(x-4)^2+(y+1)^2$

$=2x^2-10x+2y^2-2y+22$

점 P가 직선 $2x-y+3=0$ 위의 점이므로
$y=2x+3$을 위의 식에 대입하면
$\overline{PA}^2+\overline{PB}^2$
$=2x^2-10x+2(2x+3)^2-2(2x+3)+22$
$=10x^2+10x+34$
$=10\left(x+\dfrac{1}{2}\right)^2+\dfrac{63}{2}$
이므로 $x=-\dfrac{1}{2}$일 때 $\overline{PA}^2+\overline{PB}^2$의 값은 최소가
된다.
$y=2x+3$에 $x=-\dfrac{1}{2}$을 대입하면 $y=2$
따라서 $\overline{PA}^2+\overline{PB}^2$의 값이 최소가 되는 점 P의
좌표는 $\left(-\dfrac{1}{2},\ 2\right)$ 답 $\left(-\dfrac{1}{2},\ 2\right)$

채점 기준	
$\overline{PA}^2+\overline{PB}^2$을 x, y에 대한 식으로 나타내기	20%
점 P가 직선 $2x-y+3$ 위의 점임을 이용하여 $\overline{PA}^2+\overline{PB}^2$을 x에 대한 식으로 나타내기	30%
$\overline{PA}^2+\overline{PB}^2$의 값이 최소가 되는 x의 값 구하기	30%
답 구하기	20%

03 피타고라스 정리의 활용(2)–입체도형

P. 53~56

Step **1** 교과서 이해

01 (가) : a^2+b^2, (나) : $a^2+b^2+c^2$, (다) : $\sqrt{a^2+b^2+c^2}$,
(라) : $\sqrt{3}a$

02 $\sqrt{5^2+3^2+4^2}=5\sqrt{2}$(cm)   답 $5\sqrt{2}$cm

03 $\sqrt{3}\times2=2\sqrt{3}$(cm)   답 $2\sqrt{3}$cm

04 $\sqrt{2^2+3^2+6^2}=7$(cm)   답 7cm

05 $\sqrt{3}\times5=5\sqrt{3}$(cm)   답 $5\sqrt{3}$cm

06 $\sqrt{4^2+3^2+x^2}=8$에서 $x^2+25=64$
$x^2=39$ $\therefore x=\sqrt{39}(\because x>0)$
          답 $\sqrt{39}$

07 $\sqrt{x^2+x^2+6^2}=6\sqrt{2}$에서 $2x^2+36=72$
$x^2=18$ $\therefore x=3\sqrt{2}(\because x>0)$
          답 $3\sqrt{2}$

08 $\sqrt{3}x=12$에서 $x=\dfrac{12}{\sqrt{3}}=4\sqrt{3}$
          답 $4\sqrt{3}$

09 정육면체의 한 모서리의 길이를 $a$cm라 하면
$\sqrt{3}a=3\sqrt{3}$ $\therefore a=3$
          답 3cm

10 정육면체의 한 모서리의 길이를 $a$cm라 하면
$\sqrt{3}a=6$ $\therefore a=\dfrac{6}{\sqrt{3}}=2\sqrt{3}$
따라서 한 모서리의 길이가 $2\sqrt{3}$cm인 정육면체
의 부피는 $(2\sqrt{3})^3=24\sqrt{3}$(cm^3)
          답 $24\sqrt{3}$cm^3

11 (가) : 144, (나) : 12, (다) : 100π

12 원뿔의 높이는 $\sqrt{7^2-3^2}=2\sqrt{10}\,(\text{cm})$

원뿔의 부피는 $\dfrac{1}{3}\times9\pi\times2\sqrt{10}=6\sqrt{10}\pi\,(\text{cm}^3)$

답 높이 : $2\sqrt{10}\,\text{cm}$, 부피 : $6\sqrt{10}\pi\,\text{cm}^3$

13 $\sqrt{8^2-4^2}=4\sqrt{3}\,(\text{cm})$ **답** $4\sqrt{3}\,\text{cm}$

14 원뿔의 높이가 $\sqrt{3^2-(\sqrt{3})^2}=\sqrt{6}\,(\text{cm})$이므로

원뿔의 부피는 $\dfrac{1}{3}\times3\pi\times\sqrt{6}=\sqrt{6}\pi\,(\text{cm}^3)$

답 $\sqrt{6}\pi\,\text{cm}^3$

15 원뿔의 높이가 $\sqrt{9^2-(3\sqrt{5})^2}=6\,(\text{cm})$이므로

원뿔의 부피는 $\dfrac{1}{3}\times45\pi\times6=90\pi\,(\text{cm}^3)$

답 $90\pi\,\text{cm}^3$

16 밑면의 반지름의 길이가 8cm, 모선의 길이가 17cm이므로 원뿔의 높이는

$\sqrt{17^2-8^2}=15\,(\text{cm})$ **답** $15\,\text{cm}$

17 $\dfrac{1}{3}\times64\pi\times15=320\pi\,(\text{cm}^3)$

답 $320\pi\,\text{cm}^3$

18 밑면의 반지름의 길이를 $r$cm라고 하면 옆면인 부채꼴의 호의 길이와 밑면인 원의 둘레의 길이가 같으므로

$4\pi\times9\times\dfrac{120}{360}=2\pi r$ $\therefore r=3$

따라서 높이는 $\sqrt{9^2-3^2}=6\sqrt{2}\,(\text{cm})$

답 $6\sqrt{2}\,\text{cm}$

19 $\overline{\text{AC}}$는 한 변의 길이가 8cm인 정사각형의 대각선이므로 $\overline{\text{AC}}=\boxed{8\sqrt{2}}\,(\text{cm})$

$\overline{\text{AH}}=\dfrac{1}{2}\overline{\text{AC}}=\boxed{4\sqrt{2}}\,(\text{cm})$

$\overline{\text{OH}}=\sqrt{10^2-(4\sqrt{2})^2}=\boxed{2\sqrt{17}}\,(\text{cm})$

따라서 정사각뿔의 부피는

$\dfrac{1}{3}\times8^2\times2\sqrt{17}=\dfrac{128\sqrt{17}}{3}\,(\text{cm}^3)$

답 (개) : $8\sqrt{2}$, (내) : $4\sqrt{2}$, (대) : $2\sqrt{17}$, (래) : $\dfrac{128\sqrt{17}}{3}$

20 꼭짓점 O에서 밑면에 내린 수선의 발을 H라 하자.

$\overline{\text{AC}}=6\sqrt{2}\,(\text{cm})$이므로

$\overline{\text{AH}}=3\sqrt{2}\,(\text{cm})$

$\therefore \overline{\text{OH}}=\sqrt{6^2-(3\sqrt{2})^2}$

$=3\sqrt{2}\,(\text{cm})$ **답** $3\sqrt{2}\,\text{cm}$

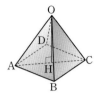

21 $\dfrac{1}{3}\times6^2\times3\sqrt{2}=36\sqrt{2}\,(\text{cm}^3)$ **답** $36\sqrt{2}\,\text{cm}^3$

22 꼭짓점 O에서 밑면에 내린 수선의 발을 H라 하면

$\overline{\text{AC}}=3\sqrt{2}\times\sqrt{2}=6$

이므로 $\overline{\text{AH}}=3$

$\overline{\text{OH}}=4$이므로

$\overline{\text{OA}}=\sqrt{3^2+4^2}=5$ **답** 5

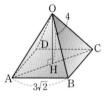

23 $\overline{\text{AH}}=\dfrac{1}{2}\overline{\text{AC}}=\dfrac{1}{2}\times2\sqrt{3}\times\sqrt{2}=\sqrt{6}$이므로

$\overline{\text{OH}}=\sqrt{(4\sqrt{3})^2-(\sqrt{6})^2}=\sqrt{42}$

따라서 부피는

$\dfrac{1}{3}\times(2\sqrt{3})^2\times\sqrt{42}=4\sqrt{42}$

답 높이 : $\sqrt{42}$, 부피 : $4\sqrt{42}$

24 $\overline{\text{AH}}=\dfrac{1}{2}\overline{\text{AC}}=\dfrac{1}{2}\times4\sqrt{2}=2\sqrt{2}$이므로

$\overline{\text{OH}}=\sqrt{(3\sqrt{2})^2-(2\sqrt{2})^2}=\sqrt{10}$

따라서 부피는

$\dfrac{1}{3}\times4^2\times\sqrt{10}=\dfrac{16\sqrt{10}}{3}$

답 높이 : $\sqrt{10}$, 부피 : $\dfrac{16\sqrt{10}}{3}$

25 $\overline{\text{CM}}=\dfrac{\sqrt{3}}{2}\times6=\boxed{3\sqrt{3}}$

$\overline{\text{CH}}=\dfrac{2}{3}\overline{\text{CM}}=\boxed{2\sqrt{3}}$

$\overline{\text{OH}}=\sqrt{6^2-(2\sqrt{3})^2}=\boxed{2\sqrt{6}}$

$\triangle\text{ABC}=\dfrac{\sqrt{3}}{4}\times6^2=\boxed{9\sqrt{3}}$

따라서 정사면체의 부피는

$\dfrac{1}{3}\times9\sqrt{3}\times2\sqrt{6}=\boxed{18\sqrt{2}}$

답 (개) : $3\sqrt{3}$, (내) : $2\sqrt{3}$, (대) : $2\sqrt{6}$,
(래) : $9\sqrt{3}$, (매) : $18\sqrt{2}$

26 $\overline{CM} = \dfrac{\sqrt{3}}{2} \times 3\sqrt{2} = \dfrac{3\sqrt{6}}{2}$ (cm) ··· 답

27 $\overline{CH} = \dfrac{2}{3}\overline{CM} = \dfrac{2}{3} \times \dfrac{3\sqrt{6}}{2} = \sqrt{6}$ (cm) ··· 답

28 $\overline{OH} = \sqrt{(3\sqrt{2})^2 - (\sqrt{6})^2} = 2\sqrt{3}$ (cm) ··· 답

29 $\triangle ABC = \dfrac{\sqrt{3}}{4} \times (3\sqrt{2})^2 = \dfrac{9\sqrt{3}}{2}$ (cm²) ··· 답

30 (정사면체의 부피) $= \dfrac{1}{3} \times \dfrac{9\sqrt{3}}{2} \times 2\sqrt{3}$
$= 9$ (cm³) ··· 답

31 $\dfrac{\sqrt{6}}{3} \times 2\sqrt{3} = 2\sqrt{2}$ (cm) ··· 답

32 $\dfrac{\sqrt{2}}{12} \times 10^3 = \dfrac{250\sqrt{2}}{3}$ (cm³) ··· 답

33 정사면체의 한 모서리의 길이를 a cm라고 하면
$\dfrac{\sqrt{6}}{3}a = 4\sqrt{6}$에서 $a = 12$　　　답 12 cm

34 정사면체의 한 모서리의 길이를 a cm라고 하면
$\dfrac{\sqrt{6}}{3}a = 6$에서 $a = 3\sqrt{6}$
따라서 한 모서리의 길이가 $3\sqrt{6}$ cm인 정사면체
의 부피는 $\dfrac{\sqrt{2}}{12} \times (3\sqrt{6})^3 = 27\sqrt{3}$ (cm³) ··· 답

35 선이 지나는 부분의 전
개도를 그리면 오른쪽
그림과 같다.
답 풀이 참조

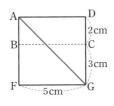

36 구하는 최단 거리는 $\overline{AG}$의 길이와 같으므로
$\overline{AG} = \sqrt{(2+3)^2 + 5^2} = 5\sqrt{2}$ (cm)　　답 $5\sqrt{2}$ cm

37 원기둥의 밑면의 둘레의
길이는 $2\pi \times 3 = 6\pi$ (cm)
이므로 옆면의 전개도는
오른쪽 그림과 같고, 구하는 최단 거리는 $\overline{AB}$의
길이와 같다.

$\therefore \overline{AB} = \sqrt{(6\pi)^2 + (4\pi)^2} = 2\sqrt{13}\pi$ (cm)

답 $2\sqrt{13}\pi$ cm

38 선이 지나는 부분의 전
개도는 오른쪽 그림과
같고 구하는 최단 거리
는 $\overline{DP}$의 길이이다.

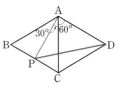

$\overline{AP} = \dfrac{\sqrt{3}}{2} \times 4 = 2\sqrt{3}$ (cm)이고 $\angle DAP = 90°$
이므로
$\overline{DP} = \sqrt{(2\sqrt{3})^2 + 4^2} = 2\sqrt{7}$ (cm)

답 $2\sqrt{7}$ cm

P. 57~58

Step **2** 개념탄탄

01 구하는 높이를 h cm라 하면
$\sqrt{(\sqrt{5})^2 + 2^2 + h^2} = 2\sqrt{3}$, $h^2 + 9 = 12$
$h^2 = 3$이고 $h > 0$이므로 $h = \sqrt{3}$　　답 ③

02 정육면체의 한 모서리의 길이를 a cm라 하면
$\sqrt{3}a = 2\sqrt{3}$　　$\therefore a = 2$
따라서 한 모서리의 길이가 2 cm인 정육면체의
부피는 $2^3 = 8$ (cm³)　　답 8 cm³

03 정육면체의 한 모서리의 길이를 a cm라 하면
$\sqrt{3}a = \sqrt{6}$　　$\therefore a = \sqrt{2}$
따라서 $\overline{AE} = \sqrt{2}$ cm, $\overline{EG} = 2\sqrt{2}$ cm이고
$\angle AEG = 90°$이므로
$\triangle AEG = \dfrac{1}{2} \times 2\sqrt{2} \times \sqrt{2} = 2$ (cm²)　　답 ③

04 밑면의 반지름의 길이를 r cm라 하면
$\pi r^2 = 5\pi$　　$\therefore r = \sqrt{5}(\because r > 0)$
따라서 원뿔의 높이는
$\sqrt{(2\sqrt{5})^2 - (\sqrt{5})^2} = \sqrt{15}$ (cm)　　답 $\sqrt{15}$ cm

05 $\overline{AB}:\overline{BO}:\overline{AO}=2:1:\sqrt{3}$이므로
$\overline{BO}=5\text{cm},\ \overline{AO}=5\sqrt{3}\text{cm}$
따라서 원뿔의 부피는
$\dfrac{1}{3}\times25\pi\times5\sqrt{3}=\dfrac{125\sqrt{3}}{3}\pi(\text{cm}^3)$ **답** ③

06 원뿔의 밑면의 반지름의 길이가 2cm, 모선의
길이가 4cm이므로 높이는
$\sqrt{4^2-2^2}=2\sqrt{3}(\text{cm})$
따라서 부피는 $\dfrac{1}{3}\times4\pi\times2\sqrt{3}=\dfrac{8\sqrt{3}}{3}\pi(\text{cm}^3)$

답 $\dfrac{8\sqrt{3}}{3}\pi\,\text{cm}^3$

07 꼭짓점 O에서 밑면에 내
린 수선의 발을 H라 하면
$\overline{AH}=\dfrac{1}{2}\overline{AC}=\dfrac{1}{2}\times4\sqrt{2}$
$=2\sqrt{2}(\text{cm})$
직각삼각형 OAH에서
$\overline{OH}=\sqrt{6^2-(2\sqrt{2})^2}=2\sqrt{7}(\text{cm})$
따라서 정사각뿔의 부피는
$\dfrac{1}{3}\times4^2\times2\sqrt{7}=\dfrac{32\sqrt{7}}{3}(\text{cm}^3)$

답 $\dfrac{32\sqrt{7}}{3}\,\text{cm}^3$

08 직각삼각형 OCM에서
$\overline{CM}=\sqrt{6^2-(2\sqrt{6})^2}=2\sqrt{3}(\text{cm})$
$\therefore\ \overline{BC}=2\overline{CM}=4\sqrt{3}(\text{cm})$
꼭짓점 O에서 밑면에 내린 수선의 발을 H라 하
면 $\overline{AH}=\dfrac{1}{2}\overline{AC}=\dfrac{1}{2}\times4\sqrt{3}\times\sqrt{2}=2\sqrt{6}(\text{cm})$
$\therefore\ \overline{OH}=\sqrt{6^2-(2\sqrt{6})^2}=2\sqrt{3}(\text{cm})$
따라서 정사각뿔의 부피는
$\dfrac{1}{3}\times(4\sqrt{3})^2\times2\sqrt{3}=32\sqrt{3}(\text{cm}^3)$ **답** ④

09 정사면체의 한 모서리의 길이를 $a$cm라고 하면
$\dfrac{\sqrt{6}}{3}a=4\sqrt{3}$에서 $a=6\sqrt{2}$ **답** $6\sqrt{2}\,\text{cm}$

10 정사면체의 한 모서리의 길이를 a라고 하면
$\dfrac{\sqrt{2}}{12}a^3=\dfrac{9\sqrt{2}}{4},\ a^3=27$ $\therefore\ a=3$

따라서 한 모서리의 길이가 3인 정사면체의 높
이는 $\dfrac{\sqrt{6}}{3}\times3=\sqrt{6}$ **답** $\sqrt{6}$

11 선이 지나는 부분의 전개도
를 그리면 오른쪽 그림과
같고 구하는 최단 거리는
$\overline{AH}$의 길이와 같다.
$\therefore\ \overline{AH}=\sqrt{(2+4+2)^2+6^2}$
$=10(\text{cm})$ **답** ③

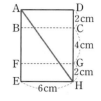

12 선이 지나는 부분의 전
개도를 그리면 오른쪽
그림과 같고 구하는 최
단 거리는 $\overline{BC}$의 길이
와 같다.
$\therefore\ \overline{BC}=\dfrac{\sqrt{3}}{2}\times4\times2=4\sqrt{3}(\text{cm})$ **답** $4\sqrt{3}\,\text{cm}$

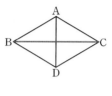

P. 59~62

Step 3 실력완성

1 $\overline{AE}=x$cm라고 하면 $\sqrt{3^2+3^2+x^2}=3\sqrt{6}$
$18+x^2=54,\ x^2=36$
$\therefore\ x=6(\because\ x>0)$ **답** ③

2 세 모서리의 길이를 각각 $2a$cm, $3a$cm, $5a$cm
라 하면 $\sqrt{(2a)^2+(3a)^2+(5a)^2}=2\sqrt{38}$
$38a^2=152,\ a^2=4$ $\therefore\ a=2(\because\ a>0)$
따라서 세 모서리의 길이가 각각 4cm, 6cm,
10cm이므로 직육면체의 부피는
$4\times6\times10=240(\text{cm}^3)$ **답** $240\,\text{cm}^3$

3 직각삼각형 EFH에서 $\overline{FH}=\sqrt{3^2+4^2}=5$이고
$\overline{EF}\times\overline{EH}=\overline{EI}\times\overline{FH}$이므로 $3\times4=\overline{EI}\times5$
따라서 $\overline{EI}=\dfrac{12}{5}$이고 $\angle AEI=90°$이므로
$\triangle AEI=\dfrac{1}{2}\times\dfrac{12}{5}\times5=6$ **답** 6

4 □AMGN은 마름모이고

$\overline{AG}=\sqrt{3}\times10=10\sqrt{3}$ (cm),

$\overline{MN}=\overline{BD}=\sqrt{2}\times10=10\sqrt{2}$ (cm)

$\therefore$ □AMGN$=\dfrac{1}{2}\times10\sqrt{3}\times10\sqrt{2}$

$=50\sqrt{6}$ (cm^2) **답** ⑤

5 정육면체의 한 모서리의 길이를 a cm라 하면

$6a^2=192$, $a^2=32$ $\therefore a=4\sqrt{2}\,(\because a>0)$

따라서 정육면체의 대각선의 길이는

$\sqrt{3}\times4\sqrt{2}=4\sqrt{6}$ (cm) **답** ⑤

6 삼각뿔 C-BDG의 부피를 V라 하면 V는 다음의 두 가지 방법으로 구할 수 있다.

(i) 밑면을 △BCD로 생각하면 높이는 $\overline{CG}$이므로 $V=\dfrac{1}{3}\times\left(\dfrac{1}{2}\times6\times6\right)\times6=36$ (cm^3)

$\cdots\cdots$ ㉠

(ii) 밑면을 △BDG로 생각하면 높이는 $\overline{CI}$이고 △BDG는 한 변의 길이가 $6\sqrt{2}$ cm인 정삼각형이므로

$\triangle BDG=\dfrac{\sqrt{3}}{4}\times(6\sqrt{2})^2=18\sqrt{3}$ (cm^2)

$\therefore V=\dfrac{1}{3}\times18\sqrt{3}\times\overline{CI}$

$=6\sqrt{3}\times\overline{CI}$ $\cdots\cdots$ ㉡

㉠, ㉡에서 $36=6\sqrt{3}\times\overline{CI}$이므로

$\overline{CI}=\dfrac{36}{6\sqrt{3}}=2\sqrt{3}$ (cm) **답** $2\sqrt{3}$ cm

채점 기준	
△BCD를 밑면으로 하여 삼각뿔 C-BDG의 부피 구하기	40%
△BDG를 밑면으로 하여 삼각뿔 C-BDG의 부피 구하기	40%
답 구하기	20%

7 △ABC에서 $\overline{AC}=\sqrt{8^2+8^2}=8\sqrt{2}$ (cm)

$\therefore \overline{MC}=\dfrac{1}{2}\overline{AC}=4\sqrt{2}$ (cm)

$\overline{CF}=8\sqrt{2}$ (cm)이고 $\overline{AF}=\overline{CF}$이므로 △AFC는 이등변삼각형이고, 점 M이 중점이므로 $\angle FMC=90°$이다.

$\therefore \overline{FM}=\sqrt{(8\sqrt{2})^2-(4\sqrt{2})^2}=4\sqrt{6}$ (cm)

답 ②

8 △APC에서 $\overline{AP}=\sqrt{10^2+5^2}=5\sqrt{5}$ (cm),

$\overline{PC}=\sqrt{10^2+5^2}=5\sqrt{5}$ (cm),

$\overline{AC}=\sqrt{10^2+10^2}=10\sqrt{2}$ (cm)이므로 $\overline{AP}=\overline{PC}$인 이등변삼각형이다.

따라서 꼭짓점 P에서 $\overline{AC}$에 내린 수선의 길이는 $\sqrt{(5\sqrt{5})^2-(5\sqrt{2})^2}=5\sqrt{3}$ (cm)

$\therefore \triangle APC=\dfrac{1}{2}\times10\sqrt{2}\times5\sqrt{3}=25\sqrt{6}$ (cm^2)

답 $25\sqrt{6}$ cm^2

9 정육면체의 한 모서리의 길이를 a cm라 하면

$\overline{BD}=\sqrt{2}a$ (cm)

△BDG는 한 변의 길이가 $\sqrt{2}a$ cm인 정삼각형이므로 $\dfrac{\sqrt{3}}{4}\times(\sqrt{2}a)^2=6\sqrt{3}$에서 $a^2=12$

$\therefore a=2\sqrt{3}\,(\because a>0)$

따라서 정육면체의 부피는

$(2\sqrt{3})^3=24\sqrt{3}$ (cm^3) **답** $24\sqrt{3}$ cm^3

10 밑면의 반지름의 길이를 r cm라 하면

$2\pi r=2\pi\times6\times\dfrac{120}{360}$ $\therefore r=2$

따라서 원뿔의 높이는

$\sqrt{6^2-2^2}=4\sqrt{2}$ (cm) **답** ⑤

11 △ABO에서 $\overline{AB}=\sqrt{(2\sqrt{3})^2+2^2}=4$ (cm)

구하는 중심각의 크기를 $x°$라고 하면

$2\pi\times4\times\dfrac{x}{360}=2\pi\times2$ $\therefore x=180$ **답** ⑤

12 $\overline{AB}=\sqrt{5^2(5\sqrt{3})^2}=10$ (cm)

△ABC를 $\overline{AC}$를 축으로 하여 1회전시킬 때 생기는 입체도형은 원뿔이고, 그 전개도는 오른쪽 그림과 같다. 부채꼴의 중심각의 크기를 $x°$라고 하면

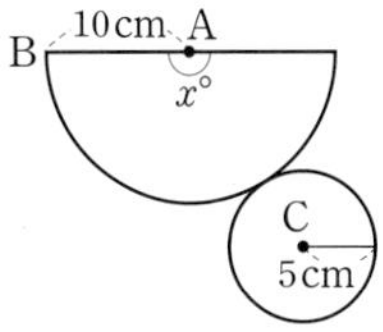

$2\pi\times10\times\dfrac{x}{360}=2\pi\times5$ $\therefore x=180$

따라서 구하는 겉넓이는

$\pi\times10^2\times\dfrac{180}{360}+\pi\times5^2=75\pi$ (cm^2)

답 75π cm^2

채점 기준	
원뿔의 모선의 길이 구하기	20%
원뿔의 전개도에서 옆면인 부채꼴의 중심각의 크기 구하기	40%
답 구하기	40%

13 점 O에서 밑면에 내린 수선의 발을 H라 하면 점 H는 $\overline{AC}$의 중점이므로

$$\overline{AH}=\frac{1}{2}\overline{AC}=\frac{1}{2}\times2\sqrt{2}=\sqrt{2}(cm)$$

직각삼각형 OAH에서

$$\overline{OH}=\sqrt{3^2-(\sqrt{2})^2}=\sqrt{7}(cm)$$ 답 ⑤

14 주어진 전개도로 만든 사각뿔은 오른쪽 그림과 같다.

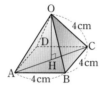

$\overline{AC}=4\sqrt{2}cm$이므로

$$\overline{AH}=2\sqrt{2}cm$$

$$\therefore \overline{OH}=\sqrt{4^2-(2\sqrt{2})^2}=2\sqrt{2}(cm)$$

따라서 구하는 부피는

$$\frac{1}{3}\times4^2\times2\sqrt{2}=\frac{32\sqrt{2}}{3}(cm^3)$$

답 $\frac{32\sqrt{2}}{3}cm^3$

15 꼭짓점 A에서 □BCDE에 내린 수선의 발을 H라 하면

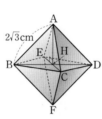

$$\overline{BH}=\frac{1}{2}\times\sqrt{2}\times2\sqrt{3}$$
$$=\sqrt{6}(cm)$$

$$\therefore \overline{AH}=\sqrt{(2\sqrt{3})^2-(\sqrt{6})^2}=\sqrt{6}(cm)$$

따라서 정팔면체의 부피는

$$\left\{\frac{1}{3}\times(2\sqrt{3})^2\times\sqrt{6}\right\}\times2=8\sqrt{6}(cm^3)$$ 답 ⑤

16 $\overline{MB}=\overline{MC}=\frac{\sqrt{3}}{2}\times4=2\sqrt{3}(cm)$이므로

△MBC는 이등변삼각형이다. 점 M에서 $\overline{BC}$에 내린 수선의 발을 H라 하면

$$\overline{MH}=\sqrt{(2\sqrt{3})^2-2^2}=2\sqrt{2}(cm)$$

$$\therefore \triangle MBC=\frac{1}{2}\times4\times2\sqrt{2}=4\sqrt{2}(cm^2)$$

답 ③

17 $\overline{AQ}=\overline{DQ}=\frac{\sqrt{3}}{2}\times10=5\sqrt{3}(cm)$

즉, △QAD는 이등변삼각형이고 $\overline{AP}=\overline{DP}$이므로 $\overline{PQ}\perp\overline{AD}$

△AQP에서 $\overline{AP}=5cm$이므로

$$\overline{PQ}=\sqrt{(5\sqrt{3})^2-5^2}=5\sqrt{2}(cm)$$ 답 $5\sqrt{2}cm$

채점 기준	
$\overline{AQ}$, $\overline{DQ}$의 길이 구하기	30%
$\overline{PQ}\perp\overline{AD}$임을 알기	40%
답 구하기	30%

18 정육면체의 한 모서리의 길이를 a cm라 하면 삼각뿔 B−AFC의 부피는

$$\frac{1}{3}\times\left(\frac{1}{2}\times a\times a\right)\times a=\frac{1}{6}a^3$$

$\frac{1}{6}a^3=36$에서 $a^3=216$ ∴ $a=6$

따라서 대각선의 길이는 $6\sqrt{3}$ cm이다.

답 $6\sqrt{3}cm$

19 ① $\overline{DM}$은 정삼각형 BCD의 높이이므로

$$\overline{DM}=\frac{\sqrt{3}}{2}\times12=6\sqrt{3}(cm)$$

② 점 H는 △BCD의 무게중심이므로

$$\overline{DH}:\overline{HM}=2:1$$

③ $\triangle BCD=\frac{\sqrt{3}}{4}\times12^2=36\sqrt{3}(cm^2)$

④ $\overline{DH}=\frac{2}{3}\overline{DM}=\frac{2}{3}\times6\sqrt{3}=4\sqrt{3}(cm)$이므로

$$\overline{AH}=\sqrt{12^2-(4\sqrt{3})^2}=4\sqrt{6}(cm)$$

⑤ (정사면체의 부피)$=\frac{1}{3}\times36\sqrt{3}\times4\sqrt{6}$

$$=144\sqrt{2}(cm^3)$$ 답 ④

20 단면인 원의 반지름의 길이를 r cm라 하면

$$r=\sqrt{6^2-3^2}=3\sqrt{3}$$

따라서 단면인 원의 넓이는

$$\pi\times(3\sqrt{3})^2=27\pi(cm^2)$$ 답 ③

21 △OAB, △OBC는 정삼각형이므로

$$\overline{BP}=\overline{BQ}=\frac{\sqrt{3}}{2}\times4=2\sqrt{3}(cm)$$

△PBQ에서 $\overline{PQ}$의 중점을 M이라 하면

$$\overline{PQ}=\frac{1}{2}\overline{AC}=\frac{1}{2}\times4=2(cm)$$

$\overline{BM}\perp\overline{PQ}$이므로
$\overline{BM}=\sqrt{(2\sqrt{3})^2-1^2}=\sqrt{11}\,(cm)$

$\therefore \triangle BPQ=\dfrac{1}{2}\times 2\times\sqrt{11}=\sqrt{11}\,(cm^2)$

답 $\sqrt{11}\,cm^2$

채점 기준	
$\overline{BP}$의 길이 구하기	20%
$\overline{PQ}$의 길이 구하기	30%
이등변삼각형 BPQ의 높이 구하기	30%
답 구하기	20%

22 선이 지나는 부분의 전개도를 그리면 다음 그림과 같다.

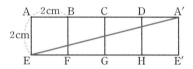

구하는 최단 거리는 $\overline{EA'}$의 길이와 같으므로
$\overline{EA'}=\sqrt{2^2+(2+2+2+2)^2}=2\sqrt{17}\,(cm)$

답 ③

23 주어진 원뿔의 전개도에서 옆면인 부채꼴의 중심각의 크기를 $x°$라고 하면

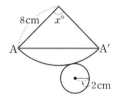

$2\pi\times 8\times\dfrac{x}{360}=2\pi\times 2$

$\therefore x=90$

따라서 구하는 최단 거리는 $\overline{AA'}$의 길이와 같으므로 $\overline{AA'}=\sqrt{8^2+8^2}=8\sqrt{2}\,(cm)$ **답** $8\sqrt{2}\,cm$

24 원기둥의 밑면의 반지름의 길이를 $r$cm라 하면 원기둥의 옆면의 전개도는 다음 그림과 같다.

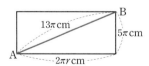

최단 거리는 $\overline{AB}$의 길이와 같으므로 위의 그림에서 $(13\pi)^2=(2\pi r)^2+(5\pi)^2$, $r^2=36$

$\therefore r=6\,(\because r>0)$

따라서 밑면의 반지름의 길이는 6cm이다.

답 $6\,cm$

P. 63~64

Step4 유형클리닉

1 삼각뿔 F－ABC의 부피는
$\dfrac{1}{3}\times\triangle ABC\times\overline{BF}=\dfrac{1}{3}\times\left(\dfrac{1}{2}\times 3\times 3\right)\times 3$
$=\dfrac{9}{2}\,(cm^3)$

$\triangle AFC=\dfrac{\sqrt{3}}{4}\times(3\sqrt{2})^2=\dfrac{9\sqrt{3}}{2}\,(cm^2)$이므로

삼각뿔 B－AFC의 부피는
$\dfrac{1}{3}\times\triangle AFC\times\overline{BI}=\dfrac{1}{3}\times\dfrac{9\sqrt{3}}{2}\times\overline{BI}=\dfrac{3\sqrt{3}}{2}\times\overline{BI}$

따라서 $\dfrac{9}{2}=\dfrac{3\sqrt{3}}{2}\times\overline{BI}$이므로 $\overline{BI}=\sqrt{3}\,(cm)$

답 $\sqrt{3}\,cm$

1-1 $\overline{AE}=5$, $\overline{EG}=\sqrt{4^2+3^2}=5$,
$\overline{AG}=\sqrt{4^2+3^2+5^2}=5\sqrt{2}$이므로 $\triangle AEG$의 둘레의 길이는
$5+5+5\sqrt{2}=10+5\sqrt{2}$

답 $10+5\sqrt{2}$

1-2 $\triangle AEG=\dfrac{1}{2}\times\overline{EG}\times\overline{AE}=\dfrac{1}{2}\times\overline{AG}\times\overline{EI}$이므로
$\dfrac{1}{2}\times 5\times 5=\dfrac{1}{2}\times 5\sqrt{2}\times\overline{EI}$ $\therefore \overline{EI}=\dfrac{5\sqrt{2}}{2}$

답 $\dfrac{5\sqrt{2}}{2}$

2 $\overline{OH}=4$cm이므로 원뿔의 밑면의 반지름의 길이를 $r$cm라 하면 $r=\sqrt{5^2-4^2}=3$

따라서 원뿔의 부피는
$\dfrac{1}{3}\times 9\pi\times 9=27\pi\,(cm^3)$

답 $27\pi\,cm^3$

2-1 직각삼각형 ABC를 직선 AC를 축으로 하여 1회 전시킬 때 생기는 입체도형은 원뿔이고 원뿔의 높이는 $\overline{AC}=\sqrt{(2\sqrt{3})^2-(\sqrt{3})^2}=3\,(cm)$

따라서 원뿔의 부피는
$\dfrac{1}{3}\times 3\pi\times 3=3\pi\,(cm^3)$

답 $3\pi\,cm^3$

2-2 밑면인 원의 반지름의 길이를 r cm라 하면

$$2\pi \times 12 \times \frac{90}{360} = 2\pi r \qquad \therefore r = 3$$

따라서 원뿔의 모선의 길이가 12 cm, 밑면의 반지름의 길이가 3 cm이므로 높이는

$$\sqrt{12^2 - 3^2} = 3\sqrt{15}\,(\text{cm}) \qquad \text{답}\ 3\sqrt{15}\,\text{cm}$$

3 △BCD는 정삼각형이므로

$$\overline{DM} = \frac{\sqrt{3}}{2} \times 10 = 5\sqrt{3}\,(\text{cm}),$$

$$\overline{MH} = \frac{1}{3}\overline{DM} = \frac{5\sqrt{3}}{3}\,(\text{cm})$$

$$\overline{AH} = \frac{\sqrt{6}}{3} \times 10 = \frac{10\sqrt{6}}{3}\,(\text{cm})\text{이므로}$$

$$\triangle AMH = \frac{1}{2} \times \frac{5\sqrt{3}}{3} \times \frac{10\sqrt{6}}{3} = \frac{25\sqrt{2}}{3}\,(\text{cm}^2)$$

$$\text{답}\ \frac{25\sqrt{2}}{3}\,\text{cm}^2$$

3-1 $\overline{AM} = \overline{DM} = \dfrac{\sqrt{3}}{2} \times 8 = 4\sqrt{3}\,(\text{cm})$

점 M에서 밑변 AD에 내린 수선의 발을 H라 하면

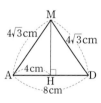

$$\overline{MH} = \sqrt{(4\sqrt{3})^2 - 4^2}$$
$$= 4\sqrt{2}\,(\text{cm})$$

$$\therefore \triangle AMD = \frac{1}{2} \times 8 \times 4\sqrt{2}$$
$$= 16\sqrt{2}\,(\text{cm}^2)$$

$$\text{답}\ 16\sqrt{2}\,\text{cm}^2$$

3-2 구하는 정팔면체의 부피는 오른쪽 그림과 같이 모든 모서리의 길이가 $3\sqrt{2}$ cm인 정사각뿔의 부피의 2배이다.

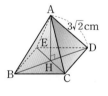

$\overline{BD} = \sqrt{2} \times 3\sqrt{2} = 6\,(\text{cm})$이므로

$$\overline{BH} = \frac{1}{2}\overline{BD} = 3\,(\text{cm})$$

$$\therefore \overline{AH} = \sqrt{(3\sqrt{2})^2 - 3^2} = 3\,(\text{cm})$$

따라서 정팔면체의 부피는

$$\left\{\frac{1}{3} \times (3\sqrt{2})^2 \times 3\right\} \times 2 = 36\,(\text{cm}^3)$$

$$\text{답}\ 36\,\text{cm}^3$$

4 원뿔의 전개도에서 옆면인 부채꼴의 중심각의 크기를 $x°$라고 하면

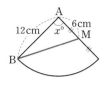

$$2\pi \times 12 \times \frac{x}{360} = 2\pi \times 3$$

$$\therefore x = 90$$

따라서 △ABM은 ∠A=90°인 직각삼각형이고 구하는 최단 거리는 $\overline{BM}$의 길이와 같으므로

$$\overline{BM} = \sqrt{12^2 + 6^2} = 6\sqrt{5}\,(\text{cm})$$

$$\text{답}\ 6\sqrt{5}\,\text{cm}$$

4-1 선이 지나는 부분의 전개도를 그리면 오른쪽 그림과 같고 구하는 최단 거리는 $\overline{DM}$의 길이이다.

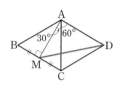

$\overline{AM} = \dfrac{\sqrt{3}}{2} \times 2 = \sqrt{3}\,(\text{cm})$이고, ∠DAM=90°이므로

$$\overline{DM} = \sqrt{(\sqrt{3})^2 + 2^2} = \sqrt{7} \qquad \text{답}\ \sqrt{7}$$

4-2 선이 지나는 부분의 전개도는 오른쪽 그림과 같다.

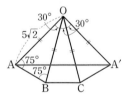

△OAB≡△OBC
≡△OCA′이고
∠OAB=∠OBA=75°이므로
∠AOB=30°   ∴ ∠AOA′=90°

따라서 구하는 최단 거리는 $\overline{AA'}$의 길이와 같으므로

$$\overline{AA'} = \sqrt{(5\sqrt{2})^2 + (5\sqrt{2})^2} = 10$$

$$\text{답}\ 10$$

P. 65

Step**5** 서술형 만점 대비

1 $\overline{AM} = \sqrt{4^2 + 2^2} = 2\sqrt{5}$, $\overline{AN} = \sqrt{4^2 + 2^2} = 2\sqrt{5}$
$\overline{MN} = \sqrt{2^2 + 2^2} = 2\sqrt{2}$

△AMN의 꼭짓점 A에서 밑변 MN에 내린 수선의 발을 H라 하면
$$\overline{AH}=\sqrt{(2\sqrt{5})^2-(\sqrt{2})^2}=3\sqrt{2}$$
$$\therefore \triangle AMN=\frac{1}{2}\times 2\sqrt{2}\times 3\sqrt{2}=6$$
답 6

2 △BDE의 세 변의 길이를 각각 구해 보면
$$\overline{BD}=\sqrt{6^2+6^2}=6\sqrt{2}$$
$$\overline{BE}=\overline{DE}=\sqrt{12^2+6^2}=6\sqrt{5}$$
△BDE의 꼭짓점 E에서 밑변 BD에 내린 수선의 발을 I라 하면
$$\overline{BI}=\sqrt{(6\sqrt{5})^2-(3\sqrt{2})^2}=9\sqrt{2}$$
$$\therefore \triangle BDE=\frac{1}{2}\times 6\sqrt{2}\times 9\sqrt{2}=54$$
삼각뿔 A−BDE의 꼭짓점 A에서 밑면 △BDE에 내린 수선의 길이를 h라 하면 삼각뿔 A−BDE의 부피는
$$\frac{1}{3}\times \triangle ABD\times \overline{AE}=\frac{1}{3}\times \triangle BDE\times h$$
즉, $\frac{1}{3}\times \left(\frac{1}{2}\times 6\times 6\right)\times 12=\frac{1}{3}\times 54\times h$이므로
$$h=4$$
답 4

3 $\overline{AQ}=\overline{BP}=\dfrac{\sqrt{3}}{2}\times 4$
$\qquad\quad =2\sqrt{3}(cm)$
점 Q에서 $\overline{AB}$에 내린 수선의 발을 H라 하면
$\overline{AH}=\dfrac{1}{2}(\overline{AB}-\overline{PQ})=1(cm)$이므로
$\overline{QH}=\sqrt{(2\sqrt{3})^2-1^2}=\sqrt{11}(cm)$
$\therefore \square ABPQ=\dfrac{1}{2}\times (2+4)\times \sqrt{11}=3\sqrt{11}(cm^2)$
답 $3\sqrt{11}\,cm^2$

4 $\overline{AB}=\sqrt{5^2+5^2}=5\sqrt{2}(cm)$이므로 정육각형 ABCDEF의 한 변의 길이는 $5\sqrt{2}\,cm$이다.
정육각형은 합동인 6개의 정삼각형으로 이루어져 있고 한 변의 길이가 $5\sqrt{2}\,cm$인 정삼각형의 넓이는
$$\frac{\sqrt{3}}{4}\times (5\sqrt{2})^2=\frac{25\sqrt{3}}{2}(cm^2)$$
따라서 정육각형 ABCDEF의 넓이는
$$\frac{25\sqrt{3}}{2}\times 6=75\sqrt{3}(cm^2)$$
답 $75\sqrt{3}\,cm^2$

P. 66~68

Step 6 도전 1등급

1 △ABC에서
$\overline{BC}=\sqrt{5^2-3^2}=4(cm)$
오른쪽 그림과 같이 점 D에서 $\overline{AB}$의 연장선에 내린 수선의 발을 E라 하면 $\overline{ED}=\overline{BC}=4cm$, $\overline{BE}=\overline{CD}=1cm$이므로 $\overline{AD}=\sqrt{(3+1)^2+4^2}=4\sqrt{2}(cm)$
답 ②

2 점 A에서 밑변 BC에 내린 수선의 발을 H라 하면

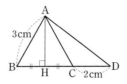

$$\overline{AH}=\frac{\sqrt{3}}{2}\times 3$$
$$=\frac{3\sqrt{3}}{2}\,(cm)$$

$\overline{BH}=\overline{CH}=\frac{3}{2}(cm)$이므로

$$\overline{HD}=\frac{3}{2}+2=\frac{7}{2}(cm)$$

따라서 직각삼각형 AHD에서

$$\overline{AD}=\sqrt{\left(\frac{3\sqrt{3}}{2}\right)^2+\left(\frac{7}{2}\right)^2}=\sqrt{19}(cm)$$

답 $\sqrt{19}\,cm$

3 $\overline{AG}$의 연장선이 $\overline{BC}$와 만나는 점을 H라 하면

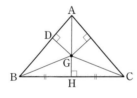

$$\overline{AH}=\sqrt{6^2-4^2}$$
$$=2\sqrt{5}(cm)$$

$$\therefore \overline{GH}=\frac{1}{3}\overline{AH}=\frac{2\sqrt{5}}{3}(cm)$$

$\triangle ABC=\triangle GBC+2\triangle GAB$이므로

$$\frac{1}{2}\times 8\times 2\sqrt{5}=\frac{1}{2}\times 8\times \frac{2\sqrt{5}}{3}+2\times \frac{1}{2}\times 6\times \overline{GD}$$

$$8\sqrt{5}=\frac{8\sqrt{5}}{3}+6\overline{GD}$$

$$\therefore \overline{GD}=\frac{8\sqrt{5}}{9}(cm)$$

답 ④

4 직선 $y=x+k$가 x축 및 y축과 만나는 점을 각각 A, B라 하면 직각삼각형 AOB의 넓이는

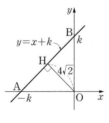

$$\frac{1}{2}\times k\times k$$
$$=\frac{1}{2}\times \overline{AB}\times 4\sqrt{2}$$

$\overline{AB}=\sqrt{2}k$이므로 $k^2=4\sqrt{2}\times \sqrt{2}k$에서

$$k^2-8k=0 \qquad \therefore k=8(\because k>0)$$

답 8

5 $\overline{BD}=\sqrt{6^2+8^2}=10(cm)$

$\overline{AB}\times \overline{AD}=\overline{BD}\times \overline{AE}$이므로 $6\times 8=10\times \overline{AE}$

$$\therefore \overline{AE}=\frac{24}{5}(cm)$$

$$\overline{BE}=\sqrt{6^2-\left(\frac{24}{5}\right)^2}=\frac{18}{5}(cm)$$

$\triangle ABE\equiv \triangle CDF$이므로

$$\overline{DF}=\overline{BE}=\frac{18}{5}(cm)$$

$$\therefore \overline{EF}=\overline{BD}-2\overline{BE}=\frac{14}{5}(cm)$$

답 $\frac{14}{5}\,cm$

6 $\triangle ABC$의 넓이가 $64\sqrt{3}\,cm^2$이므로

$$\frac{\sqrt{3}}{4}\overline{AB}^2=64\sqrt{3}, \ \overline{AB}^2=256$$

$$\therefore \overline{AB}=16(cm)$$

$\overline{AD}=\frac{\sqrt{3}}{2}\times 16=8\sqrt{3}(cm)$이므로

$$\overline{AF}=\frac{\sqrt{3}}{2}\times 8\sqrt{3}=12(cm)$$

$$\therefore \triangle AFG=\frac{\sqrt{3}}{4}\times 12^2=36\sqrt{3}(cm^2)$$

답 $36\sqrt{3}\,cm^2$

7 점 A를 x축에 대하여 대칭이동한 점을 A′이라고 하면 A′$(-1,\ -2)$

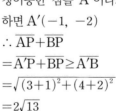

$$\therefore \overline{AP}+\overline{BP}$$
$$=\overline{A'P}+\overline{BP}\geq \overline{A'B}$$
$$=\sqrt{(3+1)^2+(4+2)^2}$$
$$=2\sqrt{13}$$

답 ④

8 $\overline{OA}$를 그으면 $\overline{OA}=10\,cm$

정사각형 ABCD의 한 변의 길이를 $x\,cm$라 하면

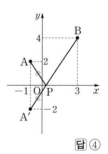

$\overline{OB}=\frac{x}{2}\,cm$이므로 직각삼각형 OAB에서

$$10^2=x^2+\left(\frac{x}{2}\right)^2, \ \frac{5}{4}x^2=100, \ x^2=80$$

$$\therefore x=4\sqrt{5}\ (\because x>0)$$

답 $4\sqrt{5}\,cm$

9 $\overline{DE}=8\,cm$이고

△ADE∽△FCE이므로

$\overline{AD}:\overline{FC}=\overline{DE}:\overline{CE}$,

즉 $12:\overline{FC}=8:4$

∴ $\overline{FC}=6(cm)$

$\overline{AD}/\!/\overline{BF}$이므로 ∠DAE=∠CFE

즉, △APF는 ∠PAF=∠PFA인 이등변삼각형이다.

$\overline{AP}=x\,cm$라 하면

$\overline{FP}=\overline{AP}=x\,cm$이므로

$\overline{BP}=\overline{BF}-\overline{FP}=18-x(cm)$

△ABP에서 $x^2=12^2+(18-x)^2$이므로

$36x=468$ ∴ $x=13$

답 $13\,cm$

10 한 모서리의 길이가 20인 정육면체의 대각선의 길이는 $20\sqrt{3}$이고, 이것은 구의 지름의 길이와 같다. 따라서 구의 반지름의 길이는 $10\sqrt{3}$이다.

답 ④

11 △ABE≡△ADF이므로 $\overline{BE}=\overline{DF}=x\,cm$라고 하면

△ABE에서 $\overline{AE}^2=8^2+x^2$

△FEC에서 $\overline{FE}^2=(8-x)^2+(8-x)^2$

△AEF는 정삼각형이므로 $\overline{AE}=\overline{FE}$

즉, $\overline{AE}^2=\overline{FE}^2$에서

$8^2+x^2=(8-x)^2+(8-x)^2$

$x^2-32x+64=0$

∴ $x=16\pm8\sqrt{3}$

그런데 $0<x<8$이므로

$x=16-8\sqrt{3}$

답 $(16-8\sqrt{3})cm$

12 밑면의 둘레의 길이는 6π이고, 옆면을 두 바퀴 돌아가므로 다음 그림과 같이 옆면을 이루는 직사각형 2개를 이어 붙인 직사각형 $BAA''B''$의 대각선의 길이가 구하는 최단 거리이다.

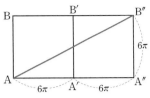

$\overline{AB''}=\sqrt{(6\pi+6\pi)^2+(6\pi)^2}$

$\quad\quad=6\sqrt{5}\pi$

답 $6\sqrt{5}\pi$

P. 69~72

Step 7 대단원 성취도 평가

1 $\overline{AB}:\overline{BC}=1:3$이므로 $\overline{AB}=k$라 하면 $\overline{BC}=3k$

∴ $\overline{AC}=\sqrt{k^2+(3k)^2}=\sqrt{10}k$

$\overline{AB}\times\overline{BC}=\overline{AC}\times\overline{BP}$,

즉 $k\times3k=\sqrt{10}\times k\sqrt{10}$에서

$3k^2=10k$ ∴ $k=\dfrac{10}{3}$ $(∵ k>0)$

∴ $\overline{BC}=3\times\dfrac{10}{3}=10$

답 ④

2 $\overline{AB}=x\,cm$라 하면 $\overline{AC}=\sqrt{x^2+x^2}=\sqrt{2}x(cm)$

$\overline{AD}=\sqrt{(\sqrt{2}x)^2+x^2}=\sqrt{3}x(cm)$

$\overline{AE}=\sqrt{(\sqrt{3}x)^2+x^2}=2x(cm)$

$\overline{AF}=\sqrt{(2x)^2+x^2}=\sqrt{5}x(cm)$

$\overline{AF}=5\sqrt{5}$이므로 $\sqrt{5}x=5\sqrt{5}$ ∴ $x=5$

∴ $\overline{AB}=5\,cm$

답 ⑤

3 두 정사각형의 넓이가 각각 $36\,cm^2$, $16\,cm^2$이므로

$\overline{AB}=\overline{BC}=6\,cm$, $\overline{CE}=4\,cm$

따라서 $\overline{AB}=6\,cm$, $\overline{BE}=\overline{BC}+\overline{CE}=10\,cm$이므로

$\overline{AE}=\sqrt{6^2+10^2}=2\sqrt{34}\,cm$

답 ②

4 꼭짓점 A, D에서 밑변 BC에 내린 수선의 발을 각각 H, H′이라 하면 직각삼각형 ABH에서

$\overline{AB} : \overline{BH} : \overline{AH} = 2 : 1 : \sqrt{3}$

즉, $4 : \overline{BH} : \overline{AH} = 2 : 1 : \sqrt{3}$이므로

$\overline{BH} = 2cm, \overline{AH} = 2\sqrt{3}cm$

또, $\overline{AD} = \overline{HH'} = \overline{BC} - 2\overline{BH} = 10 - 4 = 6(cm)$이므로

$\square ABCD = \dfrac{1}{2} \times (6+10) \times 2\sqrt{3}$
$= 16\sqrt{3}(cm^2)$

답 ②

5 ① $6^2 \neq 3^2 + 5^2$ ② $13^2 \neq 4^2 + 12^2$
③ $9^2 \neq 9^2 + (\sqrt{6})^2$ ④ $6^2 = 4^2 + (2\sqrt{5})^2$
⑤ $(4\sqrt{5})^2 \neq 5^2 + 5^2$

답 ④

6 $\overline{AB} = \sqrt{5^2 + 5^2} = 5\sqrt{2}$이고

$\overline{AB}^2 + \overline{CD}^2 = \overline{AD}^2 + \overline{BC}^2$이므로

$(5\sqrt{2})^2 + \overline{CD}^2 = 6^2 + 7^2, \overline{CD}^2 = 35$

$\therefore \overline{CD} = \sqrt{35}$

답 ④

7 $\triangle ABD$에서 $\overline{AB} : \overline{BD} : \overline{AD} = 2 : 1 : \sqrt{3}$

즉, $8 : \overline{BD} : \overline{AD} = 2 : 1 : \sqrt{3}$이므로

$\overline{BD} = 4cm, \overline{AD} = 4\sqrt{3}cm$

또, $\triangle ADC$에서 $\overline{AD} : \overline{DC} = 1 : 1$이므로

$\overline{DC} = 4\sqrt{3}cm$

$\therefore \overline{BC} = \overline{BD} + \overline{DC} = 4 + 4\sqrt{3} = 4(1 + \sqrt{3})cm$

답 ①

8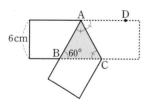

위의 그림에서 $\angle DAC = \angle BAC$(접은 각),

$\angle DAC = \angle ACB$(엇각)이므로

$\angle BAC = \angle ACB = \dfrac{1}{2}(180° - 60°) = 60°$

따라서 $\triangle ABC$는 높이가 $6cm$인 정삼각형이므로 $\triangle ABC$의 한 변의 길이를 $a$cm라고 하면

$\dfrac{\sqrt{3}}{2} = 6 \quad \therefore a = 4\sqrt{3}$

$\therefore \triangle ABC = \dfrac{\sqrt{3}}{4} \times (4\sqrt{3})^2 = 12\sqrt{3}(cm^2)$

답 ②

9 $\overline{AC}^2 = \overline{AB}^2 + \overline{BC}^2$이므로

$(1+2)^2 + (2+3)^2 = (a+2)^2 + (a+4+3)^2$
$\qquad\qquad\qquad\qquad + (1-a)^2 + (2-a-4)^2$

$4a^2 + 20a + 24 = 0, a^2 + 5a + 6 = 0$

$(a+2)(a+3) = 0 \quad \therefore a = -2$ 또는 $a = -3$

따라서 모든 실수 a의 값의 합은 -5이다.

답 ①

10 $\overline{DG} = \sqrt{6^2 + 6^2} = 6\sqrt{2}$

$\overline{GE} = \sqrt{6^2 + 6^2} = 6\sqrt{2}$이므로 $\overline{GM} = 3\sqrt{2}$

$\overline{DM} = \sqrt{\overline{DH}^2 + \overline{MH}^2} = \sqrt{6^2 + (3\sqrt{2})^2} = 3\sqrt{6}$

$\overline{DG}^2 = \overline{GM}^2 + \overline{DM}^2$이므로

$\angle DMG = 90°$

$\therefore \triangle DMG = \dfrac{1}{2} \times 3\sqrt{2} \times 3\sqrt{6} = 9\sqrt{3}$

답 ⑤

11 밑면의 반지름의 길이를 $r$cm라고 하면

$\pi r^2 = 25\pi, r^2 = 25$

$\therefore r = 5 \ (\because r > 0)$

따라서 원뿔의 높이는

$\sqrt{7^2 - 5^2} = 2\sqrt{6}(cm)$

답 ②

12 주어진 전개도로 만든 사각뿔은 오른쪽 그림과 같다.

$\overline{BD} = \sqrt{8^2 + 6^2} = 10(cm)$

$\overline{BH} = 5(cm)$이므로

$\triangle ABH$에서

$\overline{AH} = \sqrt{8^2 - 5^2} = \sqrt{39}(cm)$

따라서 사각뿔의 부피는

$\dfrac{1}{3} \times 8 \times 6 \times \sqrt{39} = 16\sqrt{39}(cm^3)$

답 ①

13 구하는 최단 거리는 오른쪽 그림에서 $\overline{AD'}$의 길이와 같다.

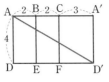

∴ $\overline{AD'}$
$= \sqrt{4^2 + (2+2+3)^2} = \sqrt{65}$

답 ③

14 $\overline{AB} = x$라고 하면 $\overline{BQ} = \dfrac{x}{2}$이므로

$\overline{PQ} = \sqrt{\left(\dfrac{x}{2}\right)^2 + \left(\dfrac{x}{2}\right)^2} = \sqrt{3}$, 즉 $\sqrt{\dfrac{x^2}{2}} = \sqrt{3}$

$\dfrac{x^2}{2} = 3$, $x^2 = 6$ ∴ $x = \sqrt{6}$ $(∵ x > 0)$

답 $\sqrt{6}$

15 $\overline{BA_1} = \overline{BB_2} = \sqrt{2^2 + 2^2} = 2\sqrt{2}$(cm)

$\overline{BA_2} = \overline{BB_3} = \sqrt{2^2 + (2\sqrt{2})^2} = 2\sqrt{3}$(cm)

$\overline{BA_3} = \overline{BB_4} = \sqrt{2^2 + (2\sqrt{3})^2} = 4$(cm)

$\overline{BA_4} = \overline{BB_5} = \sqrt{2^2 + 4^2} = 2\sqrt{5}$(cm)

∴ $\overline{BA_5} = \sqrt{2^2 + (2\sqrt{5})^2} = 2\sqrt{6}$(cm)

답 $2\sqrt{6}$cm

16 오른쪽 그림에서 원뿔의 높이는

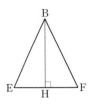

$\overline{AO} = \sqrt{17^2 - 8^2} = 15$(cm)

$\overline{OP} = r$cm라고 하면

$\overline{AP} = 15 - r$(cm)

$\triangle APQ \backsim \triangle ABO$이므로

$r : 8 = (15-r) : 17$

즉, $25r = 120$이므로 $r = \dfrac{24}{5}$

답 $\dfrac{24}{5}$cm

17 $\overline{AC} = 8\sqrt{2}$이므로 $\overline{CH} = 4\sqrt{2}$

$\triangle OHC$에서 $\overline{OH} = \sqrt{9^2 - (4\sqrt{2})^2} = 7$

∴ $\triangle OHC = \dfrac{1}{2} \times 4\sqrt{2} \times 7 = 14\sqrt{2}$

답 $14\sqrt{2}$

18 $\overline{AC} = \sqrt{20^2 - 16^2} = 12$(cm)

어두운 부분의 넓이는 $\triangle ABC$의 넓이와 같으므로 구하는 넓이는

$\dfrac{1}{2} \times 16 \times 12 = 96$(cm²)

답 96cm²

채점 기준	
$\overline{AC}$의 길이 구하기	2점
어두운 부분의 넓이가 $\triangle ABC$의 넓이와 같음을 알기	2점
답 구하기	1점

19 $\overline{EF} = 4$, $\overline{BE} = \overline{BF} = \dfrac{\sqrt{3}}{2} \times 8 = 4\sqrt{3}$

꼭짓점 B에서 $\overline{EF}$에 내린 수선의 발을 H라 하면

$\overline{EH} = 2$이고 $\triangle BEH$에서

$\overline{BH} = \sqrt{(4\sqrt{3})^2 - 2^2} = 2\sqrt{11}$

∴ $\triangle BEF = \dfrac{1}{2} \times 4 \times 2\sqrt{11}$
$= 4\sqrt{11}$

답 $4\sqrt{11}$

채점 기준	
$\triangle BEF$의 세 변의 길이 구하기	2점
$\triangle BEF$의 높이 구하기	2점
답 구하기	2점

중간고사 대비　　　　　　　　　　　　P. 73~77

내신 만점 테스트 1회

1 ③ 편차의 합은 항상 0이다.

답 ③

2 (평균)$=\dfrac{4+(a+4)+(2a+4)}{3}=a+4$

(분산)$=\dfrac{(-a)^2+0^2+a^2}{3}=\dfrac{2}{3}a^2=6$

$a^2=9$　　∴ $a=3$ (∵ $a>0$)

답 ②

3 $\dfrac{x+y+z}{3}=5$에서 $x+y+z=15$　　……㉠

세 개의 변량 $\dfrac{x-5}{2}$, $\dfrac{y-5}{2}$, $\dfrac{z-5}{2}$의 평균은

$\dfrac{1}{3}\left(\dfrac{x-5}{2}+\dfrac{y-5}{2}+\dfrac{z-5}{2}\right)$

$=\dfrac{1}{6}(x+y+z-15)$

$=\dfrac{1}{6}(15-15)=0$ (∵ ㉠)

답 ③

4 편차의 합은 0이므로

$4+(-3)+x+(-1)=0$　　∴ $x=0$

즉, C학생의 성적은 평균과 같다.

① 자료의 값이 클수록 편차도 크므로 A학생의 성적이 가장 높다.

② 작은 값부터 크기순으로 나열하면 B, D, C, A이고, C학생과 D학생의 편차가 다르므로 성적도 다르다. 따라서 중앙값은 C학생과 D학생의 성적의 평균과 같으므로 C학생의 성적과 같지 않다.

③ B학생의 성적은 평균보다 3점 낮고, D학생의 성적은 평균보다 1점 낮으므로 두 학생의 성적의 차는 2점이다.

④ (분산)$=\dfrac{4^2+(-3)^2+0^2+(-1)^2}{4}=\dfrac{26}{4}=6.5$

⑤ 각각의 자료가 같은 값만큼씩 커지거나 작아져도 편차는 변함이 없으므로 편차만으로 평균을 구할 수는 없다.

이상에서 옳은 것은 ③이다.

답 ③

5 도수의 합이 20이므로

$2+a+5+8+b=20$

∴ $a+b=5$　　　　……㉠

(평균)$=\dfrac{2\times2+4\times a+6\times5+8\times8+10\times b}{20}$

$=\dfrac{13}{2}$

$4a+10b=32$

∴ $2a+5b=16$　　　　……㉡

㉠, ㉡을 연립하여 풀면

$a=3$, $b=2$

∴ $a^2+b^2=13$

답 ③

6 a, b, c가 삼각형의 세 변의 길이이므로

$a+b>c$

$\angle{C}=90°$이면 $c^2=a^2+b^2$

따라서 옳은 것은 ①, ⑤이다.

답 ①, ⑤

7 $n>7$이므로 n이 가장 긴 변의 길이이다.

$n<4+7$에서 $n<11$　　　　……㉠

$n^2<4^2+7^2$에서 $n^2-65>0$

$(n+\sqrt{65})(n-\sqrt{65})>0$, $n-\sqrt{65}>0$

∴ $n>\sqrt{65}$　　　　……㉡

㉠, ㉡에서 $\sqrt{65}<n<11$이고 $\sqrt{65}=8.\times\times\times$이므로 자연수 n의 값은 9, 10이다.

따라서 모든 자연수 n의 값의 합은 19이다.

답 ③

8 정삼각형의 한 변의 길이를 x라 하면

(둘레의 길이)$=3x$, (넓이)$=\dfrac{\sqrt{3}}{4}x^2$이므로

$\dfrac{\sqrt{3}}{4}x^2=3x$, $\dfrac{\sqrt{3}}{4}x=3$　　∴ $x=4\sqrt{3}$

답 ⑤

9 $\overline{\text{AC}}=\sqrt{3^2+3^2}=3\sqrt{2}(\text{cm})$

$\overline{\text{AD}}=\sqrt{(3\sqrt{2})^2+3^2}=3\sqrt{3}(\text{cm})$

$\overline{\text{AE}}=\sqrt{(3\sqrt{3})^2+3^2}=6(\text{cm})$

∴ $\overline{\text{AF}}=\sqrt{6^2+3^2}=3\sqrt{5}(\text{cm})$

답 ③

10 $\overline{\text{AB}}=\overline{\text{CD}}=3$, $\overline{\text{AE}}=\sqrt{7}$이므로

$\overline{\text{BE}}=\sqrt{3^2+(\sqrt{7})^2}=4$

$\triangle ABE \equiv \triangle CDB$이므로 $\overline{DB}=\overline{BE}=4$이고

$\angle AEB = \angle CBD = \angle x$,

$\angle ABE = \angle CDB = \angle y$라 하면

$\angle x + \angle y = 90°$ $\therefore \angle DBE = 90°$

$\therefore \overline{DE} = \sqrt{4^2+4^2} = 4\sqrt{2}$ **답** ③

11 $\triangle ABD$에서 $\angle A = 60°$, $\angle ABD = 30°$이므로

$\overline{AB} : \overline{AD} = 2 : 1$

$\therefore \overline{AB} = 2\sqrt{3}$

$\triangle ABC$에서 $\overline{AB} : \overline{BC} = 1 : \sqrt{3}$

즉, $2\sqrt{3} : \overline{BC} = 1 : \sqrt{3}$이므로 $\overline{BC} = 6$

$\therefore \triangle ABC = \dfrac{1}{2} \times 6 \times 2\sqrt{3} = 6\sqrt{3}$ **답** ⑤

12 점 D에서 $\overline{BC}$에 내린 수선의 발을 E라 하면

$\overline{CE} = \dfrac{1}{2}(13-7) = 3(cm)$

$\overline{DE} = \sqrt{9^2-3^2} = 6\sqrt{2}(cm)$

$\therefore \square ABCD = \dfrac{1}{2} \times (7+13) \times 6\sqrt{2}$

$= 60\sqrt{2}(cm^2)$ **답** ②

13 $\overline{AB}^2 + \overline{BC}^2 = \overline{AC}^2$이고

$P = \dfrac{1}{2}\left(\dfrac{\overline{AB}}{2}\right)^2\pi$, $Q = \dfrac{1}{2}\left(\dfrac{\overline{BC}}{2}\right)^2\pi$, $R = \dfrac{1}{2}\left(\dfrac{\overline{AC}}{2}\right)^2\pi$

$\therefore P+Q+R = \dfrac{\overline{AB}^2}{8}\pi + \dfrac{\overline{BC}^2}{8}\pi + \dfrac{\overline{AC}^2}{8}\pi$

$= \dfrac{(\overline{AB}^2 + \overline{BC}^2)}{8}\pi + \dfrac{\overline{AC}^2}{8}\pi$

$= \dfrac{\overline{AC}^2}{8}\pi + \dfrac{\overline{AC}^2}{8}\pi = \dfrac{\overline{AC}^2}{4}\pi$

$= \dfrac{100}{4}\pi = 25\pi$ **답** ②

14 부채꼴의 반지름의 길이를 r cm라 하면

$\pi r^2 \times \dfrac{144}{360} = 40\pi$, $r^2 = 100$ $\therefore r = 10$

부채꼴의 호의 길이는

$2\pi \times 10 \times \dfrac{144}{360} = 8\pi(cm)$

원뿔의 밑면의 반지름의 길이를 x cm라 하면

$2\pi x = 8\pi$ $\therefore x = 4$

원뿔의 높이를 h cm라 하면

$h = \sqrt{10^2 - 4^2} = 2\sqrt{21}(cm)$ **답** ③

15 $\overline{DG} = \sqrt{2} \times 4\sqrt{3} = 4\sqrt{6}$

$\overline{AG} = \sqrt{3} \times 4\sqrt{3} = 12$

$\triangle AGD$에서 $\overline{AG}^2 = \overline{AD}^2 + \overline{DG}^2$이므로

$\angle ADG = 90°$

$\triangle AGD = \dfrac{1}{2} \times \overline{AD} \times \overline{DG} = \dfrac{1}{2} \times \overline{AG} \times \overline{DI}$이므로

$\dfrac{1}{2} \times 4\sqrt{3} \times 4\sqrt{6} = \dfrac{1}{2} \times 12 \times \overline{DI}$

$\therefore \overline{DI} = 4\sqrt{2}$ **답** ⑤

16 $\overline{CH}$의 연장선이 $\overline{AB}$와 만나는 점을 M이라 하면

$\overline{CM} = \dfrac{\sqrt{3}}{2} \times 6 = 3\sqrt{3}(cm)$

$\therefore \overline{CH} = \dfrac{2}{3}\overline{CM} = 2\sqrt{3}(cm)$

$\triangle OHC$에서

$\overline{OH} = \sqrt{6^2 - (2\sqrt{3})^2} = 2\sqrt{6}(cm)$

$\triangle ABC = \dfrac{\sqrt{3}}{4} \times 6^2 = 9\sqrt{3}(cm^2)$이므로

정사면체 $O-ABC$의 부피는

$\dfrac{1}{3} \times 9\sqrt{3} \times 2\sqrt{6} = 18\sqrt{2}(cm^3)$ **답** ①

17 평균이 30이므로

$\dfrac{28+24+42+50+18+20+x+32+28+30}{10} = 30$

$\dfrac{x+272}{10} = 30$ $\therefore x = 28$

이때 주어진 자료를 작은 값부터 크기순으로 나열하면 18, 20, 24, 28, 28, 28, 30, 32, 42, 50이므로 중앙값은 $\dfrac{28+28}{2} = 28$이다. **답** 28

18 69점인 과목을 제외한 11과목의 총점을 a점이라 하고, 실제 점수가 69점인 과목의 점수를 x점으로 잘못 보았다고 하면 x점으로 계산한 평균이 1점 더 나왔으므로

$\dfrac{a+69}{12} + 1 = \dfrac{a+x}{12}$, $a+81 = a+x$

$\therefore x = 81$ **답** 81점

19 $\overline{AB} : \overline{AC} = \overline{BD} : \overline{DC} = 2 : 1$이므로
$\overline{AB} = 2k, \ \overline{AC} = k$라고 하면
$9^2 + k^2 = (2k)^2, \ 3k^2 = 81, \ k^2 = 27$
$\therefore k = 3\sqrt{3}$

답 $3\sqrt{3}$

20 $\overline{BC} /\!/ \overline{DE}$이므로 $\triangle ABC \backsim \triangle ADE$
$\overline{AB} : \overline{AD} = \overline{BC} : \overline{DE}$,
즉 $10 : 4 = \overline{BC} : 6$에서
$\overline{BC} = 15$
$\therefore \overline{BE}^2 + \overline{CD}^2 = \overline{BC}^2 + \overline{DE}^2$
$= 15^2 + 6^2$
$= 261$

답 261

21 밑면의 둘레의 길이는 6π이고, 옆면을 두 바퀴 돌아가므로 다음 그림과 같이 옆면을 이루는 직사각형 2개를 이어 붙인 직사각형 $BAA''B''$의 대각선의 길이가 구하는 최단 거리이다.

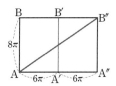

$\therefore \overline{AB''} = \sqrt{(6\pi + 6\pi)^2 + (8\pi)^2}$
$= 4\sqrt{13}\pi$

답 $4\sqrt{13}\pi$

22 평균이 1이므로
$\dfrac{-3 - 2 + a + b + b}{5} = 1$
$\therefore a + 2b = 10$ ...... ㉠
각 변량에 대한 편차는 $-4, \ -3, \ a-1, \ b-1,$ $b-1$이고 분산이 11.6이므로
$\dfrac{(-4)^2 + (-3)^2 + (a-1)^2 + (b-1)^2 + (b-1)^2}{5} = 11.6$
$(a-1)^2 + 2(b-1)^2 = 33$ ...... ㉡
㉠에서 $a = 10 - 2b$이므로 이 식을 ㉡에 대입하면
$(9 - 2b)^2 + 2(b-1)^2 = 33$
$3b^2 - 20b + 25 = 0, \ (b-5)(3b-5) = 0$
$\therefore b = 5$ 또는 $b = \dfrac{5}{3}$

그런데 b는 정수이므로 $b = 5, \ a = 0$

답 $a = 0, \ b = 5$

채점 기준

평균을 이용하여 a, b에 관한 식 구하기	2점
분산을 이용하여 a, b에 관한 식 구하기	2점
답 구하기	3점

23 $\overline{AF}, \ \overline{CE}$를 그으면
$\overline{AB} = \overline{EB}, \ \overline{BF} = \overline{BC}$
$\angle ABF = \angle EBC = 90° + \angle ABC$
$\therefore \triangle ABF \equiv \triangle EBC$ (SAS 합동)
$\overline{DA} /\!/ \overline{EB}$이므로
$\triangle EBC = \triangle AEB = \dfrac{1}{2} \times 8 \times 8 = 16$
$\overline{BF} /\!/ \overline{AM}$이므로
$\triangle ABF = \triangle BFN$
$\therefore \triangle BFN = \triangle ABF = \triangle EBC = 8$

답 8

채점 기준

$\triangle ABF$와 $\triangle EBC$가 합동임을 알기	1점
$\triangle EBC$와 $\triangle AEB$가 넓이가 같음을 알기	2점
$\triangle ABF$와 $\triangle BFN$이 넓이가 같음을 알기	2점
답 구하기	1점

내신 만점 테스트 2회

1 각 변량이 흩어져 있는 정도를 하나의 수로 나타낸 값은 산포도이고, 산포도에는 분산, 표준편차가 있다.   **답** ⑤

2 ③ 편차는 어떤 자료의 각 변량에서 그 자료의 평균을 뺀 값을 말한다.

④ 편차의 평균은 항상 0이므로 편차의 평균으로 변량들이 흩어져 있는 정도를 알 수 없다.   **답** ③, ④

3 6명의 점수를 각각 a, b, c, d, e, f라 하고 평균을 m, 표준편차를 s라 하면

$$m = \frac{a+b+c+d+e+f}{6}$$

$$s = \sqrt{\frac{(a-m)^2+(b-m)^2+(c-m)^2+(d-m)^2+(e-m)^2+(f-m)^2}{6}}$$

6명의 점수가 각각 5점씩 올라가면 6명의 점수는 $a+5$, $b+5$, $c+5$, $d+5$, $e+5$, $f+5$이므로 평균은

$$\frac{a+b+c+d+e+f}{6}+5 = m+5$$

이고 각 변량에 대한 편차는 $a-m$, $b-m$, $c-m$, $d-m$, $e-m$, $f-m$이므로 표준편차는 s이다.

따라서 평균은 5점 올라가고 표준편차는 변하지 않는다.   **답** ⑤

4 조건 (개)에서 25보다 크거나 같은 값이 2개이어야 하므로 $a \geq 25$

조건 (내)에서 $\dfrac{30+40}{2} = 35$이므로 4개의 변량을 크기가 작은 것부터 차례로 나열하면 30과 40이 2번째와 3번째 변량이 되어야 한다.

$\therefore a \leq 30$

이상에서 $25 \leq a \leq 30$ **답** ④

5 ① D학생의 편차를 x라 하면 편차의 총합은 0이므로 $5+(-2)+(-1)+x+2=0$

$\therefore x = -4$

② 편차는 변량에서 평균을 뺀 값이므로 평균보다 높은 점수를 얻은 학생의 편차는 양수이다. 따라서 평균보다 높은 점수를 얻은 학생은 A와 E이다.

③ C학생의 성적에서 평균을 뺀 값이 -1이므로 C학생의 성적은 평균보다 1점이 낮다.

④ A학생은 평균보다 5점 높은 점수를 받았고, D학생은 평균보다 4점 낮은 점수를 받았으므로 두 학생의 점수 차는 9점이다.

⑤ (분산) $= \dfrac{5^2+(-2)^2+(-1)+(-4)^2+2^2}{6}$

$= 10$

이므로 표준편차는 $\sqrt{10}$점이다.   **답** ⑤

6 $\overline{AB} = \sqrt{(6-2)^2+(4-1)^2} = 5$ **답** ④

7 직각을 낀 두 변의 길이를 각각 x, y라 하면

$$x^2+y^2 = 25^2 \quad\quad \cdots\cdots \text{㉠}$$

이 삼각형의 넓이가 $84\,cm^2$이므로

$$\frac{1}{2}xy = 84 \quad \therefore xy = 168 \quad\quad \cdots\cdots \text{㉡}$$

㉠ $+2 \times$ ㉡을 하면 $x^2+y^2+2xy = 625+336$

$(x+y)^2 = 961$

$\therefore x+y = 31 \ (\because x>0, \ y>0)$

따라서 세 변의 길이의 합은

$x+y+25 = 56\,(cm)$ **답** ③

8 (ㄱ) $5^2 < 3^2+5^2$ (ㄴ) $3^2 > 2^2+(\sqrt{3})^2$

(ㄷ) $4^2 = 3^2+(\sqrt{7})^2$ (ㄹ) $7^2 < 5^2+6^2$

(ㅁ) $5^2 > 2^2+(\sqrt{10})^2$

따라서 예각삼각형인 것은 (ㄱ), (ㄹ)이다.   **답** ②

9 △ABD에서 $\overline{BD} = \sqrt{9^2+12^2} = 15$

$\overline{AB} \times \overline{AD} = \overline{BD} \times \overline{AP}$, 즉 $9 \times 12 = 15 \times \overline{AP}$

이므로

$\overline{AP} = \dfrac{36}{5}$ $\therefore \overline{BP} = \sqrt{9^2-\left(\dfrac{36}{5}\right)^2} = \dfrac{27}{5}$

△ABP≡△CDQ이므로 $\overline{BP} = \overline{DQ}$

$\therefore \overline{PQ} = 15 - 2 \times \dfrac{27}{5} = \dfrac{21}{5}$ **답** ④

10 $\overline{OA}=\sqrt{2}$, $\overline{OB}=\sqrt{3}$, $\overline{OC}=2$

$\triangle OFC$에서 $\overline{OC}=2$, $\overline{OF}=\sqrt{3}$, $\overline{CF}=1$이고

$\angle OFC=90°$이므로 $\angle COF=30°$

(부채꼴 COG의 넓이)$=\pi\times2^2\times\dfrac{30}{360}=\dfrac{\pi}{3}$

$\triangle COF=\dfrac{1}{2}\times\sqrt{3}\times1=\dfrac{\sqrt{3}}{2}$

따라서 어두운 부분의 넓이는 $\dfrac{\pi}{3}-\dfrac{\sqrt{3}}{2}$

답 ②

11 $\triangle ABF\equiv\triangle EDF$이므로 $\overline{AF}=\overline{EF}=x$ cm,

$\overline{BF}=\overline{DF}=y$ cm라고 하면

$x+y=8$에서 $y=8-x$ ⋯⋯ ㉠

$\triangle ABF$에서 $36+x^2=y^2$ ⋯⋯ ㉡

㉠, ㉡에서 $36+x^2=(8-x)^2$이므로 $x=\dfrac{7}{4}$

$\therefore \triangle DEF=\dfrac{1}{2}\times\dfrac{7}{4}\times6=\dfrac{21}{4}(\text{cm}^2)$

답 ①

12 $\overline{AP}^2+\overline{CP}^2=\overline{BP}^2+\overline{DP}^2$이므로

$8^2+7^2=9^2+\overline{DP}^2$, $\overline{DP}^2=32$

$\therefore \overline{DP}=4\sqrt{2}$

답 ②

13 $4^2+3^2+x^2$이므로 $x^2=39$

$\therefore x=\sqrt{39}$

답 ⑤

14 정육면체의 한 모서리의 길이를 a라 하면

$\triangle BCD$는 한 변의 길이가 $\sqrt{2}a$인 정삼각형이므로

$\dfrac{\sqrt{3}}{4}\times(\sqrt{2}a)^2=5\sqrt{3}$, $a^2=10$

$\therefore a=\sqrt{10}$

따라서 구하는 삼각뿔 A−BCD의 부피는

$\dfrac{1}{3}\times\left(\dfrac{1}{2}\times\sqrt{10}\times\sqrt{10}\right)\times\sqrt{10}=\dfrac{5\sqrt{10}}{3}$

답 ③

15 정팔면체의 한 모서리의 길이를 x라고 하면

$\sqrt{2}x=2r$ $\therefore x=\sqrt{2}r$

오른쪽 그림과 같이 모든 모서리의 길이가 $\sqrt{2}r$인 정사각뿔의 높이는 r이므로 구하는 정팔면체의 부피는

$\dfrac{1}{3}\times(\sqrt{2}r)^2\times r\times2=\dfrac{4}{3}r^3$

답 ④

16 원뿔대의 옆면의 전개도는 오른쪽 그림과 같고

$\overparen{AA'}=2\pi\times4=8\pi$

$\overparen{BB'}=2\pi\times2=4\pi$

$\angle AOA'=x°$라고 하면

$2\pi\times16\times\dfrac{x}{360}=8\pi$에서

$x=90$ $\therefore \angle AOA'=90°$

$\overparen{AA'}:\overparen{BB'}=2:1$이므로 $\overline{OA}:\overline{OB}=2:1$

$\therefore \overline{OB}=8(\text{cm})$

따라서 구하는 최단 거리는 $\overline{AM'}$의 길이와 같고

$\overline{OM'}=8+\dfrac{8}{2}=12(\text{cm})$이므로

$\overline{AM'}=\sqrt{16^2+12^2}=20(\text{cm})$

답 ⑤

17 삼각뿔 F−ABC의 부피는

$\dfrac{1}{3}\times\left(\dfrac{1}{2}\times4\times4\right)\times4=\dfrac{32}{3}$ ⋯⋯ ㉠

$\overline{AC}=\overline{AF}=\overline{CF}=4\sqrt{2}$이므로

$\triangle AFC=\dfrac{\sqrt{3}}{4}\times(4\sqrt{2})^2=8\sqrt{3}$

삼각뿔 B−ACF의 부피는

$\dfrac{1}{3}\times8\sqrt{3}\times\overline{BI}$ ⋯⋯ ㉡

㉠, ㉡에서 $\dfrac{8\sqrt{3}}{3}\times\overline{BI}=\dfrac{32}{3}$

$\therefore \overline{BI}=\dfrac{4\sqrt{3}}{3}$

답 ②

18 $\dfrac{a+b+c}{3}=2$에서 $a+b+c=6$ ⋯⋯ ㉠

$\dfrac{(a-2)^2+(b-2)^2+(c-2)^2}{3}=2$에서

$a^2+b^2+c^2-4(a+b+c)+12=6$

$a^2+b^2+c^2-4\times6+12=6$ ($\because$ ㉠)

$\therefore a^2+b^2+c^2=18$

따라서 a^2, b^2, c^2의 평균은

$\dfrac{a^2+b^2+c^2}{3}=\dfrac{18}{3}=6$

답 6

19 학생들의 국어 성적을 표로 나타내면 다음과 같다.

변량	56	57	58	59	60	61	62	합계
도수	1	3	0	1	2	2	1	10

$$(평균)=\frac{1}{10}(56\times1+57\times3+58\times0+59\times1$$
$$+60\times2+61\times2+62\times1)$$
$$=\frac{590}{10}=59(점)$$
$$(분산)=\frac{1}{10}\{(-3)^2\times1+(-2)^2\times3+(-1)^2\times0$$
$$+0^2\times1+1^2\times2+2^2\times2+3^2\times1\}$$
$$=\frac{40}{10}=4$$
$$\therefore (표준편차)=\sqrt{4}=2(점)$$ **답** 2점

20 $\triangle ABC$에서 $\overline{AB}=x$라 하면
$$x^2+x^2=(2\sqrt{2})^2,\ x^2=4\quad \therefore x=2$$
$\triangle ACD$에서 $\overline{CD}=\sqrt{2^2-(\sqrt{3})^2}=1$ **답** 1

21 점 A에서 밑변 BC에 내린 수선의 발을 H라 하고 $\overline{BH}=x$라 하면

$\overline{CH}=21-x$
$\triangle ABH$에서 $\overline{AH}^2=10^2-x^2$,
$\triangle ACH$에서 $\overline{AH}^2=17^2-(21-x)^2$이므로
$$10^2-x^2=17^2-(21-x)^2,\ 42x=252$$
$$\therefore x=6$$
따라서 $\overline{AH}=\sqrt{10^2-6^2}=8$이므로
$$\triangle ABC=\frac{1}{2}\times21\times8=84$$ **답** 84

22 직육면체의 가로의 길이, 세로의 길이, 높이를 각각 $x,\ y,\ z$라 하면
$$4x+4y+4x=48$$
$$\therefore x+y+z=12 \quad\cdots\cdots ㉠$$
$$x^2+y^2+z^2=66 \quad\cdots\cdots ㉡$$
㉠의 양변을 제곱하면
$$x^2+y^2+z^2+2xy+2yx+2xz=144$$
$$66+2xy+2yz+2xz=144\ (\because ㉡)$$
$$\therefore 2xy+2yz+2xz=78$$
따라서 직육면체의 겉넓이는 78이다. **답** 78

23 $\overline{AR}=\overline{FP}=\overline{GR}=\sqrt{2^2+4^2}=2\sqrt{5}$
$\overline{PQ}=\overline{PR}=\overline{QR}=\sqrt{(2\sqrt{5})^2+2^2}=2\sqrt{6}$
따라서 $\triangle PQR$는 한 변의 길이가 $2\sqrt{6}$인 정삼각형이므로
$$\triangle PQR=\frac{\sqrt{3}}{4}\times(2\sqrt{6})^2=6\sqrt{3}$$
답 $6\sqrt{3}$

채점 기준	
$\overline{AR}$, $\overline{FP}$, $\overline{GR}$의 길이 구하기	2점
$\overline{PQ}$, $\overline{PR}$, $\overline{QR}$의 길이 구하기	2점
답 구하기	2점

24 주어진 삼각형을 직선 l을 축으로 하여 1회전시킬 때 생기는 입체도형은 오른쪽 그림과 같다.

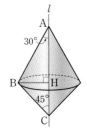

점 B에서 직선 l에 내린 수선의 발을 H라 하면
$\overline{AH}:\overline{AB}=\sqrt{3}:2$이므로
$$\overline{AH}:6=\sqrt{3}:2$$
$$\therefore \overline{AH}=3\sqrt{3}$$
$\overline{BH}:\overline{AB}=1:2$이므로 $\overline{BH}:6=1:2$
$$\therefore \overline{BH}=3$$
$\overline{CH}:\overline{BH}=1:1$이므로 $\overline{CH}=3$
따라서 구하는 부피는
$$\frac{1}{3}\pi\times3^2\times3\sqrt{3}+\frac{1}{3}\pi\times3^2\times3=9(1+\sqrt{3})\pi$$
답 $9(1+\sqrt{3})\pi$

채점 기준	
회전체의 모양 알기	2점
$\overline{AH}$, $\overline{BH}$, $\overline{CH}$의 길이 구하기	2점
답 구하기	2점

정답 · 및 해설

3000제 꿀꺽수학

01 삼각비

P. 84~87

Step**1** 교과서 이해

01 사인, $\sin A$

02 코사인, $\cos A$

03 탄젠트, $\tan A$

04 삼각비

05 $\dfrac{3}{5}$

06 $\dfrac{4}{5}$

07 $\dfrac{3}{4}$

08 $\dfrac{4}{5}$

09 $\dfrac{3}{5}$

10 $\dfrac{4}{3}$

11 $\overline{AC}=\sqrt{3^2+6^2}=3\sqrt{5}$ 답 $3\sqrt{5}$

12 $\dfrac{6}{3\sqrt{5}}=\dfrac{2\sqrt{5}}{5}$ … 답

13 $\dfrac{3}{3\sqrt{5}}=\dfrac{\sqrt{5}}{5}$ … 답

14 $\dfrac{6}{3}=2$ … 답

15 $\sin C=\dfrac{\overline{AB}}{\overline{AC}}$ 이므로 $\dfrac{10}{\overline{AC}}=\dfrac{2}{3}$
$\therefore \overline{AC}=15$ 답 15

16 $\overline{BC}=\sqrt{15^2-10^2}=5\sqrt{5}$ 답 $5\sqrt{5}$

17 $\sin x=\dfrac{\overline{BC}}{\overline{AC}}=\dfrac{\overline{BD}}{\overline{AB}}=\dfrac{\overline{CD}}{\overline{BC}}$
답 (가) : $\overline{BC}$, (나) : $\overline{AB}$, (다) : $\overline{CD}$

18 $\cos x=\dfrac{\overline{AB}}{\overline{AC}}=\dfrac{\overline{AD}}{\overline{AB}}=\dfrac{\overline{BD}}{\overline{BC}}$
답 (가) : $\overline{AB}$, (나) : $\overline{AD}$, (다) : $\overline{BC}$

19 $\tan x=\dfrac{\overline{BC}}{\overline{AB}}=\dfrac{\overline{BD}}{\overline{AD}}=\dfrac{\overline{CD}}{\overline{BD}}$
답 (가) : $\overline{BC}$, (나) : $\overline{BD}$, (다) : $\overline{BD}$

20 $\sin A=\dfrac{3}{4}$ 이므로 오른쪽 그림과 같은 삼각형 ABC를 생각할 수 있다. 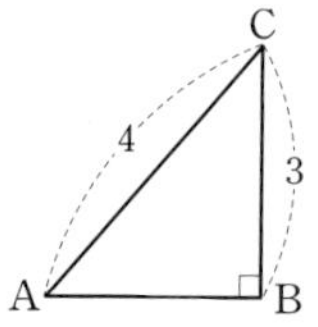
$\overline{AB}=\sqrt{4^2-3^2}=\sqrt{7}$ 이므로
$\cos A=\dfrac{\sqrt{7}}{4}$, $\tan A=\dfrac{3}{\sqrt{7}}=\dfrac{3\sqrt{7}}{7}$ … 답

21 $\dfrac{1}{\sqrt{2}}=\dfrac{\sqrt{2}}{2}$

22 $\dfrac{1}{\sqrt{2}}=\dfrac{\sqrt{2}}{2}$

23 $\dfrac{1}{1}=1$

24 $\dfrac{1}{2}$

25 $\dfrac{\sqrt{3}}{2}$

26 $\dfrac{1}{\sqrt{3}}=\dfrac{\sqrt{3}}{3}$

27 $\dfrac{\sqrt{3}}{2}$

28 $\dfrac{1}{2}$

29 $\dfrac{\sqrt{3}}{1}=\sqrt{3}$

30 $\dfrac{1}{2} \times \dfrac{\sqrt{3}}{2} + \dfrac{\sqrt{3}}{2} \times \dfrac{1}{2} = \dfrac{\sqrt{3}}{4} + \dfrac{\sqrt{3}}{4}$
$= \dfrac{\sqrt{3}}{2} \cdots$ 답

31 $\dfrac{\sqrt{3}}{2} - 1 \times \dfrac{\sqrt{3}}{2} = \dfrac{\sqrt{3}}{2} - \dfrac{\sqrt{3}}{2} = 0 \cdots$ 답

32 $\sqrt{3} \times 1 + \dfrac{\sqrt{3}}{3} \times 1 = \sqrt{3} + \dfrac{\sqrt{3}}{3} = \dfrac{4\sqrt{3}}{3} \cdots$ 답

33 $\left(1 + \dfrac{\sqrt{3}}{3}\right)\left(1 - \dfrac{\sqrt{3}}{3}\right) = 1 - \dfrac{1}{3} = \dfrac{2}{3} \cdots$ 답

34 $\left(\dfrac{\sqrt{2}}{2} + \sqrt{3}\right)^2 = \dfrac{1}{2} + \sqrt{6} + 3 = \dfrac{7}{2} + \sqrt{6} \cdots$ 답

35 $\dfrac{1}{2} \times \dfrac{\sqrt{2}}{2} + \dfrac{\sqrt{3}}{2} \times \dfrac{\sqrt{2}}{2} = \dfrac{\sqrt{2} + \sqrt{6}}{4} \cdots$ 답

36 $\dfrac{1}{2} \times \dfrac{\sqrt{2}}{2} + \dfrac{\sqrt{2}}{2} \times \dfrac{\sqrt{2}}{2} = \dfrac{\sqrt{2} + 2}{4} \cdots$ 답

37 $\left(\dfrac{\sqrt{3}}{2}\right)^2 \times \sqrt{3} - \sqrt{3} \times \left(\dfrac{\sqrt{2}}{2}\right)^2 = \dfrac{3\sqrt{3}}{4} - \dfrac{\sqrt{3}}{2}$
$= \dfrac{\sqrt{3}}{4} \cdots$ 답

38 $\dfrac{1}{2}\left(\dfrac{\sqrt{2}}{2} + \dfrac{1}{2} - \dfrac{\sqrt{2}}{2}\right) = \dfrac{1}{4} \cdots$ 답

39 $\cos 45° = \dfrac{x}{6} = \dfrac{\sqrt{2}}{2} \qquad \therefore x = 3\sqrt{2}$
$\sin 45° = \dfrac{y}{6} = \dfrac{\sqrt{2}}{2} \qquad \therefore y = 3\sqrt{2}$
답 $x = 3\sqrt{2},\ y = 3\sqrt{2}$

40 $\tan 45° = \dfrac{\sqrt{2}}{x} = 1 \qquad \therefore x = \sqrt{2}$
$\sin 45° = \dfrac{\sqrt{2}}{y} = \dfrac{\sqrt{2}}{2} \qquad \therefore y = 2$
답 $x = \sqrt{2},\ y = 2$

41 $\sin 30° = \dfrac{2}{x} = \dfrac{1}{2} \qquad \therefore x = 4$
$\cos 30° = \dfrac{y}{4} = \dfrac{\sqrt{3}}{2} \qquad \therefore y = 2\sqrt{3}$
답 $x = 4,\ y = 2\sqrt{3}$

42 $\cos 60° = \dfrac{x}{6} = \dfrac{1}{2} \qquad \therefore x = 3$
$\sin 60° = \dfrac{y}{6} = \dfrac{\sqrt{3}}{2} \qquad \therefore y = 3\sqrt{3}$
답 $x = 3,\ y = 3\sqrt{3}$

43 $\angle C = 30°$이므로 $\tan 30° = \dfrac{y}{4} = \dfrac{\sqrt{3}}{3}$
$\therefore y = \dfrac{4\sqrt{3}}{3}$
$\tan 60° = \dfrac{y}{x} = \sqrt{3}$에서
$x = \dfrac{y}{\sqrt{3}} = \dfrac{4\sqrt{3}}{3} \times \dfrac{1}{\sqrt{3}} = \dfrac{4}{3}$
답 $x = \dfrac{4}{3},\ y = \dfrac{4\sqrt{3}}{3}$

44 $\sin x = \dfrac{\overline{AD}}{\overline{OD}} = \dfrac{\overline{AD}}{1} = \overline{AD}$ 답 $\sin x$

45 $\cos x = \dfrac{\overline{OA}}{\overline{OD}} = \dfrac{\overline{OA}}{1} = \overline{OA}$ 답 $\cos x$

46 $\tan x = \dfrac{\overline{BC}}{\overline{OB}} = \dfrac{\overline{BC}}{1} = \overline{BC}$ 답 $\tan x$

47 $\cos x = \dfrac{\overline{OB}}{\overline{OC}} = \dfrac{1}{\overline{OC}} \qquad \therefore \overline{OC} = \dfrac{1}{\cos x}$
답 $\dfrac{1}{\cos x}$

48 0.6428

49 0.7660

50 0.8391

51 $0 + 0 = 0 \cdots$ 답

52 $0 + 1 - 1 = 0 \cdots$ 답

53 $\dfrac{\sqrt{3}}{2} \times 1 + 0 \times \dfrac{1}{2} = \dfrac{\sqrt{3}}{2} \cdots$ 답

54 $\dfrac{\sqrt{2}}{2} \times 0 + \dfrac{\sqrt{2}}{2} \times 0 = 0 \cdots$ 답

55 $1 \times \dfrac{\sqrt{3}}{2} + 1 \times \dfrac{1}{2} = \dfrac{\sqrt{3} + 1}{2} \cdots$ 답

56 $<$

57 $=$

58 $>$

59 $<$

60 =

61 <

62 >

63 <

64 <

65 >

66 <

67 <

68 0.2079

69 0.9063

70 4.0108

71 0.7880

72 0.5736

73 1.3764

74 54

75 51

76 53

P. 88~89

Step**2** 개념탄탄

01 $\overline{AC}=\sqrt{16^2+12^2}=20$이므로

$\cos A=\dfrac{16}{20}=\dfrac{4}{5}$　　　　답 ④

---

02 $\overline{AB}=\sqrt{7^2-5^2}=2\sqrt{6}$이므로

$\cos A+\tan A=\dfrac{2\sqrt{6}}{7}+\dfrac{5}{2\sqrt{6}}$

$=\dfrac{2\sqrt{6}}{7}+\dfrac{5\sqrt{6}}{12}$

$=\dfrac{59\sqrt{6}}{84}$　　답 $\dfrac{59\sqrt{6}}{84}$

03 $\sin A=\dfrac{15}{17}$이므로 오른쪽 그림
과 같은 직각삼각형 ABC를 생
각할 수 있다.

$\overline{AB}=\sqrt{17^2-15^2}=8$이므로

$\cos A=\dfrac{8}{17}$　　　답 ③

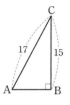

04 $\overline{AC}=\sqrt{5^2-3^2}=4$이므로

$\angle BAD=\angle ACD,\ \angle CAD=\angle ABD$이므로

$\sin x+\sin y=\sin C+\sin B$

$=\dfrac{3}{5}+\dfrac{4}{5}=\dfrac{7}{5}$　　답 $\dfrac{7}{5}$

05 $\tan A=\dfrac{1}{3}$이므로 오른쪽
그림과 같은 직각삼각형
ABC를 생각할 수 있다.

$\overline{AC}=\sqrt{3^2+1^2}=\sqrt{10}$이므로

$\sin A\times\cos A=\dfrac{1}{\sqrt{10}}\times\dfrac{3}{\sqrt{10}}=\dfrac{3}{10}$　　답 ②

06 $\cos A=\dfrac{10}{\overline{AC}}=\dfrac{5}{6}$이므로 $\overline{AC}=12$

$\overline{BC}=\sqrt{12^2-10^2}=2\sqrt{11}$이므로

$\therefore\cos C=\dfrac{2\sqrt{11}}{12}=\dfrac{\sqrt{11}}{6}$　　답 $\dfrac{\sqrt{11}}{6}$

07 $\dfrac{1}{2}\times\sqrt{3}+\dfrac{\sqrt{3}}{2}\times1^2=\dfrac{\sqrt{3}}{2}+\dfrac{\sqrt{3}}{2}=\sqrt{3}$　　답 ④

08 $\cos 30°=\dfrac{6}{x}=\dfrac{\sqrt{3}}{2}$이므로 $x=4\sqrt{3}$

$\tan 30°=\dfrac{y}{6}=\dfrac{\sqrt{3}}{3}$이므로 $y=2\sqrt{3}$

$\therefore x+y=6\sqrt{3}$　　　답 ①

09 $\triangle ABC$에서 $\tan 60°=\dfrac{\overline{BC}}{2}=\sqrt{3}$이므로

$\overline{BC}=2\sqrt{3}$

$\triangle$BCD에서 $\sin 45° = \dfrac{\overline{BC}}{\overline{BD}} = \dfrac{2\sqrt{3}}{\overline{BD}} = \dfrac{\sqrt{2}}{2}$

$\therefore \overline{BD} = 2\sqrt{6}$

답 $2\sqrt{6}$

10 $0 - \dfrac{\sqrt{3}}{3} \times \sqrt{3} + 0 = -1$ 답 ②

11 ① $\sin 0° = \tan 0° = 0,\ \cos 0° = 1$

② $\sin 45° = \cos 45° = \dfrac{\sqrt{2}}{2},\ \tan 45° = 1$

③ $\sin 90° = 1,\ \cos 90° = 0,\ \tan 90°$의 값은 정할 수 없다.

④ $\sin 0° = \cos 90° = \tan 0° = 0$

⑤ $\sin 90° = \cos 0° = \tan 45° = 1$ 답 ④, ⑤

12 $45° < x < 90°$일 때 $\cos x < \sin x < \tan x$이고 $\tan x$의 값은 x의 값이 $90°$에 가까워지면 무한히 커진다. 따라서 옳지 않은 것은 ⑤이다.

답 ⑤

P. 90~93

Step**3** 실력완성

1 $\overline{AB} = \sqrt{12^2 + 9^2} = 15$이므로

① $\sin A = \dfrac{12}{15} = \dfrac{4}{5}$ ② $\sin B = \dfrac{9}{15} = \dfrac{3}{5}$

③ $\cos A = \dfrac{9}{15} = \dfrac{3}{5}$ ④ $\cos B = \dfrac{12}{15} = \dfrac{4}{5}$

⑤ $\tan B = \dfrac{9}{15} = \dfrac{3}{4}$ 답 ⑤

2 $\sin B = \dfrac{\overline{AH}}{c},\ \sin C = \dfrac{\overline{AH}}{b}$이므로

$\dfrac{\sin B}{\sin C} = \dfrac{\overline{AH}}{c} \div \dfrac{\overline{AH}}{b} = \dfrac{b}{c}$ 답 ④

3 $\triangle$ABD에서 $\sin 45° = \dfrac{\overline{AD}}{8} = \dfrac{\sqrt{2}}{2}$이므로

$\overline{AD} = 4\sqrt{2}$

$\triangle$ADC에서 $\sin 30° = \dfrac{\overline{AD}}{\overline{AC}} = \dfrac{4\sqrt{2}}{\overline{AC}} = \dfrac{1}{2}$

$\therefore \overline{AC} = 8\sqrt{2}$ 답 $8\sqrt{2}$

채점 기준	
$\overline{AD}$의 길이 구하기	50%
$\overline{AC}$의 길이 구하기	50%

4 $\sin A = \dfrac{12}{13}$이므로 오른쪽 그림과 같은 직각삼각형 ABC를 생각할 수 있다.

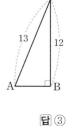

$\overline{AB} = \sqrt{13^2 - 12^2} = 5$이므로

$\cos A \times \tan A = \dfrac{5}{13} \times \dfrac{12}{5}$

$= \dfrac{12}{13}$ 답 ③

5 $\angle A = 90°$이고 $\sin B = \dfrac{3}{4}$이므로 오른쪽 그림과 같은 직각삼각형 ABC를 생각할 수 있다.

$\overline{AB} = \sqrt{4^2 - 3^2} = \sqrt{7}$이고 $\angle B + \angle C = 90°$이므로

$\tan(90° - B) = \tan C = \dfrac{\sqrt{7}}{3}$ 답 ②

6 $3\sin A - 2 = 0$에서 $\sin A = \dfrac{2}{3}$

오른쪽 그림에서

$\overline{AB} = \sqrt{3^2 - 2^2} = \sqrt{5}$

$\therefore \tan A = \dfrac{2}{\sqrt{5}} = \dfrac{2\sqrt{5}}{5}$ … 답

7 $\overline{BC} = \sqrt{8^2 + 15^2} = 17$

$\angle B + \angle C = 90°,\ \angle C + x = 90°$이므로

$\angle B = x$

$\therefore \sin x = \sin B = \dfrac{15}{17}$ 답 ③

8 $\tan B = \dfrac{\overline{AC}}{\overline{BC}} = \dfrac{3}{4}$, 즉 $\dfrac{6}{\overline{BC}} = \dfrac{3}{4}$이므로

$\overline{BC} = 8,\ \overline{DC} = \dfrac{1}{2}\overline{BC} = 4$

따라서 $\triangle$ADC에서

$\overline{AD} = \sqrt{4^2 + 6^2} = 2\sqrt{13}$ 답 $2\sqrt{13}$

9 ① $\sin 30° - \cos 30° = \dfrac{1}{2} - \dfrac{\sqrt{3}}{2} = \dfrac{1 - \sqrt{3}}{2}$

② $\sin 45° - \cos 45° = \dfrac{\sqrt{2}}{2} - \dfrac{\sqrt{2}}{2} = 0$

③ $\sin 60° - \cos 60° = \dfrac{\sqrt{3}}{2} - \dfrac{1}{2} = \dfrac{\sqrt{3}-1}{2}$

④ $\tan 30° \times \sin 45° = \dfrac{\sqrt{3}}{3} \times \dfrac{\sqrt{2}}{2} = \dfrac{\sqrt{6}}{6}$

⑤ $\sin 60° \times \tan 60° = \dfrac{\sqrt{3}}{2} \times \sqrt{3} = \dfrac{3}{2}$ **답** ②

10 $y=0$을 대입하면 $x=-6$

$x=0$을 대입하면 $y=3$

따라서 A$(-6, 0)$, B$(0, 3)$, 원점을 O라 하면

$\angle BAO = \angle a$이고, $\overline{OA}=6$, $\overline{OB}=3$,

$\overline{AB} = \sqrt{6^2+3^2} = 3\sqrt{5}$이므로

$\sin a + \cos a = \dfrac{3}{3\sqrt{5}} + \dfrac{6}{3\sqrt{5}}$

$\qquad\qquad = \dfrac{3\sqrt{5}}{5}$ **답** $\dfrac{3\sqrt{5}}{5}$

채점 기준

직선의 x절편, y절편 구하기	40%
직각삼각형 만들기	30%
답 구하기	30%

11 직선의 기울기가 $\tan 60° = \sqrt{3}$이므로 직선의 방정식을 $y=\sqrt{3}x+b$로 놓을 수 있다. 이 직선이 점 $(-1, 0)$을 지나므로

$0 = -\sqrt{3}+b$ $\therefore b=\sqrt{3}$

따라서 구하는 직선의 방정식은

$y=\sqrt{3}x+\sqrt{3}$ **답** ③

12 $\angle B = \angle CAD = x$이므로

$\sin x = \dfrac{\overline{AC}}{\overline{BC}} = \dfrac{\overline{AD}}{\overline{AB}} = \dfrac{\overline{CD}}{\overline{AC}}$,

$\cos x = \dfrac{\overline{AB}}{\overline{BC}} = \dfrac{\overline{BD}}{\overline{AB}} = \dfrac{\overline{AD}}{\overline{AC}}$,

$\tan x = \dfrac{\overline{AC}}{\overline{AB}} = \dfrac{\overline{AD}}{\overline{BD}} = \dfrac{\overline{CD}}{\overline{AD}}$

$\overline{AD} = \overline{AB}\sin x = \overline{AC}\cos x = \overline{BD}\tan x$이므로

옳지 않은 것은 ⑤이다.   **답** ⑤

13 $\overline{BD} = \sqrt{8^2+6^2} = 10$

$\triangle ABH$에서 $\angle BAH + \angle ABH = 90°$이고,

$\angle ABH + \angle DBC = 90°$이므로

$\angle BAH = \angle DBC$

즉, $\angle DBC = x$이므로 $\triangle DBC$에서

$\sin x = \dfrac{\overline{DC}}{\overline{BD}} = \dfrac{6}{10} = \dfrac{3}{5}$ **답** $\dfrac{3}{5}$

14 $\triangle AGE$에서 $\angle AEG = 90°$이고

$\overline{GE} = \sqrt{5^2+5^2} = 5\sqrt{2}$, $\overline{AG} = 5\sqrt{3}$이므로

$\sin x \times \cos x = \dfrac{5}{5\sqrt{3}} \times \dfrac{5\sqrt{2}}{5\sqrt{3}} = \dfrac{\sqrt{2}}{3}$ **답** ②

15 $\triangle BHF$에서 $\angle BFH = 90°$이고

$\overline{HF} = \sqrt{5^2+5^2} = 5\sqrt{2}$이므로

$\tan 30° = \dfrac{\overline{BF}}{\overline{HF}} = \dfrac{\sqrt{3}}{3}$, 즉 $\dfrac{\overline{BF}}{5\sqrt{2}} = \dfrac{\sqrt{3}}{3}$

$\therefore \overline{AE} = \overline{BF} = \dfrac{5\sqrt{6}}{3}$ **답** $\dfrac{5\sqrt{6}}{3}$

16 $\triangle ABC$에서 $\tan B = \dfrac{\overline{AC}}{3} = \sqrt{5}$이므로

$\overline{AC} = 3\sqrt{5}$

$\angle B = \angle ADE$이므로 $\tan D = \dfrac{\overline{AD}}{\sqrt{5}} = \sqrt{5}$

$\overline{AD} = 5$이므로 $\overline{EC} = 3\sqrt{5}-5$ **답** $3\sqrt{5}-5$

채점 기준

$\overline{AC}$의 길이 구하기	40%
$\overline{AD}$의 길이 구하기	40%
답 구하기	20%

17 $\overline{AM} = \overline{DM} = \dfrac{\sqrt{3}}{2} \times 6$

$\qquad\qquad\quad = 3\sqrt{3}$

오른쪽 그림과 같이 점 A에서 밑면 BCD에 내린 수선의 발을 H라 하면 H는 $\triangle BCD$의 무게중심이므로

$\overline{MH} = \dfrac{1}{3} \times \overline{DM} = \dfrac{1}{3} \times 3\sqrt{3} = \sqrt{3}$

$\triangle AMH$에서 $\overline{AH} = \sqrt{(3\sqrt{3})^2 - (\sqrt{3})^2} = 2\sqrt{6}$

따라서 $\sin x \dfrac{\overline{AH}}{\overline{AM}} = \dfrac{2\sqrt{6}}{3\sqrt{3}} = \dfrac{2\sqrt{2}}{3}$,

$\cos x = \dfrac{\overline{MH}}{\overline{AM}} = \dfrac{\sqrt{3}}{3\sqrt{3}} = \dfrac{1}{3}$이므로

$\sin x + \cos x = \dfrac{2\sqrt{2}+1}{3}$ **답** $\dfrac{2\sqrt{2}+1}{3}$

18 $\left(\dfrac{\sqrt{3}}{2}\right)^2 - \dfrac{\sqrt{3}}{2} \times \dfrac{1}{\sqrt{3}} + \left(\dfrac{1}{2}\right)^2$

$= \dfrac{3}{4} - \dfrac{1}{2} + \dfrac{1}{4} = \dfrac{1}{2}$ 답 ③

19 $\sin x = \dfrac{\overline{AD}}{\overline{OD}} = \overline{AD}$, $\cos x = \dfrac{\overline{OA}}{\overline{OD}} = \overline{OA}$,

$\tan x = \dfrac{\overline{BC}}{\overline{OB}} = \overline{BC}$

따라서 옳은 것은 ③이다. 답 ③

20 (ㄱ) $\triangle BOH$에서 $\cos a = \dfrac{\overline{OH}}{\overline{OB}} = \dfrac{\overline{OH}}{r}$이므로

$\overline{OH} = r\cos a$

$\therefore \overline{AH} = \overline{OA} - \overline{OH} = r - r\cos a$

(ㄴ) $\triangle BOH$에서 $\sin a = \dfrac{\overline{BH}}{\overline{OB}} = \dfrac{\overline{BH}}{r}$이므로

$\overline{BH} = r\sin a$

(ㄷ) $\triangle TOA$에서 $\tan a = \dfrac{\overline{AT}}{\overline{OA}} = \dfrac{\overline{AT}}{r}$이므로

$\overline{AT} = r\tan a$

따라서 옳은 것은 (ㄴ), (ㄷ)이다. 답 ⑤

21 $0° < x < 45°$일 때 $\sin x < \cos x$이므로

$\sin x - \cos x < 0$, $\cos x - \sin x > 0$

$\therefore \sqrt{(\sin x - \cos x)^2} - \sqrt{(\cos x - \sin x)^2}$

$= -(\sin x - \cos x) - (\cos x - \sin x)$

$= -\sin x + \cos x - \cos x + \sin x = 0$ 답 0

22 ① $0° < x < 90°$일 때, $\tan x$의 값은 0부터 무한

히 커진다.

② $0° < x < 45°$일 때 x의 값이 증가하면 $\cos x$

의 값은 감소한다.

③ $45° < x < 90°$일 때 x의 값이 증가하면 $\sin x$

의 값은 증가한다.

⑤ $x = 0°$일 때 $\tan x < \cos x$

따라서 옳은 것은 ④이다. 답 ④

23 ④ $\sin 34° + \cos 35° = 0.5592 + 0.8192$

$= 1.3784$

⑤ $\cos 35° + \tan 32° = 0.8192 - 0.6249$

$= 0.1943$

따라서 옳지 않은 것은 ⑤이다. 답 ⑤

24 $\cos x = \dfrac{\overline{OD}}{\overline{OC}} = \overline{OD} = 0.8192$

주어진 삼각비의 표에서 $\cos 35° = 0.8192$이므로

$x = 35°$

$\sin 35° = \dfrac{\overline{CD}}{\overline{OC}} = \overline{CD} = 0.5736$ 답 0.5736

P. 94~95

Step4 유형클리닉

1 $\sin B = \dfrac{6}{\overline{AB}} = \dfrac{3}{5}$에서 $\overline{AB} = 10$

$\therefore \overline{BC} = \sqrt{10^2 - 6^2} = 8$

$\overline{DC} = \dfrac{1}{2}\overline{BC} = 4$이므로 $\triangle ADC$에서

$\overline{AD} = \sqrt{4^2 + 6^2} = 2\sqrt{13}$ 답 $2\sqrt{13}$

1-1 $\tan B = \dfrac{4}{\overline{BC}} = \dfrac{2}{3}$에서 $\overline{BC} = 6$ 답 6

1-2 $\tan A = \dfrac{\overline{BC}}{6} = \dfrac{1}{2}$에서 $\overline{BC} = 3$

$\overline{AC} = \sqrt{6^2 + 3^2} = 3\sqrt{5}$

$\therefore \overline{AC} + \overline{BC} = 3\sqrt{5} + 3$ 답 $3\sqrt{5} + 3$

2 $\angle BAD = \angle ACD = x$, $\angle CAD = \angle ABD = y$

이고 $\overline{BC} = \sqrt{3^2 + (3\sqrt{3})^2} = 6$이므로

$\sin x + \sin y = \dfrac{\overline{AB}}{\overline{BC}} + \dfrac{\overline{AC}}{\overline{BC}}$

$= \dfrac{3}{6} + \dfrac{3\sqrt{3}}{6} = \dfrac{1 + \sqrt{3}}{2}$

답 $\dfrac{1 + \sqrt{3}}{2}$

2-1 $\angle BAD = \angle BCA = x$ 이고

$\overline{BC} = \sqrt{3^2 + 2^2} = \sqrt{13}$ 이므로

$\cos x = \dfrac{\overline{AC}}{\overline{BC}} = \dfrac{2}{\sqrt{13}} = \dfrac{2\sqrt{13}}{13}$ 　　**답** $\dfrac{2\sqrt{13}}{13}$

2-2 $\angle CDE = x$ 이고 $\overline{CD} = \sqrt{5^2 + 12^2} = 13$ 이므로

$\sin x + \cos x = \dfrac{12}{13} + \dfrac{5}{13} = \dfrac{17}{13}$ 　　**답** $\dfrac{17}{13}$

3 $\overline{AD} = \overline{BD} = 4\sqrt{2} \times \sin 45^\circ = 4\sqrt{2} \times \dfrac{\sqrt{2}}{2} = 4$

$\tan 30^\circ = \dfrac{\overline{AD}}{\overline{CD}} = \dfrac{4}{\overline{CD}} = \dfrac{\sqrt{3}}{3}$ 에서 $\overline{CD} = 4\sqrt{3}$

$\therefore \overline{BC} = \overline{BD} + \overline{CD} = 4 + 4\sqrt{3}$ 　　**답** $4 + 4\sqrt{3}$

3-1 $\tan 30^\circ = \dfrac{\overline{AC}}{\overline{BC}} = \dfrac{2}{\overline{BC}} = \dfrac{\sqrt{3}}{3}$ 에서 $\overline{BC} = 2\sqrt{3}$

$\tan 45^\circ = \dfrac{\overline{AC}}{\overline{DC}} = \dfrac{2}{\overline{DC}} = 1$ 에서 $\overline{DC} = 2$

$\therefore \overline{BD} = \overline{BC} - \overline{DC} = 2\sqrt{3} - 2$ 　　**답** $2\sqrt{3} - 2$

3-2 $\overline{AD} = \overline{BD}$ 이므로 $\angle ABD = \angle BAD$

또, $\angle ABD + \angle BAD = \angle ADC = 45^\circ$ 이므로

$\angle ABD = \angle BAD = 22.5^\circ$

$\therefore \angle BAC = 45^\circ + 22.5^\circ = 67.5^\circ$

$\triangle ADC$ 에서 $\overline{AD} = \dfrac{1}{\sin 45^\circ} = \sqrt{2}$,

$\overline{CD} = \dfrac{1}{\tan 45^\circ} = 1$

$\therefore \tan 67.5^\circ = \dfrac{\overline{BC}}{\overline{AC}} = \dfrac{\overline{BD} + \overline{CD}}{1} = \sqrt{2} + 1$

답 $\sqrt{2} + 1$

4 x 의 값이 0° 에서 90° 까지 변할 때 $\sin x$, $\tan x$ 의
값은 증가하므로

$\sin 45^\circ < \sin 75^\circ$, $\tan 45^\circ < \tan 50^\circ$

$\cos 0^\circ = 1$, $\tan 45^\circ = 1$ 이므로

$\sin 45^\circ < \sin 75^\circ < \cos 0^\circ < \tan 50^\circ$

따라서 크기가 작은 것부터 나열하면 (ㄱ)-(ㄷ)-
(ㄴ)-(ㄹ)이다. 　　**답** (ㄱ)-(ㄷ)-(ㄴ)-(ㄹ)

4-1 $45^\circ < x < 90^\circ$ 일 때 $\cos x < \sin x < 1$,

$\tan x > 1$ 이므로 $A = 65^\circ$ 이면

$\cos A < \sin A < \tan A$ $\cdots$ **답**

4-2 $0^\circ < x < 45^\circ$ 일 때 $0 < \tan x < 1$ 이므로

$2\sin 30^\circ - \tan x = 2 \times \dfrac{1}{2} - \tan x$

$\qquad\qquad\qquad = 1 - \tan x > 0$

$\tan x - \tan 45^\circ = \tan x - 1 < 0$

$\therefore \sqrt{(2\sin 30^\circ - \tan x)^2} - \sqrt{(\tan x - \tan 45^\circ)^2}$

$= 2\sin 30^\circ - \tan x - \{-(\tan x - \tan 45^\circ)\}$

$= 1 - \tan x + \tan x - 1 = 0$ 　　**답** 0

P. 96

Step 5 서술형 만점 대비

1 $\overline{DE} = \dfrac{1}{2}\overline{BC} = 6$

오른쪽 그림과 같이 점 D
에서 $\overline{AE}$ 에 내린 수선의
발을 H라 하면 $\triangle DEH$
에서

$\overline{DH} = 6\sin 45^\circ = 6 \times \dfrac{\sqrt{2}}{2} = 3\sqrt{2}$

$\triangle ADH$ 에서 $\overline{AD} = \dfrac{\overline{DH}}{\sin 60^\circ} = 2\sqrt{6}$ 　**답** $2\sqrt{6}$

채점 기준	
$\overline{DE}$ 의 길이 구하기	20%
점 D에서 $\overline{AE}$ 에 내린 수선의 발을 H라 할 때 $\overline{DH}$ 의 길이 구하기	40%
답 구하기	40%

2 일차함수 $2x + 3y = 6$ 의
그래프가 x 축 및 y 축과
만나는 점을 각각 A, B
라 하면

A$(3, 0)$, B$(0, 2)$

$\overline{AB} = \sqrt{2^2 + 3^2} = \sqrt{13}$ 이므로

$\cos a = \dfrac{3}{\sqrt{13}} = \dfrac{3\sqrt{13}}{13}$

$\sin a = \dfrac{2}{\sqrt{13}} = \dfrac{2\sqrt{13}}{13}$

$\therefore \cos a + \sin a = \dfrac{5\sqrt{13}}{13}$ 　　**답** $\dfrac{5\sqrt{13}}{13}$

채점 기준	
$\cos a$의 값 구하기	40%
$\sin a$의 값 구하기	40%
답 구하기	20%

3 $15° < x < 90°$이므로 $0° < x-15° < 75°$

$\tan 45° = 1$이므로 $x-15° = 45°$

$\therefore x = 60°$

$\therefore \sin 60° + \cos \dfrac{60°}{2} = \dfrac{\sqrt{3}}{2} + \dfrac{\sqrt{3}}{2} = \sqrt{3}$

답 $\sqrt{3}$

채점 기준	
x의 값 구하기	50%
답 구하기	50%

4 $\triangle ABC$에서 $\sin 30° = \dfrac{4}{\overline{AB}} = \dfrac{1}{2}$ $\therefore \overline{AB} = 8$

$\tan 30° = \dfrac{4}{\overline{BC}} = \dfrac{\sqrt{3}}{3}$ $\therefore \overline{BC} = 4\sqrt{3}$

$\overline{BA} = \overline{BD}$이므로 $\angle BAD = \angle BDA$이고

$\angle BAD + \angle BDA = \angle ABC = 30°$

$\therefore \angle BDA = 15°$

$\triangle ADC$에서

$\tan 15° = \dfrac{\overline{AC}}{\overline{DC}} = \dfrac{4}{8+4\sqrt{3}} = 2-\sqrt{3}$

답 $2-\sqrt{3}$

채점 기준	
$\overline{AB}$의 길이 구하기	20%
$\overline{BC}$의 길이 구하기	20%
크기가 $15°$인 각 찾기	30%
답 구하기	30%

02 삼각비의 활용

P. 97~100

Step 1 교과서 이해

01 $b\sin A$

02 $b\cos A$

03 $\dfrac{a}{c}$, $c\tan A$

04 $b\sin C$

05 $\dfrac{a}{b}$, $b\cos C$

06 $\dfrac{c}{a}$, $a\tan C$

07 $x = \boxed{8} \times \sin 60° = 8 \times \dfrac{\sqrt{3}}{2} = \boxed{4\sqrt{3}}$

답 8, $4\sqrt{3}$

08 $x = \boxed{8} \times \cos 60° = 8 \times \dfrac{1}{2} = \boxed{4}$ 답 8, 4

09 $x = \boxed{3} \div \sin 45° = 3 \div \dfrac{\sqrt{2}}{2} = \boxed{3\sqrt{2}}$

답 3, $3\sqrt{2}$

10 $y = \boxed{3} \div \tan 45° = 3 \div 1 = \boxed{3}$ 답 3, 3

11 $x = 10\sin 40° = 10 \times 0.64 = 6.4$

$y = 10\cos 40° = 10 \times 0.77 = 7.7$

답 $x = 6.4$, $y = 7.7$

12 $\overline{AH} = 8\sin 60° = 8 \times \dfrac{\sqrt{3}}{2} = \boxed{4\sqrt{3}}$

$\overline{BH} = 8\cos 60° = 8 \times \dfrac{1}{2} = \boxed{4}$

$\therefore \overline{CH} = \overline{BC} - \overline{BH} = 10 - 4 = \boxed{6}$

$\therefore \overline{AC} = \sqrt{(4\sqrt{3})^2 + 6^2} = \boxed{2\sqrt{21}}$

답 (개) : $4\sqrt{3}$, (내) : 4, (대) : 6, (래) : $2\sqrt{21}$

13 $\overline{CH}=6\sin30°=6\times\dfrac{1}{2}=\boxed{3}$

$\angle A=180°-(30°+105°)=\boxed{45}°$

$\therefore \overline{AC}=\dfrac{\overline{CH}}{\sin45°}=3\div\dfrac{\sqrt2}{2}=\boxed{3\sqrt2}$

답 (가) : 3, (나) : 45, (다) : $3\sqrt2$

14 점 A에서 밑변 BC에 내린 수선의 발을 H라 하면

$\overline{AH}=3\sin60°=3\times\dfrac{\sqrt3}{2}=\dfrac{3\sqrt3}{2}$

$\overline{BH}=3\cos60°=3\times\dfrac{1}{2}=\dfrac{3}{2}$

$\therefore \overline{CH}=\overline{BC}-\overline{BH}=6-\dfrac{3}{2}=\dfrac{9}{2}$

$\therefore \overline{AC}=\sqrt{\left(\dfrac{3\sqrt3}{2}\right)^2+\left(\dfrac{9}{2}\right)^2}=3\sqrt3$ 답 $3\sqrt3$

15 점 B에서 $\overline{AC}$에 내린 수선의 발을 H라 하면

$\overline{BH}=12\sin45°=12\times\dfrac{\sqrt2}{2}=6\sqrt2$

$\angle A=180°-(75°+45°)=60°$

$\therefore \overline{AB}=\dfrac{6\sqrt2}{\sin60°}=6\sqrt2\div\dfrac{\sqrt3}{2}=4\sqrt6$ 답 $4\sqrt6$

16 $\angle BAH=30°$, $\angle CAH=45°$이므로

$\overline{BH}=\tan30°\times h=\boxed{\dfrac{\sqrt3}{3}}\times h,$

$\overline{CH}=\tan45°\times h=\boxed{1}\times h$

즉, $h\left(\dfrac{\sqrt3}{3}+1\right)=20$이므로 $h=\boxed{10(3-\sqrt3)}$

답 (가) : $\dfrac{\sqrt3}{3}$, (나) : 1, (다) : $10(3-\sqrt3)$

17 $\angle BAH=60°$, $\angle CAH=30°$이므로

$\overline{BH}=\tan60°\times h=\boxed{\sqrt3}\times h,$

$\overline{CH}=\tan30°\times h=\boxed{\dfrac{\sqrt3}{3}}\times h$

즉, $h\left(\sqrt3-\dfrac{\sqrt3}{3}\right)=4$이므로 $h=\boxed{2\sqrt3}$

답 (가) : $\sqrt3$, (나) : $\dfrac{\sqrt3}{3}$, (다) : $2\sqrt3$

18 (1) $\sin B$ (2) $\sin(180°-B)$

19 $\dfrac{1}{2}\times4\times6\times\sin45°=\dfrac{1}{2}\times4\times6\times\dfrac{\sqrt2}{2}$
$=6\sqrt2\cdots$ 답

20 $\dfrac{1}{2}\times3\times4\times\sin60°=\dfrac{1}{2}\times3\times4\times\dfrac{\sqrt3}{2}$
$=3\sqrt3\cdots$ 답

21 $\dfrac{1}{2}\times4\sqrt3\times4\times\sin30°=\dfrac{1}{2}\times4\sqrt3\times4\times\dfrac{1}{2}$
$=4\sqrt3\cdots$ 답

22 $\dfrac{1}{2}\times5\times7\times\sin(180°-120°)$
$=\dfrac{1}{2}\times5\times7\times\sin60°=\dfrac{1}{2}\times5\times7\times\dfrac{\sqrt3}{2}$
$=\dfrac{35\sqrt3}{4}\cdots$ 답

23 $\dfrac{1}{2}\times6\times4\times\sin(180°-135°)$
$=\dfrac{1}{2}\times6\times4\times\sin45°=\dfrac{1}{2}\times6\times4\times\dfrac{\sqrt2}{2}$
$=6\sqrt2\cdots$ 답

24 $\dfrac{1}{2}\times4\times6\times\sin(180°-150°)$
$=\dfrac{1}{2}\times4\times6\times\sin30°=\dfrac{1}{2}\times4\times6\times\dfrac{1}{2}=6\cdots$ 답

25 (가) $\dfrac{1}{2}ab\sin x$,   (2) $ab\sin x$

26 $6\times8\times\sin45°=6\times8\times\dfrac{\sqrt2}{2}=24\sqrt2\cdots$ 답

27 $4\times6\times\sin(180°-120°)=4\times6\times\sin60°$
$=4\times6\times\dfrac{\sqrt3}{2}$
$=12\sqrt3\cdots$ 답

28 (가) $\dfrac{1}{2}$,   (2) $\dfrac{1}{2}ab\sin x$

29 $\dfrac{1}{2}\times5\times8\times\sin60°=\dfrac{1}{2}\times5\times8\times\dfrac{\sqrt3}{2}$
$=10\sqrt3\cdots$ 답

30 $\dfrac{1}{2}\times6\times4\times\sin45°=\dfrac{1}{2}\times6\times4\times\dfrac{\sqrt2}{2}$
$=6\sqrt2\cdots$ 답

31 $\dfrac{1}{2}\times7\times6\times\sin90°=\dfrac{1}{2}\times7\times6\times1=21\cdots$ 답

32 두 점 A, D에서 $\overline{BC}$에 내린 수선의 발을 각각 H, H'이라 하면

$\overline{AH}=4\sin 60°=2\sqrt{3}$, $\overline{BH}=4\cos 60°=2$

$\overline{AD}=\overline{HH'}=\overline{BC}-2\overline{BH}=4$

따라서 구하는 넓이는

$\dfrac{1}{2}\times(4+8)\times 2\sqrt{3}=12\sqrt{3}$ 　　답 $12\sqrt{3}$

33 $\overline{AC}=20\times\sin 60°=10\sqrt{3}$ 　　답 $10\sqrt{3}$

34 □ABCD

$=\triangle ABC+\triangle ACD$

$=\dfrac{1}{2}\times 10\times 10\sqrt{3}+\dfrac{1}{2}\times 10\sqrt{3}\times 15\times\sin 30°$

$=50\sqrt{3}+\dfrac{75\sqrt{3}}{2}=\dfrac{175\sqrt{3}}{2}$ … 답

35 $\overline{BD}$를 그으면

□ABCD$=\triangle ABD+\triangle BCD$

$=\dfrac{1}{2}\times 2\sqrt{3}\times 4\times\sin(180°-150°)$

$\quad+\dfrac{1}{2}\times 8\times 6\times\sin 60°$

$=2\sqrt{3}+12\sqrt{3}=14\sqrt{3}$ … 답

36 $\overline{BD}$를 그으면

□ABCD$=\triangle ABD+\triangle BCD$

$=\dfrac{1}{2}\times 5\times 5\times\sin(180°-120°)$

$\quad+\dfrac{1}{2}\times 5\sqrt{2}\times 5$

$=\dfrac{25\sqrt{3}}{4}+\dfrac{25\sqrt{2}}{2}$ … 답

37 $\overline{AC}$를 그으면

□ABCD$=\triangle ABC+\triangle ACD$

$=\dfrac{1}{2}\times 4\sqrt{3}\times 4\sqrt{3}\times\sin 60°$

$\quad+\dfrac{1}{2}\times 4\times 4\times\sin(180°-120°)$

$=12\sqrt{3}+4\sqrt{3}=16\sqrt{3}$ … 답

P. 101~102

Step 2 개념탄탄

01 $\angle A=40°$이므로

$x=20\cos 40°=20\times 0.77=15.4$

$y=20\sin 40°=20\times 0.64=12.8$

답 $x=15.4$, $y=12.8$

02 $x=4\sin 60°=2\sqrt{3}$, $\overline{BH}=4\cos 60°=2$

$\overline{CH}=6-2=4$이므로 △AHC에서

$y=\sqrt{(2\sqrt{3})^2+4^2}=2\sqrt{7}$

답 $x=2\sqrt{3}$, $y=2\sqrt{7}$

03 점 C에서 $\overline{AB}$에 내린 수선의 발을 H라 하면

$\overline{CH}=8\sin 30°=4\,(\text{cm})$

$\overline{BH}=8\cos 30°=4\sqrt{3}\,(\text{cm})$

$\angle A=180°-(30°+105°)=45°$

이므로 △ACH에서

$\overline{AC}=\dfrac{\overline{CH}}{\sin 45°}=4\div\dfrac{\sqrt{2}}{2}=4\sqrt{2}\,(\text{cm})$ 　답 ①

04 $\overline{BH}=x$라 하면 $\overline{AH}=\dfrac{x}{\tan 60°}=\dfrac{x}{\sqrt{3}}$,

$\overline{CH}=x\tan 45°=x$이고 $\overline{AC}=\overline{AH}+\overline{CH}$이므로

$\dfrac{x}{\sqrt{3}}+x=12$, $\dfrac{\sqrt{3}+3}{3}x=12$

$\therefore x=6(3-\sqrt{3})$ 　　답 $6(3-\sqrt{3})$

05 $\angle BAH=60°$, $\angle CAH=45°$이므로

$\overline{BH}=\overline{AH}\times\tan 60°=\sqrt{3}\overline{AH}$,

$\overline{CH}=\overline{AH}\times\tan 45°=\overline{AH}$

$\overline{BH}-\overline{CH}=4$, 즉 $\sqrt{3}\overline{AH}-\overline{AH}=4$에서

$(\sqrt{3}-1)\overline{AH}=4$ 　　$\therefore \overline{AH}=2(\sqrt{3}+1)\,(\text{cm})$

답 ④

06 $\overline{AH}=\dfrac{\overline{CH}}{\tan 45°}=\overline{CH}$,

$\overline{BH}=\dfrac{\overline{CH}}{\tan 60°}=\dfrac{\overline{CH}}{\sqrt{3}}$

$\overline{AB}=\overline{AH}+\overline{BH}$, 즉 $\overline{CH}+\dfrac{\overline{CH}}{\sqrt{3}}=240$에서

$\left(1+\dfrac{1}{\sqrt{3}}\right)\overline{CH}=240$이므로

$\overline{CH}=120(3-\sqrt{3})\,(\text{m})$ 　　답 $120(3-\sqrt{3})$ m

07 $\triangle ABC = \dfrac{1}{2} \times 3 \times 4\sqrt{2} \times \sin 45° = 6 (cm^2)$

답 $6cm^2$

08 $\dfrac{1}{2} \times 3\sqrt{3} \times \overline{BC} \times \sin 45° = 6\sqrt{6}$

$\dfrac{1}{2} \times 3\sqrt{3} \times \overline{BC} \times \dfrac{\sqrt{2}}{2} = 6\sqrt{6}$

$\therefore \overline{BC} = 8 (cm)$

답 ③

09 평행사변형의 내각 중 예각인 것의 크기를 x라고 하면 $5 \times 8 \times \sin x = 20$에서

$\sin x = \dfrac{1}{2}$ $\therefore x = 30°$

따라서 평행사변형의 네 내각의 크기는 $30°$, $150°$, $30°$, $150°$이다.

답 $30°$, $150°$, $30°$, $150°$

10 $\triangle ABD = \dfrac{1}{2} \times 6 \times 8 \times \sin(180 - 120°)$

$= \dfrac{1}{2} \times 6 \times 8 \times \dfrac{\sqrt{3}}{2} = 12\sqrt{3} (cm^2)$

$\therefore \triangle ABO = \dfrac{1}{2} \triangle ABD = 6\sqrt{3} (cm^2)$

답 $6\sqrt{3} cm^2$

11 $\dfrac{1}{2} \times 5 \times 12 \times \sin x = 15\sqrt{2}$에서

$\sin x = \dfrac{\sqrt{2}}{2}$ $\therefore x = 45°$

답 $45°$

12 $\square ABCD = 2\triangle ABD$

$= 2 \times \dfrac{1}{2} \times 4 \times 4 \times \sin(180° - 120°)$

$= 8\sqrt{3} (cm^2)$

답 ④

P. 103~106

Step **3** 실력완성

01 $\tan A = \dfrac{\overline{BC}}{4} = \dfrac{1}{2}$에서 $\overline{BC} = 2 (cm)$

$\therefore \overline{AB} = \sqrt{2^2 + 4^2} = 2\sqrt{5} (cm)$

답 ③

02 점 C에서 $\overline{AB}$에 내린 수선의 발을 H라고 하면

$\overline{CH} = 16 \sin 60° = 8\sqrt{3}$

$\angle A = 180° - (60° + 75°) = 45°$

이므로 $\triangle ACH$에서

$\overline{AC} = \dfrac{\overline{CH}}{\sin 45°} = 8\sqrt{3} \div \dfrac{\sqrt{2}}{2} = 8\sqrt{6}$

답 $8\sqrt{6}$

03 $\dfrac{x}{12} = \cos 50°$에서 $x = 12 \cos 50°$

$\angle A = 40°$이므로 $\dfrac{x}{12} = \sin 40°$

$\therefore x = 12 \sin 40°$

답 ①, ④

04 $\triangle ABO$에서 $\overline{AO} = 12 \times \sin 60° = 6\sqrt{3} (cm)$

$\overline{BO} = 12 \times \cos 60° = 6 (cm)$

따라서 원뿔의 부피는

$\dfrac{1}{3} \times \pi \times 6^2 \times 6\sqrt{3} = 72\sqrt{3}\pi (cm^3)$

답 $72\sqrt{3}\pi \, cm^3$

05 $\triangle ABO$에서 $\overline{AO} = 2\sqrt{3} \times \tan 30° = 2$

$\triangle OBC$에서 $\overline{OC} = \dfrac{2\sqrt{3}}{\tan 45°} = 2\sqrt{3}$

따라서 구하는 삼각뿔의 부피는

$\dfrac{1}{3} \times \left(\dfrac{1}{2} \times 2\sqrt{3} \times 2\sqrt{3} \right) \times 2 = 4$

답 4

06 $\triangle GEF$에서 $\overline{EG} = \dfrac{4}{\sin 30°} = 8 (cm)$

$\triangle CEG$에서 $\overline{CG} = \sqrt{9^2 - 8^2} = \sqrt{17} (cm)$

$\therefore \triangle CEG = \dfrac{1}{2} \times 8 \times \sqrt{17} = 4\sqrt{17} (cm^2)$

답 ③

07 $\overline{AB} = 8\sqrt{3} \times \tan 30° = 8 (m)$

$\overline{AC} = \dfrac{8\sqrt{3}}{\cos 30°} = 16 (m)$이므로 부러지기 전의 나무의 높이는 $8 + 16 = 24 (m)$

답 $24m$

08 담벼락의 높이를 hm라고 하면

$h = 3\sqrt{2} \times \sin 45° = 3$

답 ②

09 $\triangle$BHD에서 $\overline{DH}=4\sqrt{3}\times\sin30°=2\sqrt{3}$(m)

$\overline{BH}=4\sqrt{3}\times\cos30°=6$(m)

$\triangle$AHC에서

$\overline{AH}=\overline{AB}+\overline{BH}=10+6=16$(m)

$\overline{CH}=\overline{AH}\times\tan60°=16\sqrt{3}$(m)

$\therefore \overline{CD}=\overline{CH}-\overline{DH}=16\sqrt{3}-2\sqrt{3}=14\sqrt{3}$(m)

답 $14\sqrt{3}$m

채점 기준	
$\overline{DH}$, $\overline{BH}$의 길이 구하기	40%
$\overline{AH}$, $\overline{CH}$의 길이 구하기	40%
답 구하기	20%

10 점 B에서 $\overline{AC}$에 내린 수선의 발을 H라 하면 $\triangle$ABH에서

$\overline{BH}=450\times\sin45°$

$\phantom{\overline{BH}}=225\sqrt{2}$(m)

$\triangle$BCH에서

$\overline{BC}=\dfrac{\overline{BH}}{\sin30°}=450\sqrt{2}$(m)

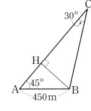

답 $450\sqrt{2}$m

11 점 A에서 $\overline{BC}$에 내린 수선의 발을 H라 하면 $\triangle$ABH에서

$\overline{AH}=4\times\sin30°=2$(cm)

$\overline{BH}=4\times\cos30°=2\sqrt{3}$(cm)

$\overline{CH}=3\sqrt{3}-2\sqrt{3}=\sqrt{3}$(cm)

직각삼각형 AHC에서

$\overline{AC}=\sqrt{2^2+(\sqrt{3})^2}=\sqrt{7}$(cm)

답 ②

12 $\triangle$ABC$=\dfrac{1}{2}\times8\times12\times\sin60°=24\sqrt{3}$(cm²)

점 G가 $\triangle$ABC의 무게중심이므로

$\triangle$GBD$=\dfrac{1}{6}\times\triangle$ABC$=\dfrac{1}{6}\times24\sqrt{3}$

$=4\sqrt{3}$(cm²)

답 $4\sqrt{3}$cm²

채점 기준	
$\triangle$ABC의 넓이 구하기	50%
$\triangle$GBD의 넓이 구하기	50%

13 $\square$ABCD가 평행사변형이므로

$\overline{AD}=\overline{BC}=4$(cm), $\angle D=\angle ABC=50°$

이때 $\angle DAC=180°-(70°+50°)=60°$이므로

$\square$ABCD$=\triangle$ABC$+\triangle$ACD$=2\triangle$ACD

$=2\times\dfrac{1}{2}\times4\times4\sqrt{2}\times\sin60°$

$=8\sqrt{6}$(cm²)

답 ④

14 $\overline{BC}=\overline{AD}=8$(cm), $\angle B=\angle D=60°$이므로

$\triangle$ABC$=\dfrac{1}{2}\times5\times8\times\sin60°=10\sqrt{3}$(cm²)

$\therefore \triangle$ABM$=\dfrac{1}{2}\triangle$ABC$=5\sqrt{3}$(cm²)

답 ②

15 $\square$ABCD$=10\times10\times\sin45°=50\sqrt{2}$(cm²)

$\triangle$ABP$=\triangle$ADQ$=\dfrac{1}{2}\times10\times5\times\sin45°$

$=\dfrac{25\sqrt{2}}{2}$(cm²)

$\triangle$PCQ$=\dfrac{1}{2}\times5\times5\times\sin(180°-135°)$

$=\dfrac{25\sqrt{2}}{4}$(cm²)

$\therefore \triangle$APQ$=50\sqrt{2}-\left(\dfrac{25\sqrt{2}}{2}+\dfrac{25\sqrt{2}}{2}+\dfrac{25\sqrt{2}}{4}\right)$

$=\dfrac{75\sqrt{2}}{4}$(cm²)

답 $\dfrac{75\sqrt{2}}{4}$cm²

채점 기준	
$\square$ABCD의 넓이 구하기	30%
$\triangle$ABP, $\triangle$ADQ의 넓이 구하기	30%
$\triangle$PCQ의 넓이 구하기	30%
답 구하기	10%

16 직각삼각형 ABC에서

$\overline{AB}=12\times\cos60°=6$(cm),

$\overline{AC}=12\times\sin60°=6\sqrt{3}$(cm)

$\therefore \square$ABCD$=\triangle$ABC$+\triangle$ACD

$=\dfrac{1}{2}\times6\times6\sqrt{3}$

$+\dfrac{1}{2}\times6\sqrt{3}\times8\times\sin30°$

$=18\sqrt{3}+12\sqrt{3}$

$=30\sqrt{3}$(cm²)

답 ④

17 점 A에서 $\overline{BC}$에 내린 수선의 발을 H라 하면 $\angle B=60°$이므로

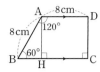

$\overline{BH}=8\times\cos60°=4(\text{cm})$

$\overline{AH}=8\times\sin60°=4\sqrt{3}(\text{cm})$

$\overline{BC}=4+8=12(\text{cm})$

$\therefore \square ABCD=\dfrac{1}{2}\times(8+12)\times4\sqrt{3}$

$\qquad\qquad\quad=40\sqrt{3}(\text{cm}^2)$

답 $40\sqrt{3}\text{cm}^2$

18 $\angle ADB=60°$이므로

$\overline{AD}=\dfrac{2}{\cos60°}=4,\ \overline{AB}=2\tan60°=2\sqrt{3}$

$\triangle ABC$에서 $\overline{BC}=\sqrt{(4\sqrt{3})^2-(2\sqrt{3})^2}=6$

$\therefore \overline{DC}=\overline{BC}-\overline{BD}=6-2=4$

답 ④

19 점 C에서 AB에 내린 수선의 발을 H라 하면

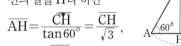

$\overline{AH}=\dfrac{\overline{CH}}{\tan60°}=\dfrac{\overline{CH}}{\sqrt{3}},$

$\overline{BH}=\dfrac{\overline{CH}}{\tan45°}=\overline{CH}$

$\overline{AB}=\overline{AH}+\overline{BH},$ 즉 $\dfrac{\overline{CH}}{\sqrt{3}}+\overline{CH}=50$이므로

$\left(\dfrac{1}{\sqrt{3}}+1\right)\overline{CH}=50$

$\therefore \overline{CH}=25(3-\sqrt{3})(\text{m})$

답 $25(3-\sqrt{3})\text{m}$

20 $\angle BAH=60°$이므로

$\overline{BH}=\overline{AH}\times\tan60°=\sqrt{3}\times\overline{AH}$

$\angle CAH=45°$이므로

$\overline{CH}=\overline{AH}\times\tan45°=\overline{AH}$

$\overline{BC}=\overline{BH}-\overline{CH},$ 즉 $\sqrt{3}\times\overline{AH}-\overline{AH}=150$이므로 $(\sqrt{3}-1)\overline{AH}=150$

$\therefore \overline{AH}=75(\sqrt{3}+1)(\text{m})$

답 $75(\sqrt{3}+1)\text{m}$

채점 기준	
$\overline{BH}$를 $\overline{AH}$로 나타내기	40%
$\overline{CH}$를 $\overline{AH}$로 나타내기	40%
답 구하기	20%

21 $\triangle ABC=\dfrac{1}{2}\times\overline{AB}\times16\times\sin60°=36(\text{cm}^2)$

즉, $\overline{AB}\times4\sqrt{3}=36$이므로

$\overline{AB}=3\sqrt{3}(\text{cm})$

답 ①

22 점 B에서 $\overline{OA}$에 내린 수선의 발을 H라 하면

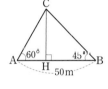

$\overline{OH}=20\times\cos45°=10\sqrt{2}(\text{cm})$

$\therefore \overline{AH}=\overline{OA}-\overline{OH}$

$\qquad\quad=20-10\sqrt{2}$

$\qquad\quad=10(2-\sqrt{2})(\text{cm})$

답 ①

23 $\overline{AC}=\dfrac{10}{\tan30°}=10\sqrt{3}(\text{m})$

$\overline{CD}=\overline{AC}\times\tan45°=\overline{AC}=10\sqrt{3}(\text{m})$

$\therefore \overline{BD}=\overline{BC}+\overline{CD}=10+10\sqrt{3}$

$\qquad\quad=10(1+\sqrt{3})(\text{m})$

답 $10(1+\sqrt{3})\text{m}$

24 $\overline{ED}=6\times\sin60°=3\sqrt{3}(\text{cm})$

$\angle ADE=30°$이므로

$\angle CDE=30°+90°=120°$

$\therefore \triangle CDE=\dfrac{1}{2}\times3\sqrt{3}\times6\times\sin60$

$\qquad\quad=\dfrac{27}{2}(\text{cm}^2)$

답 $\dfrac{27}{2}\text{cm}^2$

P. 107~108

Step4 유형클리닉

1 $\triangle ABC=\dfrac{1}{2}\times\overline{AB}\times10\times\sin30°=20(\text{cm}^2)$

즉, $\dfrac{5}{2}\times\overline{AB}=20$에서 $\overline{AB}=8(\text{cm})$

답 8cm

1-1 $\tan A = 3$인 직각삼각형 ADE를 생각하면

$\overline{AE} = \sqrt{1^2 + 3^2} = \sqrt{10}$이므로

$\sin A = \dfrac{3}{\sqrt{10}} = \dfrac{3\sqrt{10}}{10}$

$\therefore \triangle ABC = \dfrac{1}{2} \times 6 \times 10 \times \sin A$

$\qquad = 30 \times \dfrac{3\sqrt{10}}{10} = 9\sqrt{10}$

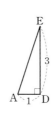

답 $9\sqrt{10}$

1-2 $\triangle ABC = \dfrac{1}{2} \times 15 \times 10 \times \sin 60° = \dfrac{75\sqrt{3}}{2}$

$\overline{BD} : \overline{DC} = 15 : 10 = 3 : 2$이므로

$\triangle ABD = \dfrac{3}{5}\triangle ABC$

즉, $\dfrac{1}{2} \times 15 \times \overline{AD} \times \sin 30° = \dfrac{3}{5} \times \dfrac{75\sqrt{3}}{2}$

이므로 $\dfrac{15}{4}\overline{AD} = \dfrac{45\sqrt{3}}{2}$

$\therefore \overline{AD} = 6\sqrt{3}$ 　　**답** $6\sqrt{3}$

2 $\angle A = 180° - (\angle B + \angle C) = 180° - 60° = 120°$

$\therefore \triangle ABC = \dfrac{1}{2} \times 6 \times 8 \times \sin(180° - 120°)$

$\qquad\qquad = 24 \times \dfrac{\sqrt{3}}{2} = 12\sqrt{3}\,(\text{cm}^2)$

답 $12\sqrt{3}\,\text{cm}^2$

2-1 $\triangle ABC = \dfrac{1}{2} \times 4\sqrt{2} \times \overline{BC} \times \sin(180° - 135°)$

$\qquad = 2\sqrt{2} \times \overline{BC} \times \dfrac{\sqrt{2}}{2} = 2\overline{BC}$

$2\overline{BC} = 14$이므로 $\overline{BC} = 7\,(\text{cm})$

답 $7\,\text{cm}$

2-2 $\triangle ABC = \dfrac{1}{2} \times 4 \times 4\sqrt{3} \times \sin(180° - 150°)$

$\qquad = 8\sqrt{3} \times \dfrac{1}{2} = 4\sqrt{3}\,(\text{cm}^2)$

$\triangle ABC = \triangle ABD + \triangle BCD$

$\qquad = \dfrac{1}{2} \times 4 \times \overline{BD} \times \sin 30°$

$\qquad\quad + \dfrac{1}{2} \times BD \times 4\sqrt{3} \times \sin(180° - 120°)$

즉, $4\sqrt{3} = \overline{BD} + 3\overline{BD}$에서 $\overline{BD} = \sqrt{3}\,(\text{cm})$

답 $\sqrt{3}\,\text{cm}$

3 $\triangle ABD$에서 $\overline{BD} = \dfrac{4\sqrt{2}}{\cos 45°} = 8$이므로

$\square ABCD = \triangle ABD + \triangle BCD$

$\qquad = \dfrac{1}{2} \times 4\sqrt{2} \times 8 \times \sin 45°$

$\qquad\quad + \dfrac{1}{2} \times 8 \times 9 \times \sin 30°$

$\qquad = 34$ 　　**답** 34

3-1 한 변의 길이가 $10\,\text{cm}$인 정육각형은 한 변의 길이가 $10\,\text{cm}$인 정삼각형 6개로 나누어진다. 따라서 구하는 넓이는

$6 \times \dfrac{1}{2} \times 10 \times 10 \times \sin 60° = 150\sqrt{3}\,(\text{cm}^2)$

답 $150\sqrt{3}\,\text{cm}^2$

3-2 원의 중심과 정팔각형의 꼭짓점을 연결하면 정팔각형은 두 변의 길이가 $5\,\text{cm}$이고 그 끼인 각의 크기가 $45°$인 8개의 삼각형으로 나누어진다. 따라서 구하는 넓이는

$8 \times \dfrac{1}{2} \times 5 \times 5 \times \sin 45° = 50\sqrt{2}\,(\text{cm}^2)$

답 $50\sqrt{2}\,\text{cm}^2$

4 점 B에서 $\overline{AC}$에 내린 수선의 발을 H라 하면

$\overline{BH} = 20 \times \sin 60°$

$\qquad = 10\sqrt{3}\,(\text{m})$

$\overline{CH} = 20 \times \cos 60°$

$\qquad = 10\,(\text{m})$

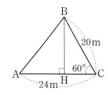

$\overline{AH} = \overline{AC} - \overline{CH} = 20 - 10 = 14\,(\text{m})$이므로 직각삼각형 AHB에서

$\overline{AB} = \sqrt{14^2 + (10\sqrt{3})^2} = 4\sqrt{31}\,(\text{m})$

답 $4\sqrt{31}\,\text{m}$

4-1 $\angle ADC = 60°$이므로

$\overline{AC} = \overline{CD} \times \tan 60° = \sqrt{3} \times \overline{CD}$

$\angle BDC = 45°$이므로 $\overline{BC} = \overline{CD} \times \tan 45° = \overline{CD}$

$\overline{AB} = \overline{AC} - \overline{BC}$, 즉 $\sqrt{3} \times \overline{CD} - \overline{CD} = 100$이므로 $(\sqrt{3} - 1)\overline{CD} = 100$

$\therefore \overline{CD} = 50(\sqrt{3} + 1)\,(\text{m})$

답 $50(\sqrt{3} + 1)\,\text{m}$

4-2 $\overline{AH}=100\times\cos30°=50\sqrt{3}(m)$

$\therefore \overline{CH}=\overline{AH}\times\tan45°=50\sqrt{3}(m)$

답 $50\sqrt{3}$ m

P. 109

Step**5** 서술형 만점 대비

1 $\overline{AC}=2\times\sin30°=1$

$\overline{BC}=2\times\cos30°=\sqrt{3}$

$\angle A=60°$이므로 $\angle BAD=\angle DAC=30°$

$\overline{DC}=\overline{AC}\times\tan30°=\dfrac{\sqrt{3}}{3}$

$\therefore \overline{BD}=\overline{BC}-DC=\sqrt{3}-\dfrac{\sqrt{3}}{3}-\dfrac{2\sqrt{3}}{3}$

답 $\dfrac{2\sqrt{3}}{3}$

채점 기준	
$\overline{AC}$, $\overline{BC}$의 길이 구하기	40%
$\overline{DC}$의 길이 구하기	40%
답 구하기	20%

2 $\triangle ABC=\dfrac{1}{2}\times8\times6\times\sin60°=12\sqrt{3}$

$\triangle ABC=\triangle ABD+\triangle ADC$

$=\dfrac{1}{2}\times8\times\overline{AD}\times\sin30°$

$+\dfrac{1}{2}\times\overline{AD}\times6\times\sin30°$

$=2\overline{AD}+\dfrac{3}{2}\overline{AD}=\dfrac{7}{2}\overline{AD}$

$\dfrac{7}{2}\overline{AD}=12\sqrt{3}$이므로 $\overline{AD}=\dfrac{24\sqrt{3}}{7}$

답 $\dfrac{24\sqrt{3}}{7}$

채점 기준	
$\triangle ABC$의 넓이 구하기	30%
$\triangle ABD$, $\triangle ADC$의 넓이의 합 구하기	50%
답 구하기	20%

3 점 E에서 $\overline{BC}$에 내린 수선의 발을 H라 하면

$\angle ECH=30°$이므로

$\overline{CH}=16\times\cos30°=8\sqrt{3}$,

$\overline{EH}=16\times\sin30°=8$

$\triangle EBH$는 직각이등변삼각형이므로 $\overline{BH}=\overline{EH}=8$

$\therefore \overline{BC}=\overline{BH}+\overline{CH}=8(1+\sqrt{3})$

$\therefore \triangle BCE=\dfrac{1}{2}\times\overline{BC}\times\overline{EH}$

$=\dfrac{1}{2}\times8(1+\sqrt{3})\times8$

$=32(1+\sqrt{3})$

답 $32(1+\sqrt{3})$

채점 기준	
$\overline{CH}$, $\overline{EH}$의 길이 구하기	40%
$\overline{BC}$의 길이 구하기	40%
답 구하기	20%

4 $\overline{AE}/\!/\overline{BD}$이므로

$\triangle ABD=\triangle BDE$

$\therefore \square ABCD$

$=\triangle ABD+\triangle DBC$

$=\triangle BDE+\triangle DBC$

$=\triangle DCE$

$=\dfrac{1}{2}\times5\times8\times\sin60°=10\sqrt{3}$

답 $10\sqrt{3}$

채점 기준	
$\triangle ABD=\triangle BDE$임을 알기	30%
$\square ABCD$와 넓이가 같은 삼각형 찾기	40%
답 구하기	30%

P. 110~112

Step6 도전 1등급

1 $\tan A = \dfrac{1}{2}$을 만족하는 직각삼각형을 그리면 오른쪽 그림과 같다.

$\overline{AC} = \sqrt{2^2 + 1^2} = \sqrt{5}$이므로

$\sin A = \dfrac{1}{\sqrt{5}}$, $\cos A = \dfrac{2}{\sqrt{5}}$

$\therefore \sin^2 A = \sin A \times \cos A + \cos^2 A$

$= \left(\dfrac{1}{\sqrt{5}}\right)^2 - \dfrac{1}{\sqrt{5}} \times \dfrac{2}{\sqrt{5}} + \left(\dfrac{2}{\sqrt{5}}\right)^2 = \dfrac{1}{2}$

답 ③

2

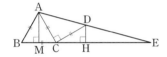

두 점 A, D에서 $\overline{BE}$에 내린 수선의 발을 각각 M, H라 하면 △ABC는 한 변의 길이가 2인 정삼각형이므로 $\overline{AM} = \dfrac{\sqrt{3}}{2} \times 2 = \sqrt{3}$

△CHD에서 ∠HCD $= 180° - (60° + 90°) = 30°$

이므로 $\sin 30° = \dfrac{\overline{DH}}{\overline{CD}}$, 즉 $\dfrac{1}{2} = \dfrac{\overline{DH}}{2}$

$\therefore \overline{DH} = 1$

∠AEB $= a$, $\overline{DE} = x$라 하면

$\sin a = \dfrac{\overline{AM}}{\overline{AE}} = \dfrac{\overline{DH}}{\overline{DE}}$,

즉 $\dfrac{\sqrt{3}}{2\sqrt{2} + x} = \dfrac{1}{x}$이므로 $\sqrt{3}x = 2\sqrt{2} + x$

$(\sqrt{3} - 1)x = 2\sqrt{2}$

$\therefore x = \dfrac{2\sqrt{2}}{\sqrt{3} - 1} = \sqrt{6} + \sqrt{2}$

답 $\sqrt{6} + \sqrt{2}$

3 $\overline{FG} = a$라 하면 $\overline{FH} = 2a$이고 $\overline{AD} = \overline{DH} = a$이므로 $\overline{AH} = \sqrt{2}a$

$\overline{AF} = \sqrt{\overline{EF}^2 + \overline{AE}^2} = \sqrt{\overline{GH}^2 + \overline{FG}^2} = \overline{FH}$

따라서 △AFH는 이등변삼각형이므로 점 F에서 $\overline{AH}$에 내린 수선의 발을 I라 하면

$\overline{HI} = \dfrac{1}{2}\overline{AH} = \dfrac{\sqrt{2}}{2}a$

$\therefore \cos x = \dfrac{\overline{HI}}{\overline{FH}} = \dfrac{\sqrt{2}}{2}a \div 2a = \dfrac{\sqrt{2}}{4}$

답 $\dfrac{\sqrt{2}}{4}$

4 △ABD $= \dfrac{1}{2} \times 10 \times 12 \times \sin(180° - 120°)$

$= 30\sqrt{3}(\text{cm}^2)$

점 M이 $\overline{AD}$의 중점이므로

△BMD $= \dfrac{1}{2} \times$ △ABD $= 15\sqrt{3}(\text{cm}^2)$

답 $15\sqrt{3}\,\text{cm}^2$

5 정사각형의 한 변의 길이를 2라 하면

$\overline{CE} = \sqrt{1^2 + 2^2} = \sqrt{5}$

□ABCD $= 2$△EBC $+$ △ECF $+$ △AEF이므로

$2 \times 2 = 2 \times \left(\dfrac{1}{2} \times 2 \times 1\right) + \dfrac{1}{2} \times \sqrt{5} \times \sqrt{5} \times \sin x$

$\qquad + \dfrac{1}{2} \times 1 \times 1$

$4 = \dfrac{5}{2} + \dfrac{5}{2}\sin x$　　$\therefore \sin x = \dfrac{3}{5}$

답 ④

6 $\overline{AC}$와 $\overline{BD}$의 교점을 H라 하면

$\overline{AC} = 6\sqrt{2}\,\text{cm}$, $\overline{AH} = \dfrac{1}{2}\overline{AC} = 3\sqrt{2}\,\text{cm}$

$\therefore \overline{OH} = \sqrt{6^2 - (3\sqrt{2})^2} = 3\sqrt{2}(\text{cm})$

△OAC의 넓이는

$\dfrac{1}{2} \times \overline{AC} \times \overline{OH} = \dfrac{1}{2} \times \overline{OA} \times \overline{OC} \times \sin x$

즉, $\dfrac{1}{2} \times 6\sqrt{2} \times 3\sqrt{2} = \dfrac{1}{2} \times 6 \times 6 \times \sin x$이므로

$\sin x = 1$

답 1

7 $\overline{BC} = \dfrac{2\sqrt{2}}{\sin 45°} = 4(\text{cm})$

∠ECF $= 30°$이므로 $\tan 30° = \dfrac{\overline{EF}}{\overline{CF}}$

$\therefore \overline{CF} = \sqrt{3} \times \overline{EF}$

$\overline{BC} = \overline{BF} + \overline{CF}$, 즉 $4 = \overline{EF} + \sqrt{3} \times \overline{EF}$이므로

$\overline{EF} = \dfrac{4}{\sqrt{3} + 1} = 2(\sqrt{3} - 1)$

$\therefore \triangle EBC = \dfrac{1}{2} \times 4 \times 2(\sqrt{3}-1)$

$\qquad\qquad = 4(\sqrt{3}-1)(cm^2)$

답 $4(\sqrt{3}-1)cm^2$

8 점 A에서 $\overline{BC}$에 내린 수선의 발을 H라 하면

$\overline{AH} = 4\sin B = 4 \times \dfrac{\sqrt{3}}{2} = 2\sqrt{3}(cm)$

$\overline{AC} = \dfrac{\overline{AH}}{\sin C} = 2\sqrt{3} \div \dfrac{2}{3} = 3\sqrt{3}(cm)$

$\overline{BC} = \overline{BH} + \overline{CH}$

$\qquad = \sqrt{4^2-(2\sqrt{3})^2} + \sqrt{(3\sqrt{3})^2-(2\sqrt{3})^2}$

$\qquad = 2 + \sqrt{15}(cm)$

$\therefore \triangle ABC = \dfrac{1}{2} \times (2+\sqrt{15}) \times 2\sqrt{3}$

$\qquad\qquad = 2\sqrt{3} + 3\sqrt{5}(cm^2)$

답 $(2\sqrt{3}+3\sqrt{5})cm^2$

9 주어진 직선의 방정식은 $\dfrac{\sqrt{3}}{2}x + \dfrac{1}{2}y = a$

$y=0$일 때 $x = \dfrac{2\sqrt{3}}{3}a$ $\qquad \therefore P = \left(\dfrac{2\sqrt{3}}{3}a,\ 0\right)$

$x=0$일 때 $y = 2a$ $\qquad \therefore Q(0,\ 2a)$

$\overline{PQ} = 8\sqrt{3}$, 즉 $\overline{PQ}^2 = 192$이므로

$\left(\dfrac{2\sqrt{3}}{3}a,\ 0\right)^2 + (2a)^2 = 192,\ \dfrac{16}{3}a^2 = 192$

$a^2 = 36$ $\qquad \therefore a = 6\ (\because a>0)$ 답 6

10 $\square DBCE = \triangle ABC - \triangle ADE$

$\qquad\qquad = \dfrac{\sqrt{3}}{4} \times 3^2 - \dfrac{1}{2} \times 2 \times 1 \times \sin 60°$

$\qquad\qquad = \dfrac{7\sqrt{3}}{4}(cm^2)$

$\overline{EF} = x\,cm$라 하면

$\triangle DEF = \triangle ADF - \triangle ADE$

$\qquad\qquad = \dfrac{1}{2} \times 2 \times (1+x) \times \sin 60°$

$\qquad\qquad\quad - \dfrac{1}{2} \times 2 \times 1 \times \sin 60°$

$\qquad\qquad = \dfrac{\sqrt{3}}{2}x\,(cm^2)$

$\triangle DEF = \dfrac{1}{2}\square DBCE$이므로

$\dfrac{\sqrt{3}}{2}x = \dfrac{1}{2} \times \dfrac{7\sqrt{3}}{4}$ $\qquad \therefore x = \dfrac{7}{4}$

답 $\dfrac{7}{4}cm$

11 $\overline{AE} = 40\cos 30° = 20\sqrt{3}(cm)$

$\overline{AD} = 20\sqrt{3}\cos 30° = 30(cm)$

$\overline{AC} = 30\cos 30° = 15\sqrt{3}(cm)$

$\overline{AB} = 15\sqrt{3}\cos 30° = \dfrac{45}{2}(cm)$

$\overline{BC} = 15\sqrt{3}\sin 30° = \dfrac{15\sqrt{3}}{2}(cm)$

$\therefore \triangle ABC = \dfrac{1}{2} \times \dfrac{45}{2} \times \dfrac{15\sqrt{3}}{2} = \dfrac{675\sqrt{3}}{8}(cm^2)$

답 $\dfrac{675\sqrt{3}}{8}cm^2$

12 $\overline{OC}$를 그으면 구하는 넓이는 부채꼴 OAC의 넓이에서 $\triangle OAC$의 넓이를 뺀 것과 같다.

$\triangle OAC$는 $\overline{OA} = \overline{OC}$인 이등변삼각형이므로

$\angle AOC = 180° - 2 \times 30° = 120°$

따라서 구하는 넓이는

$\pi \times 6^2 \times \dfrac{120}{360} - \dfrac{1}{2} \times 6 \times 6 \times \sin(180°-120°)$

$= 12\pi - 9\sqrt{3}(cm^2)$

답 $(12\pi - 9\sqrt{3})cm^2$

P. 113~116

Step**7** 대단원 성취도 평가

1 $\overline{AB} = \sqrt{3^2+1^2} = \sqrt{10}$이므로

① $\sin A = \dfrac{3}{\sqrt{10}} = \dfrac{3\sqrt{10}}{10}$

② $\sin B = \dfrac{1}{\sqrt{10}} = \dfrac{\sqrt{10}}{10}$

③ $\cos A = \dfrac{1}{\sqrt{10}} = \dfrac{\sqrt{10}}{10}$

④ $\cos B = \dfrac{3}{\sqrt{10}} = \dfrac{3\sqrt{10}}{10}$

⑤ $\tan A = \dfrac{3}{1} = 3$ 답 ⑤

2 $\overline{AB}=\sqrt{4^2+2^2}=2\sqrt{5}$이므로

$\sin A+\cos B=\dfrac{2}{2\sqrt{5}}+\dfrac{2}{2\sqrt{5}}=\dfrac{2\sqrt{5}}{5}$ 　답 ②

3 $5\cos A-2=0$에서 $\cos A=\dfrac{2}{5}$

$\cos A=\dfrac{2}{5}$인 직각삼각형 ABC를 그리면

$\overline{BC}=\sqrt{5^2-2^2}=\sqrt{21}$

$\therefore \tan A-\sin A=\dfrac{\sqrt{21}}{2}-\dfrac{\sqrt{21}}{5}$

$\qquad\qquad\qquad =\dfrac{3\sqrt{21}}{10}$ 　답 ③

4 $\cos 30°=\dfrac{\sqrt{3}}{2}$이므로

$\left(\dfrac{1}{2}-\cos x\right)\left(\dfrac{1}{2}+\cos x\right)=\left(\dfrac{1}{2}-\dfrac{\sqrt{3}}{2}\right)\left(\dfrac{1}{2}+\dfrac{\sqrt{3}}{2}\right)$

$\qquad\qquad\qquad\qquad\quad =\dfrac{1}{4}-\dfrac{3}{4}=-\dfrac{1}{2}$ 　답 ②

5 $\angle CAB=\angle ACD-\angle CBA=60°-30°=30°$ 이므로

$\overline{AC}=\overline{BC}=4(\text{cm})$

$\therefore \overline{CD}=\overline{AC}\times\cos 60°$

$\qquad\quad =4\times\dfrac{1}{2}=2(\text{cm})$ 　답 ③

6 구하는 직선의 기울기가 $\tan 30°=\dfrac{\sqrt{3}}{2}$ 이므로

직선의 방정식을 $y=\dfrac{\sqrt{3}}{3}x+b$로 놓을 수 있다.

이 직선의 x절편이 3이므로 점 $(3,\ 0)$을 지난다. 즉,

$0=\dfrac{\sqrt{3}}{3}\times 3+b$　　$\therefore b=-\sqrt{3}$

따라서 구하는 직선의 방정식은

$\therefore y=\dfrac{\sqrt{3}}{3}x-\sqrt{3}$

$\therefore \sqrt{3}x-3y-3\sqrt{3}=0$ 　답 ①

7 $\overline{AC}=12\times\sin 30°=6(\text{cm})$

$\angle A=60°$이므로 $\angle DAC=30°$

$\therefore \overline{CD}=\overline{AC}\times\tan 30°=6\times\dfrac{\sqrt{3}}{3}=2\sqrt{3}(\text{cm})$ 　답 ④

8 $\tan x=\dfrac{\overline{AB}}{\overline{OB}}=\dfrac{\overline{CD}}{\overline{OD}}=\overline{CD}$ 　답 ⑤

9 (ㄱ) $\tan 60°=\sqrt{3}$, $2\sin 60°=2\times\dfrac{\sqrt{3}}{2}=\sqrt{3}$

(ㄴ) $\sin 30°+\sin 60°=\dfrac{1}{2}+\dfrac{\sqrt{3}}{2}$, $\sin 90°=1$

(ㄷ) $\tan 0°\times\tan 45°=0\times 1=0$

(ㄹ) $\tan 30°=\dfrac{\sqrt{3}}{3}$, $\dfrac{1}{\tan 60°}=\dfrac{1}{\sqrt{3}}=\dfrac{\sqrt{3}}{3}$

따라서 옳은 것은 (ㄱ), (ㄹ)이다. 　답 ③

10 점 A에서 $\overline{BC}$에 내린 수선의 발을 H라 하면

$\overline{AH}=10\times\sin 60°=5(\text{cm})$,

$\overline{BH}=10\times\cos 60°=5(\text{cm})$

$\triangle AHC$에서 $\angle CAH=\angle ACH=45°$이므로

$\overline{CH}=\overline{AH}=5\sqrt{3}(\text{cm})$

$\therefore \overline{BC}=\overline{BH}+\overline{CH}=5(1+\sqrt{3})(\text{cm})$ 　답 ③

11 $0°\leq x\leq 30°$이므로 $30°\leq 2+30°\leq 90°$

$\sin 60°=\dfrac{\sqrt{3}}{2}$이므로 $2x+30°=60°$

$\therefore x=15°$ 　답 ②

12 $\triangle BCD$에서 $\cos 60°=\dfrac{1}{2}=\dfrac{5}{10}=\dfrac{\overline{CD}}{\overline{BC}}$이므로

$\angle BDC=90°$

$\therefore \overline{BD}=\overline{BC}\sin 60°=10\times\dfrac{\sqrt{3}}{2}=5\sqrt{3}(\text{cm})$

$\therefore \square ABCD=\triangle ABD+\triangle BCD$

$=\dfrac{1}{2}\times 8\times 5\sqrt{3}\times\sin 30°+\dfrac{1}{2}\times 5\times 5\sqrt{3}$

$=\dfrac{45\sqrt{3}}{2}(\text{cm}^2)$ 　답 ③

3000제 꿀꺽수학

13 점 A에서 $\overline{BC}$에 내린
수선의 발을 H라 하자.

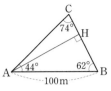

$\angle C = 180° - (44° + 62°)$
$\qquad = 74°$

$\triangle ABH$에서

$\overline{AH} = 100 \sin 62°(m)$ ······ ㉠

$\triangle CAH$에서

$\overline{AH} = \overline{AC} \sin 74°(m)$ ······ ㉡

㉠, ㉡에서 $\overline{AC} \sin 74° = 100 \sin 62°$이므로

$\overline{AC} = \dfrac{100 \sin 62°}{\sin 74°}(m)$

달 ③

14 $\triangle ABC$에서 $\angle C = 180° - (90° + 60°) = 30°$

$\tan 30° = \dfrac{y}{\sqrt{3}}$에서 $y = \sqrt{3} \times \dfrac{\sqrt{3}}{3} = 1$

$\tan 60° = \dfrac{y}{x}$에서 $x = \dfrac{y}{\tan 60°} = \dfrac{1}{\sqrt{3}} = \dfrac{\sqrt{3}}{3}$

$\therefore x + y = \dfrac{\sqrt{3}}{3} + 1 = \dfrac{\sqrt{3} + 3}{3}$

달 $\dfrac{\sqrt{3} + 3}{3}$

15 (주어진 식) $= 1 \times 1 + 1 \times 1 - \dfrac{1}{2} = \dfrac{3}{2}$

달 $\dfrac{3}{2}$

16 $\dfrac{1}{2} \times 4\sqrt{5} \times \overline{BC} \times \sin 30° = 40$이므로

$\sqrt{5} \times \overline{BC} = 40$ $\quad \therefore \overline{BC} = \dfrac{40}{\sqrt{5}} = 8\sqrt{5}$

달 $8\sqrt{5}$

17 $\angle ABC + \angle BAC = \angle ABC + 2 \angle ABC = 90°$
에서 $3 \angle ABC = 90°$

$\therefore \angle ABC = 30°$

$\overline{AD} = \overline{BD} = 8(cm)$이므로 $\triangle ACD$에서

$\overline{AC} = 8 \times \cos 30° = 4\sqrt{3}(cm)$

$\overline{CD} = 8 \times \sin 30° = 4(cm)$

$\therefore \triangle ABC = \dfrac{1}{2} \times (8 + 4) \times 4\sqrt{3} = 24\sqrt{3}(cm^2)$

달 $24\sqrt{3} cm^2$

18 (1) $\angle BAC = 180° - (90° + 30°) = 60°$이므로

$\overline{BC} = 1 \times \tan 60° = \sqrt{3}$

(2) $\overline{AB} = \dfrac{1}{\sin 30°} = 2$이고 $\angle BAD = 15°$이므로

$\triangle BAD$는 이등변삼각형이다.

$\therefore \overline{BD} = \overline{AB} = 2$

(3) $\tan 15° = \dfrac{\overline{AC}}{\overline{DC}} = \dfrac{1}{2 + \sqrt{3}} = 2 - \sqrt{3}$

달 (1) $\sqrt{3}$ (2) 2 (3) $2 - \sqrt{3}$

채점 기준	
$\overline{BC}$의 길이 구하기	1점
$\overline{BD}$의 길이 구하기	2점
$\tan 15°$의 값 구하기	2점

19 $\angle AOB = \dfrac{360°}{12} = 30°$이고

$\triangle AOB = \dfrac{1}{2} \times 4 \times 4 \times \sin 30° = 4$

따라서 정십이각형은 두 변의 길이가 4이고 그
끼인 각의 크기가 30°인 삼각형 12개로 이루어
져 있으므로 구하는 넓이는

$12 \times 4 = 48$ **달** 48

채점 기준	
$\angle AOB$의 크기 구하기	1점
$\triangle AOB$의 넓이 구하기	2점
답 구하기	3점

01 원과 직선

3000제 꿀꺽수학

P. 118~121

Step **1** 교과서 이해

01 (개) : $\overline{OB}$, (내) : RHS, (대) : $\overline{BM}$

02 $\overline{BH}=\overline{AH}=6(cm)$ ∴ $x=6$ **답** 6

03 $\overline{AH}=\sqrt{5^2-3^2}=4(cm)$이므로
$\overline{AB}=2\overline{AH}=8(cm)$ ∴ $x=8$ **답** 8

04 $\overline{AH}=\frac{1}{2}\overline{AB}=\frac{1}{2}\times4\sqrt{5}=2\sqrt{5}(cm)$이므로
$\overline{OM}=\sqrt{6^2-(2\sqrt{5})^2}=4(cm)$ ∴ $x=4$
답 4

05 $\overline{AH}=\frac{1}{2}\overline{AB}=\frac{1}{2}\times8=4(cm)$이므로
$\overline{OA}=\sqrt{4^2+4^2}=4\sqrt{2}(cm)$ ∴ $x=4\sqrt{2}$
답 $4\sqrt{2}$

06 $\overline{BH}=\frac{1}{2}\overline{AB}=\frac{1}{2}\times6\sqrt{3}=3\sqrt{3}(cm)$이므로
$\overline{OB}=\sqrt{3^2+(3\sqrt{3})^2}=6(cm)$ ∴ $x=6$
답 6

07 (개) : $\overline{OC}$, (내) : RHS, (대) : 2

08 $\overline{AB}=\overline{CD}$이므로 $x=9$ **답** 9

09 $\overline{AB}=\overline{CD}$이므로 $x=5$ **답** 5

10 $\overline{AB}=\overline{CD}$이므로 $x=10$ **답** 10

11 $\overline{AB}=\overline{CD}$이므로 $x=4$ **답** 4

12 $\overline{AB}=\overline{CD}$이므로 $x=2\times7=14$ **답** 14

13 $\frac{1}{2}\overline{AB}=\frac{1}{2}\overline{CD}$이므로 $x=5$ **답** 5

14 $\overline{AB}=\overline{CD}$이므로 $x=6$ **답** 6

15 (개) : $\angle PBO$, (내) : $\overline{OB}$, (대) : RHS, (래) : $\overline{PB}$

16 $\angle PAO=\angle PBO=90°$이므로 □APBO에서
$90°+\angle x+90°+130°=360°$ ∴ $x=50°$
답 $50°$

17 $\angle PAO=\angle PBO=90°$이므로 □APBO에서
$90°+80°+90°+\angle x=360°$ ∴ $x=100°$
답 $100°$

18 $\triangle PAO\equiv\angle PBO$(RHS 합동)이므로
$\angle AOB=2\times75°=150°$
$90°+\angle x+90°+150°=360°$ ∴ $x=30°$
답 $30°$

19 $\overline{PA}=\overline{PB}=8(cm)$ **답** 8 cm

20 $\triangle PAO$에서 $\angle PAO=90°$이므로
$\overline{PO}=\sqrt{8^2+4^2}=4\sqrt{5}(cm)$ **답** $4\sqrt{5}$ cm

21 $\overline{BE}=\overline{BD}=8-x$ **답** $8-x$

22 $\overline{AF}=\overline{AD}=x$이므로
$\overline{CF}=\overline{AC}-\overline{AF}=10-x$ **답** $10-x$

23 $\overline{CE}=\overline{CF}$이고 $\overline{BC}=\overline{BE}+\overline{CE}$이므로
$14=(8-x)+(10-x),\ 2x=4$
∴ $x=2$ **답** 2

24 $\angle OEC=\angle OFC=90°$이므로 □OECF는 직사각형이다.
또 $\overline{OE}=\overline{OF}=r$cm에서 이웃하는 두 변의 길이가 같으므로 □OECF는 정사각형이다.
답 정사각형

25 $\overline{AB}=\sqrt{8^2+6^2}=10(cm)$ **답** 10 cm

26 $\overline{CF}=\overline{CE}=r\,\text{cm}$이므로

$\overline{AD}=\overline{AF}=6-r(\text{cm})$, $\overline{BD}=\overline{BE}=8-r(\text{cm})$

답 $\overline{AD}=(6-r)\text{cm}$, $\overline{BD}=(8-r)\text{cm}$

27 $\overline{AB}=\overline{AD}+\overline{BD}$이므로

$10=(6-r)+(8-r)$, $2r=4$

$\therefore r=2$　　　　　　　　　　　답 2

28 $\overline{BE}=\overline{BD}=6\,\text{cm}$, $\overline{CE}=\overline{CF}=4\,\text{cm}$

$\overline{AD}=\overline{AF}=x\,\text{cm}$라고 하면

$(6+x)+(6+4)+(4+x)=30$

$2x=10$　　$\therefore x=5$　　　　답 5 cm

29 $\overline{AG}=x\,\text{cm}$라고 하면

$\overline{AF}=\overline{AB}-\overline{BF}=\overline{AB}-\overline{BD}=20-12=8(\text{cm})$

$\overline{OF}=\overline{OG}=6\,\text{cm}$, $\angle OFA=90°$이므로

$\triangle AFO$에서 $(x+6)^2=8^2+6^2$

$x^2+12x-64=0$, $(x-4)(x+16)=0$

$\therefore x=4\,(\because x>0)$　　　　　답 4 cm

30 $\overline{BF}=\overline{BD}=3\,\text{cm}$, $\overline{CE}=\overline{CD}=2\,\text{cm}$

$\overline{OE}$, $\overline{OF}$를 그으면 □AFOE는 정사각형이므

로 한 변의 길이를 $r\,\text{cm}$라 하면

$\overline{AB}=r+3(\text{cm})$, $\overline{AC}=r+2(\text{cm})$

$\triangle ABC$에서 $5^2=(r+3)^2+(r+2)^2$

$r^2+10r-12=0$, $r^2+5r-6=0$

$(r-1)(r+6)=0$

$\therefore r=1\,(\because r>0)$　　　　　답 1 cm

31 $\overline{AP}=x$라 하고 $\overline{AC}$와 원의 접점을 R라 하면

$\overline{AR}=x$, $\overline{CR}=\overline{CQ}=4-x$

$\overline{BP}=5+x$, $\overline{BQ}=6+(4-x)=10-x$이고

$\overline{BP}=\overline{BQ}$이므로 $5+x=10-x$

$2x=5$　　$\therefore x=\dfrac{5}{2}$　　　답 $\dfrac{5}{2}$

32 (개): $\overline{AS}$, (내): $\overline{BQ}$, (대): $\overline{CQ}$, (래): $\overline{DS}$

33 $10+x=7+12$　　$\therefore x=9$　　　답 9

34 $7+x+4=5+9$　　$\therefore x=3$　　　답 3

P. 122~123

Step **2** 개념탄탄

01 $\overline{AB}$, $\overline{AB}$

02 $\overline{AH}=\sqrt{7^2-3^2}=2\sqrt{10}(\text{cm})$

$\therefore \overline{AB}=2\overline{AH}=4\sqrt{10}(\text{cm})$　　답 $4\sqrt{10}$ cm

03 원의 중심을 O, 반지

름의 길이를 $r\,\text{cm}$라

하면 직각삼각형 OAM

에서

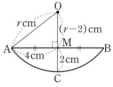

$r^2=4^2+(r-2)^2$, $4r=20$

$\therefore r=5$　　　　　　　　　답 5 cm

04 점 O에서 $\overline{AB}$에 내린 수선의 발을 P라 하면

$\overline{OP}=3\,\text{cm}$, $\overline{OA}=4\,\text{cm}$

$\triangle OAP$에서 $\overline{AP}=\sqrt{4^2-3^2}=\sqrt{7}(\text{cm})$

$\therefore \overline{AB}=2\overline{AP}=2\sqrt{7}(\text{cm})$　　답 $2\sqrt{7}$ cm

05 (개): $\angle OH'C$, (내): $\overline{CH'}$, (대): RHS

06 $\overline{OM}=\overline{ON}$이므로 $\overline{AB}=\overline{CD}$

$\therefore \overline{CD}=2\times8=16(\text{cm})$　　　답 16 cm

07 $\overline{OM}=\overline{ON}$이므로 $\overline{AB}=\overline{AC}$

따라서 $\triangle ABC$는 이등변삼각형이므로

$\angle ABC=\dfrac{1}{2}(180°-40°)=70°$　　답 ⑤

08 $\overline{OM}=\overline{ON}$이므로 $\overline{AC}=\overline{BC}$

따라서 $\triangle ABC$는 이등변삼각형이므로

$\angle CBA=\angle CAB=65°$

$\therefore \angle ACB=180°-2\times65°=50°$　　답 50°

09 $\angle OPA=90°$이므로 $\overline{OA}=\sqrt{4^2+3^2}=5(\text{cm})$

$\overline{OB}=\overline{OP}=3\,\text{cm}$이므로

$\therefore \overline{AB}=\overline{OA}-\overline{OB}=5-3=2(\text{cm})$　　답 2 cm

10 $\overline{PA}=\overline{PB}$이므로 $\triangle APB$는 이등변삼각형이다.

그런데 꼭지각의 크기가 $60°$이므로

$$\angle PAB = \angle PBA = \frac{1}{2}(180° - 60°) = 60°$$

따라서 $\triangle APB$는 정삼각형이므로

$\overline{AB} = 5\,\text{cm}$ **답** $5\,\text{cm}$

11 $y = \overline{AH} + \overline{DH} = \overline{AE} + \overline{DG} = 2 + 2 = 4$

$\overline{AB} + \overline{CD} = \overline{AD} + \overline{BC}$이므로

$(2+x)+(2+6)=4+9$ $\therefore x = 3$

     답 $x=3,\ y=4$

P. 124~127

Step**3** 실력완성

1 ⑤

2 $\overline{OM} = \overline{CM} = \frac{1}{2}\overline{OB} = 5\,(\text{cm})$

$\triangle OMB$에서 $\overline{BM} = \sqrt{10^2 - 5^2} = 5\sqrt{3}\,(\text{cm})$

$\therefore \overline{AB} = 2\overline{BM} = 10\sqrt{3}\,(\text{cm})$ **답** $10\sqrt{3}\,\text{cm}$

3 $\overline{OC}$를 그으면 $\overline{OC} = \frac{1}{2}\overline{AB} = 6\,(\text{cm})$

$\overline{CF} = \frac{1}{2}\overline{CD} = 4\,(\text{cm})$이므로 $\triangle OCF$에서

$\overline{OF} = \sqrt{6^2 - 4^2} = 2\sqrt{5}\,(\text{cm})$ **답** $2\sqrt{5}\,\text{cm}$

4 ② 현의 수직이등분선이 그 원의 중심을 지난다.

     답 ②

5 원의 중심 O에서 $\overline{AB}$에 내린 수선의 발을 H라 하면

$\overline{AH} = \frac{1}{2}\overline{AB} = 7\,(\text{cm})$

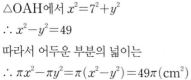

큰 원의 반지름의 길이를 $x\,\text{cm}$,

작은 원의 반지름의 길이를 $y\,\text{cm}$라 하면

$\triangle OAH$에서 $x^2 = 7^2 + y^2$

$\therefore x^2 - y^2 = 49$

따라서 어두운 부분의 넓이는

$\therefore \pi x^2 - \pi y^2 = \pi(x^2 - y^2) = 49\pi\,(\text{cm}^2)$

     답 $49\pi\,\text{cm}^2$

6 원 모양의 접시의 중심을 O 라 하고 반지름의 길이를 $r\,\text{cm}$라 하면 오른쪽 그림에서

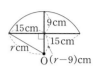

$r^2 = 15^2 + (r-9)^2,\ 18r = 306$

$\therefore r = 17$

따라서 접시의 지름의 길이는 $34\,\text{cm}$이다.

     답 ④

7 $\triangle OAM$에서 $\overline{AM} = \sqrt{(2\sqrt{3})^2 - 2^2} = 2\sqrt{2}\,(\text{cm})$

$\therefore \overline{CD} = \overline{AB} = 2\overline{AM} = 2 \times 2\sqrt{2} = 4\sqrt{2}\,(\text{cm})$

     답 ④

8 $\overline{OM} \perp \overline{AB}$이므로 $\overline{AM} = \overline{BM}$

$\therefore x = 3$

$\overline{OM} = \overline{AB}$이므로 $\overline{AB} = \overline{CD}$

$\therefore y = 2 \times 3 = 6$

$\therefore x + y = 9$ **답** 9

9 $\overline{AB} = \overline{CD}$이므로 $\widehat{AB} = \widehat{CD},\ \overline{OH} = \overline{OH'}$

또, $\overline{OH},\ \overline{OH'}$은 각각 $\overline{AB},\ \overline{CD}$의 수직이등분선이므로

$\overline{AH} = \overline{BH} = \overline{CH'} = \overline{DH'}$

따라서 옳지 않은 것은 ④이다.   **답** ④

10 점 O에서 $\overline{AB}$에 내린 수선의 발을 M이라 하면

$\overline{AM} = \overline{BM}$

$\triangle OAM$에서 $\overline{OM} = 4\,\text{cm}$이므로

$\overline{AM} = \sqrt{8^2 - 4^2} = 4\sqrt{3}\,(\text{cm})$

$\therefore \overline{AB} = 2\overline{AM} = 8\sqrt{3}\,(\text{cm})$ **답** $8\sqrt{3}\,\text{cm}$

11 $\angle OBA = 90°$이므로

$\overline{OB} = \sqrt{15^2 - 12^2} = 9\,(\text{cm})$

따라서 원 O의 넓이는

$\pi \times 9^2 = 81\pi\,(\text{cm}^2)$ **답** ③

12 $\angle PAO = \angle PBO = 90°$이므로 □APBO에서

$90° + 60° + 90° + \angle AOB = 360°$

$\therefore \angle AOB = 120°$

따라서 어두운 부분은 반지름의 길이가 6cm, 중심각의 크기가 240°인 부채꼴이므로 그 넓이는

$\pi \times 6^2 \times \dfrac{240}{360} = 24\pi\,(\text{cm}^2)$ **답** $24\pi\,\text{cm}^2$

채점 기준	
$\angle AOB$의 크기 구하기	60%
부채꼴의 중심각의 크기 구하기	20%
답 구하기	20%

13 $\angle DAB = \angle CBA$
$= 90°$

이므로 □ABCD는 $\overline{AD} /\!/ \overline{BC}$인 사다리꼴이다. 점 C에서 $\overline{AD}$에 내린 수선의 발을 H라 하고, $\overline{CD}$와 반원 O의 접점을 P라 하면

$\overline{DH} = 12 - 5 = 7\,(\text{cm})$

$\overline{CD} = \overline{CP} + \overline{DP} = 5 + 12 = 17\,(\text{cm})$

△DHC에서 $\overline{CH} = \sqrt{17^2 - 7^2} = 4\sqrt{15}\,(\text{cm})$

답 $4\sqrt{15}\,\text{cm}$

14 $\overline{CD} = \overline{CP} + \overline{DP} = \overline{CA} + \overline{DB} = 3 + 5 = 8\,(\text{cm})$

점 C에서 직선 m에 내린 수선의 발을 H라 하면

$\overline{DH} = \overline{BD} - \overline{BH} = \overline{BD} - \overline{AC} = 5 - 3 = 2\,(\text{cm})$

△CHD에서 $\overline{CH} = \sqrt{8^2 - 2^2} = 2\sqrt{15}\,(\text{cm})$

따라서 $\overline{AB} = \overline{CH} = 2\sqrt{15}\,\text{cm}$이므로 원 O의 반지름의 길이는 $\sqrt{15}\,\text{cm}$이다. **답** ②

15 $\overline{OM} = \overline{ON}$이므로 $\overline{AB} = \overline{AC}$

즉, △ABC는 $\overline{AB} = \overline{AC}$인 이등변삼각형이므로

$\angle B = \angle C = 68°$

$\therefore \angle A = 180° - 2 \times 68° = 44°$

□AMON에서 $44° + 90° + \angle x + 90° = 360°$

$\therefore \angle x = 136°$ **답** $136°$

채점 기준	
△ABC가 이등변삼각형임을 알기	30%
$\angle A$의 크기 구하기	30%
답 구하기	40%

16 $\angle PAO = \angle PBO = 90°$

$\overline{PO} = \sqrt{4^2 + 3^2} = 5\,(\text{cm})$

$\overline{PO} \perp \overline{AH}$이므로 $\overline{AP} \times \overline{OA} = \overline{AH} \times \overline{PO}$

즉, $4 \times 3 = \overline{AH} \times 5$이므로 $\overline{AH} = \dfrac{12}{5}\,(\text{cm})$

$\therefore \overline{AB} = 2\overline{AH} = 2 \times \dfrac{12}{5} = \dfrac{24}{5}\,(\text{cm})$ **답** ③

17 내접원의 지름의 길이가 4cm이므로

$\overline{GD} = \overline{DH} = 2\,(\text{cm})$

$\therefore \overline{AG} = \overline{AF} = 6 - 2 = 4\,(\text{cm})$

$\overline{EF} = \overline{EI} = x\,\text{cm}$라 하면

$\overline{AE} = 4 + x\,(\text{cm})$, $\overline{BE} = 4 - x\,(\text{cm})$

△ABE에서 $(4 + x)^2 = 4^2 + (4 - x)^2$

$16x = 16$ $\therefore x = 1$ **답** $1\,\text{cm}$

18 $\overline{AQ} = \overline{AC} = 6\,(\text{cm})$

$\overline{PQ} = \overline{PR} = 16\,(\text{cm})$이므로

$\overline{BR} = \overline{BC} = 16 - 12 = 4\,(\text{cm})$

$\therefore \overline{AB} = \overline{AC} + \overline{BC} = 6 + 4 = 10\,(\text{cm})$

답 $10\,\text{cm}$

19 $\overline{OP} = 5 + 8 = 13$이고 $\angle OAP = 90°$이므로

$\overline{PB} = \overline{PA} = \sqrt{13^2 - 5^2} = 12$ **답** 12

20 점 E에서 $\overline{CD}$에 내린 수선의 발을 H라 하고 $\overline{CH} = x$라 하면

$\overline{CH} = \overline{BE} = \overline{EP} = x$

$\overline{DH} = 10 - x$

$\overline{DP} = \overline{DC} = 10$이므로 $\overline{DE} = 10 + x$

△DEH에서 $(10 + x)^2 = 10^2 + (10 - x)^2$

$40x = 100$ $\therefore x = \dfrac{5}{2}$

$\therefore \overline{DE} = 10 + \dfrac{5}{2} = \dfrac{25}{2}$ **답** ③

21 $\overline{AE}=\overline{AG}=x$라 하면

$\overline{BE}=\overline{BF}=7-x$, $\overline{CG}=\overline{CF}=6-x$

$\overline{BC}=\overline{BF}+\overline{CF}$이므로 $5=(7-x)+(6-x)$

$2x=8$ $\therefore x=4$

$\therefore$ ($\triangle APQ$의 둘레의 길이)

$=\overline{AP}+\overline{PD}+\overline{DQ}+\overline{AQ}$

$=\overline{AP}+\overline{PE}+\overline{GQ}+\overline{AQ}$

$=\overline{AE}+\overline{AG}=2\overline{AE}$

$=8$ 〔답〕8

채점 기준	
$\overline{AE}$의 길이 구하기	50%
답 구하기	50%

22 원 O의 넓이가 16π이므로 반지름의 길이가 4
이다.

$\therefore \overline{CD}=2\times4=8$

$\overline{AD}=x$라 하면 $x+12=\overline{AB}+8$

$\therefore \overline{AB}=x+4$

점 A에서 $\overline{BC}$에 내린 수선의 발을 H라 하면

$\overline{BH}=12-x$이므로 $\triangle ABH$에서

$(x+4)^2=(12-x)^2+8^2$, $32x=192$

$\therefore x=6$

따라서 $\square ABCD$의 둘레의 길이는

$10+12+8+6=36$ 〔답〕36

23 $\angle PAO=\angle PBO=90°$이고

$\angle APO=\dfrac{1}{2}\times60°=30°$이므로

$\triangle APO$에서 $\overline{PA}=\dfrac{3}{\tan30°}=3\sqrt{3}$

$\therefore \triangle APO=\dfrac{1}{2}\times3\sqrt{3}\times3=\dfrac{9\sqrt{3}}{2}$

$\therefore \square APBO=2\triangle APO=9\sqrt{3}$

부채꼴 OAB에서 $\angle AOB=120°$이므로

(부채꼴 OAB의 넓이)$=\pi\times3^2\times\dfrac{120}{360}=3\pi$

따라서 구하는 넓이는 $(9\sqrt{3}-3\pi)$이다. 〔답〕④

24 원 O의 반지름의 길이를 r cm라 하면

$\overline{AB}=6+r$(cm), $\overline{AC}=9+r$(cm)

$\triangle ABC$에서 $15^2=(6+r)^2+(9+r)^2$

$2r^2+30r-108=0$, $r^2+15r-54=0$

$(r-3)(r+18)=0$ $\therefore r=3(\because r>0)$

따라서 원 O의 넓이는 $\pi\times3^2=9\pi$(cm^2)

〔답〕9π cm^2

P. 128~129

Step4 유형클리닉

1 $\triangle BOM$에서 $\overline{BM}=\sqrt{13^2-5^2}=12$

$\therefore \overline{AM}=\overline{BM}=12$

$\overline{OB}=\overline{OC}=13$이므로 $\overline{MC}=13-5=8$

따라서 $\triangle ACM$에서

$\overline{AC}=\sqrt{12^2+8^2}=4\sqrt{13}$ 〔답〕$4\sqrt{13}$

1-1 $\overline{AH}=\dfrac{1}{2}\overline{AB}=6$(cm)이므로

$\overline{OA}=\sqrt{6^2+6^2}=6\sqrt{2}$(cm) 〔답〕$6\sqrt{2}$ cm

1-2 점 O에서 $\overline{AB}$, $\overline{CD}$에 내린
수선의 발을 M, N이라 하면

$\overline{AM}=\dfrac{1}{2}\overline{AB}=\dfrac{1}{2}(2+6)$

$=4$

$\overline{OM}=\overline{NH}=\overline{CN}-\overline{CH}=\dfrac{1}{2}\overline{CD}-\overline{CH}$

$=\dfrac{1}{2}(3+4)-3=\dfrac{1}{2}$

따라서 $\triangle OAM$에서 $\overline{OA}=\sqrt{\left(\dfrac{1}{2}\right)^2+4^2}=\dfrac{\sqrt{65}}{2}$

이므로 원 O의 넓이는 $\pi\times\left(\dfrac{\sqrt{65}}{2}\right)^2=\dfrac{65}{4}\pi$이다.

〔답〕$\dfrac{65}{4}\pi$

2 $\overline{OM}=\overline{ON}$이므로 $\overline{AB}=\overline{AC}$

즉, $\triangle ABC$는 $\overline{AB}=\overline{AC}$인 이등변삼각형이므로

$\angle ABC=\dfrac{1}{2}(180°-72°)=54°$ 〔답〕54°

2-1 $\overline{OM}=\overline{ON}$이므로 $\overline{AB}=\overline{AC}$

즉, $\triangle ABC$는 $\overline{AB}=\overline{AC}$인 이등변삼각형이므로

$\angle BAC=180°-2\times64°=52°$ 〔답〕52°

2-2 □AMON에서 ∠A+90°+110°+90°=360°

이므로 ∠A=70°

$\overline{OM}=\overline{ON}$에서 $\overline{AB}=\overline{AC}$이므로

$\angle ABC=\dfrac{1}{2}(180°-70°)=55°$ **답** 55°

3 ∠PAO=∠PBO=90°이므로 □APBO에서

90°+55°+90°+∠AOB=360°

∴ ∠AOB=125° **답** 125°

3-1 ∠PAO=90°이므로 $\overline{PA}=\sqrt{7^2-3^2}=2\sqrt{10}(\text{cm})$

∴ $\triangle OPA=\dfrac{1}{2}\times 2\sqrt{10}\times 3=3\sqrt{10}(\text{cm}^2)$

답 $3\sqrt{10}\,\text{cm}^2$

3-2 점 O에서 $\overline{AB}$에 내린 수선의 발을 H라 하면

∠AOH=60°이므로

$\overline{AH}=\overline{AB}\sin 60°=6\times\dfrac{\sqrt{3}}{2}=3\sqrt{3}(\text{cm})$

∴ $\overline{AB}=2\overline{AH}=6\sqrt{3}(\text{cm})$ **답** $6\sqrt{3}\,\text{cm}$

4 △DEC에서 $\overline{CE}=\sqrt{20^2-16^2}=12(\text{cm})$

$\overline{BE}=x\,\text{cm}$라 하면 $\overline{AD}=x+12(\text{cm})$

□ABED가 원에 외접하므로

$\overline{AB}+\overline{DE}=\overline{AD}+\overline{BE}$,

즉 $16+20=(x+12)+x$에서

$2x=24$ ∴ $x=12$ **답** 12cm

4-1 $\overline{AB}+\overline{CD}=\overline{AD}+\overline{BC}$이므로

$8+7=\overline{AD}+9$ ∴ $\overline{AD}=6(\text{cm})$ **답** 6cm

4-2 $\overline{AB}+\overline{CD}=\overline{AD}+\overline{BC}$이고 $\overline{AB}=\overline{CD}$이므로

$2\overline{AB}=8+18=26$ ∴ $\overline{AB}=13(\text{cm})$

점 A에서 BC에 내린 수선의 발을 H라 하면

$\overline{BH}=\dfrac{1}{2}(18-8)=5(\text{cm})$이므로 △ABH에서

$\overline{AH}=\sqrt{13^2-5^2}=12(\text{cm})$

따라서 원 O의 반지름의 길이가 6cm이므로 그

넓이는 $36\pi\,\text{cm}^2$이다. **답** $36\pi\,\text{cm}^2$

P. 130

Step**5** 서술형 만점 대비

1 원 O의 반지름의 길이를 $r\,\text{cm}$라 하면

$\overline{AP}=\overline{AR}=r\,\text{cm}$, $\overline{BP}=\overline{BQ}=6\,\text{cm}$

$\overline{CR}=\overline{CQ}=4\,\text{cm}$

△ABC에서 $10^2=(6+r)^2+(4+r)^2$

$2r^2+20r-48=0$, $r^2+10r-24=0$

$(r-2)(r+12)=0$ ∴ $r=2(∵ r>0)$

답 2cm

채점 기준	
$\overline{AB}$, $\overline{AC}$의 길이를 내접원의 반지름의 길이를 이용하여 나타내기	60%
피타고라스 정리를 이용하여 식 세우기	30%
답 구하기	10%

2 원 O의 반지름의 길이를 r라 하고 점 D에서 $\overline{BC}$에 내린 수선의 발을 H라 하면

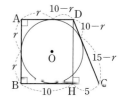

$\overline{AB}=\overline{DH}=2r$,

$\overline{DC}=(10-r)+(15-r)=25-2r$

△DHC에서 $(25-2r)^2=(2r)^2+5^2$

$100r=600$ ∴ $r=6$ **답** 6

채점 기준	
$\overline{AB}$, $\overline{CD}$의 길이를 내접원의 반지름의 길이로 나타내기	60%
피타고라스 정리를 이용하여 식 세우기	20%
답 구하기	20%

3 원 O의 반지름의 길이를 r라 하면

$\overline{AB}=\overline{CD}=2r$, $\overline{AE}=12-8=4$

$\overline{CE}=(12-r)+(4-r)=16-2r$

△CDE에서 $(16+2r)^2=(2r)^2+8^2$

$64r=192$ ∴ $r=3$

$\overline{AB}=\overline{CD}=6$, $\overline{CE}=10$이므로

원 O'의 반지름의 길이를 r'이라 하면

$8\times 6=r'(8+6+10)$, $24r'=48$

∴ $r'=2$

∴ $r+r'=3+2=5$ **답** 5

채점 기준

원 O의 반지름의 길이 구하기	40%
원 O′의 반지름의 길이 구하기	50%
답 구하기	10%

4 $\overline{AB}=x$, $\overline{AC}=y$라 하면

$\triangle ABC=\triangle AO'B+\triangle AO'C+\triangle BO'C$에서

$\dfrac{1}{2}xy=\dfrac{1}{2}x+\dfrac{1}{2}y+\dfrac{1}{2}\times6\times1$

$\therefore xy=x+y+6$ ······ ㉠

$\overline{BC}=(x-1)+(y-1)=6$이므로

$x+y=8$ ······ ㉡

㉡을 ㉠에 대입하면 $xy=14$

$\therefore \triangle ABC=\dfrac{1}{2}xy=7$ 답 7

채점 기준

삼각형의 넓이와 내접원의 반지름의 길이를 이용하여 식 세우기	50%
접선의 길이 사이의 관계를 이용하여 식 세우기	30%
답 구하기	20%

P. 131~134

Step 1 교과서 이해

01 원주각, 중심각, $\dfrac{1}{2}$

02 ⑺ : $\angle PAO$, ⑷ : $\angle PBO$,
⒟ : $\angle APB$, ⑷ : $\angle AOB$

03 $\angle x=\dfrac{1}{2}\times140°=70°$ ⋯ 답

04 $\angle x=2\times60°=120°$ ⋯ 답

05 $\angle x=2\times50°=100°$ ⋯ 답

06 $\angle x=\dfrac{1}{2}\times58°=29°$ ⋯ 답

07 $\angle x=2\times32°=64°$ ⋯ 답

08 $\angle x=\dfrac{1}{2}\times(360°-160°)=100°$ ⋯ 답

09 $\angle x=2\times110°=220°$ ⋯ 답

10 $\angle x=\dfrac{1}{2}\times(360°-150°)=105°$,

$\angle y=\dfrac{1}{2}\times150°=75°$

답 $\angle x=105°$, $\angle y=75°$

11 $\angle a=2\times70°=140°$

$\angle b=360°-140°=220°$

$\angle BCD=\dfrac{1}{2}\times\angle b=\dfrac{1}{2}\times220°=110°$

답 $\angle a=140°$, $\angle b=220°$, $\angle BCD=110°$

12 $\angle AOB=180°$이므로

$\angle APB=\dfrac{1}{2}\times180°=90°$ ⋯ 답

13 $40°$

14 $25°$

15 $\angle ACB=90°$이므로 $\angle x=20°$ ⋯ **답**

16 $\angle ACB=90°$이므로 $\angle x=40°$ ⋯ **답**

17 $\angle DAC=90°$이므로 $\angle ADC=70°$
    $\therefore \angle x=70°$ ⋯ **답**

18 $\angle ACB=90°$이므로 $\angle CAB=60°$
    $\therefore \angle x=60°$ ⋯ **답**

19 $\angle ADC=90°$이므로 $\angle BDC=\angle BAC=20°$
    $\therefore \angle x=90°-20°=70°$ ⋯ **답**

20 $\angle DBA=70°$이므로
    $\therefore \angle x=180°-(90°+70°)=20°$ ⋯ **답**

21 $\overline{CE}$를 그으면 $\angle CED=\dfrac{1}{2}\times70°=35°$
    $\therefore \angle x=\angle BEC=60°-35°=25°$ ⋯ **답**

22 $\angle x=55°$, $\angle y=110°$

23 $\angle x=50°$, $\angle y=100°$

24 $\angle x=40°$, $\angle y=30°$

25 $\angle x=30°$, $\angle y=50°$

26 $\angle x=50°$, $\angle y=40°$

27 $\angle x=32°$
    $32°+45°+\angle y=180°$ $\therefore \angle y=103°$
    답 $\angle x=32°$, $\angle y=103°$

28 $\angle ACD=60°$이므로 $\angle y=120°$
    $\angle x+60°=80°$이므로 $\angle x=20°$
    답 $\angle x=20°$, $\angle y=120°$

29 $\angle x=45°$
    $45°+110°+\angle y=180°$ $\therefore \angle y=25°$
    답 $\angle x=45°$, $\angle y=25°$

30 $\angle AOB : \angle COD=3:2$,
    즉 $120 : \angle COD=3:2$
    $\therefore \angle x=\angle COD=80°$
    $\angle y=\dfrac{1}{2}\times\angle AOB=60°$
    답 $\angle x=80°$, $\angle y=60°$

31 $\overline{AE} /\!/ \overline{CD}$이므로 $\angle y=\angle CDA$(엇각)
    그런데 $\angle CDA=\angle CBA=30°$이므로
    $\angle y=30°$
    $\angle BAD=\angle BCD=50°$이므로 $\angle x+30°=50°$
    $\therefore \angle x=20°$
    답 $\angle x=20°$, $\angle y=30°$

32 $\overline{AQ}$를 그으면 $\angle AQB=90°$
    $\angle AQR=\angle APR=50°$이므로
    $50°+\angle x=90°$ $\therefore \angle x=40°$ ⋯ **답**

33 $29:58=x:24$ $\therefore x=12$ ⋯ **답**

34 $20:x=8:24$ $\therefore x=60$ ⋯ **답**

35 $20:60=3:x$ $\therefore x=9$ ⋯ **답**

36 호의 길이가 같으므로 $x=30$ ⋯ **답**

37 $\angle CAB=53°-23°=30°$
    원 O의 둘레의 길이를 x cm라 하면
    $30:180=4\pi:x$ $\therefore x=24\pi$
    답 24π cm

38 (가) $\dfrac{1}{2}$, (나) $\dfrac{1}{2}$, (다) $180°$, (라) $\angle DCE$

39 $\angle x=112°$, $\angle y=83°$

40 $\angle x=110°$, $\angle y=88°$

41 $\angle x=85°$, $\angle y=110°$

P. 135~136

Step 2 개념탄탄

01 $\angle x = 32°$, $\angle y = 64°$

02 $\overline{OC}$를 그으면 $\angle COB = 2 \times 30° = 60°$
$\overparen{AB} = \overparen{BC}$이므로 $\angle x = \angle COB = 60°$ **답** ④

03 $\angle PAO = \angle PBO = 90°$이므로 □APBO에서
$90° + 40° + 70° + \angle AOB = 360°$
$\therefore \angle AOB = 140°$
$\therefore \angle ACB = \dfrac{1}{2} \times 140° = 70°$ **답** 70°

04 (ㄴ) $\overparen{BC}$에 대한 원주각이므로 $\angle BAC = \angle BDC$
(ㄹ) $\overparen{AD}$에 대한 원주각이므로 $\angle BAD = \angle ACD$
답 (ㄴ), (ㄹ)

05 $\angle BAD = 90°$이고 $\angle CAD = 48°$이므로
$\angle x = 90° - 48° = 42°$
$\angle y = \angle x = 42°$
$\therefore \angle x + \angle y = 84°$ **답** ⑤

06 $\angle ABC = 180° - 125° = 55°$, $\angle CAB = 90°$이므로
$\angle ACB = 180° - (90° + 55°) = 35°$ **답** 35°

07 $\angle ACB = \angle ABC = 27°$이므로
$\angle BAC = 180° - 2 \times 27° = 126°$ **답** 126°

08 $\overparen{AD} : \overparen{BC} = 1 : 2$이므로
$\angle ABD : \angle BAC = 1 : 2$
$\therefore \angle BAC = 2\angle x$
△ABP에서 $\angle x + 2\angle x = 75°$
$\therefore \angle x = 25°$ **답** ②

09 $\overparen{AB} = \overparen{BC} = \overparen{CD}$이므로
$\angle APB = \angle BPC = \angle CPD$
$\overline{AD}$가 원 O의 지름이므로 $\angle APD = 90°$
$\therefore \angle x = \dfrac{1}{3} \times 90° = 30°$ **답** 30°

10 $\angle BAC = 90°$이므로
$\angle x = 180° - (90° + 30°) = 60°$
$\angle ADC = 180° - 60° = 120°$이므로
△ACD에서
$\angle y = 180° - (20° + 120°) = 40°$
답 $\angle x = 60°$, $\angle y = 40°$

11 $\angle BAD = \dfrac{1}{2} \times 144° = 72°$이므로
$\therefore \angle x = \angle BAD = 72°$ **답** 72°

12 $\angle ADC = \angle ABP$이므로
$\angle BDC = 70° - 28° = 42°$
$\angle BCD = 90°$이므로
$\angle DBC = 180° - (90° + 42°) = 48°$
$\therefore \angle x = \angle DBC = 48°$ **답** 48°

P. 137~140

Step 3 실력완성

1 $\angle y = \angle ADB = 48°$
$\angle x = 2\angle ADB = 2 \times 48° = 96°$
$\therefore \angle x + \angle y = 144°$ **답** ②

2 $\angle ACB = \angle ADB = 25°$이므로 △PBC에서
$\angle APB = 35° + 25° = 60°$ **답** ⑤

3 $\overparen{AB}$에 대한 중심각의 크기는
$\angle AOB = 360° - 140° = 220°$
$\therefore \angle ACB = \dfrac{1}{2} \times 220° = 110°$
□AOBC에서
$\angle x + 140° + 65° + 110° = 360°$
$\therefore \angle x = 45°$ **답** 45°

채점 기준	
$\angle AOB$의 크기 구하기	30%
$\angle ACB$의 크기 구하기	30%
답 구하기	40%

4 $\overline{BQ}$를 그으면 ∠AQB=∠APB=35°,

∠BQC=∠BRC=25°이므로

∠x=∠AQB+∠BQC=35°+25°=60°

답 ③

5 △ABP에서 24°+∠ABP=72°

∴ ∠ABP=48°

호의 길이는 원주각의 크기에 정비례하므로

24 : 48=3 : $\overparen{AD}$ ∴ $\overparen{AD}$=6

답 6

6 $\overparen{AC}$=3$\overparen{BD}$이므로 ∠ABC=3∠BCD

∴ ∠BCD=$\frac{1}{3}$×63°=21°

△BCP에서 21°+∠x=63°

∴ ∠x=42°

답 ③

7 ∠ADC=∠ABP, 즉 ∠x+50°=115°

∠x=65°

답 65°

8 ∠BAD=$\frac{1}{2}$×154°=77°

□ABCD가 원에 내접하므로

∠DCE=∠BAD=77°

답 77°

9 □ABCD가 원에 내접하므로

∠ABC=180°−105°=75°

△ABC는 $\overline{AC}$=$\overline{BC}$인 이등변삼각형이므로

∠ACB=180°−2×75°=30°

답 ③

10 $\overline{AB}$가 원 O의 지름이므로 ∠ADB=90°

∴ ∠ADC=90°−43°=47°

따라서 ∠ABC=∠ADC=47°이므로

△PCB에서

∠BPC=180°−(30+47°)=103°

답 103°

채점 기준	
∠ADC의 크기 구하기	40%
∠ABC의 크기 구하기	40%
답 구하기	20%

11 ∠DAB+∠DCB=180°,

즉 ∠x+50°+90°=180°   ∴ ∠x=40°

∠ACB=∠ADB=45°이므로

∠y=∠ACD=90°−∠ACB=45°

△ABC에서

∠z=∠x+∠ACB=40°+45°=85°

∴ ∠x+∠y+∠z=40°+45°+85°

=170°

답 170°

12 $\overline{CE}$를 그으면 □ABCE가

원에 내접하므로

∠AEC=180°−115°

=65°

또, ∠CED=$\frac{1}{2}$∠COD

=$\frac{1}{2}$×70°=35°

∴ ∠x=∠AEC+∠ECD

=65°+35°=100°

답 ②

13 $\overline{OA}$, $\overline{OB}$를 그으면

∠PAO=∠PBO

=90°

이므로 □APBO에서

∠AOB=360°−(90°+40°+90°)=140°

∴ ∠ACB=$\frac{1}{2}$×(360°−140°)=110°

답 ③

14 $\overline{OM}$=$\overline{ON}$이므로 $\overline{AB}$=$\overline{AC}$

즉, △ABC가 이등변삼각형이므로

∠ACB=$\frac{1}{2}$×(180°−36°)=72°

72 : 36=12 : $\overparen{BC}$ 에서 $\overparen{BC}$=6(cm)

답 ③

15 $\angle AOB=2\angle x$이므로 $\triangle OAP$에서

$\angle APB=15°+2\angle x$

$\triangle PBC$에서 $\angle APB=\angle x+50°$

따라서 $15°+2\angle x=\angle x+50°$이므로

$\therefore \angle x=35°$ **답** ③

채점 기준	
$\angle AOB$를 $\angle x$에 대한 식으로 나타내기	30%
$\angle APB$를 $\angle x$에 대한 식으로 나타내기	50%
답 구하기	20%

16 $\overline{OB}$를 그으면 $\angle BOC=2\times55°=110°$

$\triangle BOC$는 $\overline{OB}=\overline{OC}$인 이등변삼각형이므로

$\angle OCB=\dfrac{1}{2}\times(180°-110°)=35°$

$\therefore \angle BCD=35°+30°=65°$

□ABCD가 원에 내접하므로

$\angle x=180°-65°=115°$

답 $115°$

17 $\angle ABC=\angle x$라 하면 $\triangle ABQ$에서

$\angle PAQ=\angle x+32°$

□ABCD가 원에 내접하므로

$\angle ADP=\angle ABC=\angle x$

$\triangle PAD$에서 $48°+(\angle x+32°)+\angle x=180°$

$\therefore \angle x=50°$ **답** ②

18 □ABQP가 원에 내접하므로

$\angle DPQ=\angle ABQ=75°$

또, □PQCD가 원에 내접하므로

$75°+\angle QCD=180°$ $\therefore \angle QCD=105°$

답 ④

19 $\angle BCD=\angle x$라 하면 $\angle BAD=\angle x$

$\triangle ADP$에서 $\angle ADC=\angle x+32°$

$\triangle QCD$에서 $76°=\angle x+(\angle x+32°)$

$2\angle x=44°$ $\therefore \angle x=22°$

답 $22°$

20 $\overset{\frown}{BC}=\overset{\frown}{CD}$이므로 $\angle BAC=\angle CAD$

그런데 $\angle BAC=\dfrac{1}{2}\times94°=47°$이므로

$\angle DCE=\angle BAD=\angle BAC+\angle CAD$
$=2\angle BAC=2\times47°=94°$ **답** ①

21 점 P가 반원의 내부에 있으면 $\angle P>90°$이다.

① $10^2=6^2+8^2$ ② $10^2<6^2+9^2$

③ $10^2>7^2+7^2$ ④ $10^2<7^2+8^2$

⑤ $10^2=(5\sqrt{2})^2+(5\sqrt{2})^2$

따라서 둔각삼각형인 것은 ③이다.

답 ③

22 $\overset{\frown}{AB}=\overset{\frown}{AC}=\overset{\frown}{CD}$이므로 $\overline{AC}$를 그어

$\angle ACB=\angle ABC=\angle CBD=\angle a$라 하면

$\angle ACD=\angle a+21°$

$\angle AEC=\angle x$라 하면

$\triangle BCE$에서 $\angle ABC=\angle x+21°=\angle a$이므로

$\angle ABD=\angle ABC+\angle CBD$
$=(\angle x+21°)+\angle a$
$=\angle a+\angle a=2\angle a$

□ACDB가 원에 내접하므로

$\angle ACD+\angle ABD=180°$,

즉 $\angle a+21°+2\angle a=180°$

$\therefore \angle a=53°$

$\therefore \angle AEC=53°-21°=32°$

답 $32°$

23 $\overset{\frown}{ABC}$는 원의 둘레의 길이의 $\dfrac{1}{4}$이므로 중심각의

크기는 $90°$이다.

$\therefore \angle x=\dfrac{1}{2}\times90°=45°$

$\overset{\frown}{BCD}$는 원의 둘레의 길이의 $\dfrac{1}{3}$이므로 중심각의

크기는 $120°$이다.

$\therefore \angle BAD=\dfrac{1}{2}\times120°=60°$

□ABCD가 원에 내접하므로

$\angle y=\angle BAD=60°$

$\therefore \angle x+\angle y=45°+60°=105°$

답 $105°$

24 $\overline{AD}$를 그으면

$\angle ADC = \dfrac{1}{2} \times 100° = 50°$

$\angle BAD = \dfrac{1}{2} \times 40° = 20°$

$\triangle ADP$에서 $50° = 20° + \angle x$

$\therefore \angle x = 30°$ 　　　　　**답** $30°$

채점 기준	
$\overline{AD}$를 그어 $\angle ADC$의 크기 구하기	30%
$\angle BAD$의 크기 구하기	30%
답 구하기	40%

P. 141~142

Step4 유형클리닉

1 $\angle BAD = \angle BCD = 90°$이고

$\angle x = \angle ACB = 90° - 20° = 70°$

$\angle y = \angle DBC = 90° - 30° = 60°$

　　　　　답 $\angle x = 70°$, $\angle y = 60°$

1-1 $\overline{BD}$를 그으면 $\angle ADB = 90°$이고

$\angle ABD = \angle ACD = 42°$

$\therefore \angle x = 90° - 42° = 48°$ 　　　　　**답** $48°$

1-2 $\overline{AC}$를 그으면 $\angle BAC = \angle BEC = 24°$

$\angle ACB = 90°$이므로

$\angle ABC = 90° - 24° = 66°$

$\therefore \angle ADC = \angle ABC = 66°$ 　　　　　**답** $66°$

2 $\overarc{AC} = \overarc{CD}$이므로 $\angle ABC = \angle CBD = 20°$

$\therefore \angle ABD = 40°$

$\overline{AD}$를 그으면 $\angle ADB = 90°$이므로

$\angle BAD = 90° - 40° = 50°$

$\therefore \angle BCD = \angle BAD = 50°$ 　　　　　**답** $50°$

2-1 $\triangle ACP$에서 $\angle A = 65° - 20° = 45°$

호 BC에 대한 중심각의 크기는 $2 \times 45° = 90°$이

므로 구하는 원의 둘레의 길이는

$4 \times 4 = 16(cm)$ 　　　　　**답** $16cm$

2-2 $\overline{BD}$를 그으면 $\angle DBC = \angle DAC = 20°$

$\angle ABD = 2\angle DBC = 2 \times 20° = 40°$

$\therefore \angle ABC = 20° + 40° = 60°$

$\angle ABC = \angle ACB$이므로 $\triangle PCA$에서

$\angle APC = 60° - 20° = 40°$ 　　　　　**답** $40°$

3 $\angle BDC = 90°$이고 $\angle DCB = 50°$

$\square ABCD$가 원에 내접하므로

$\angle x = 180° - 50° = 130°$ 　　　　　**답** $130°$

3-1 $\triangle ACD$에서 $\angle ADC = 180° - (42° + 35°) = 113°$

$\square ABCD$가 원에 내접하므로

$\angle x = 180° - 113° = 67°$ 　　　　　**답** $67°$

3-2 $\angle COD = 360° \times \dfrac{1}{5} = 72°$이고 $\overline{CE}$를 그으면

$\square ABCD$가 원에 내접하므로

$\angle AEC = 180° - 100° = 80°$

또, $\angle CED = \dfrac{1}{2}\angle COD = 36°$이므로

$\angle AED = \angle AEC + \angle CED$

$= 80° + 36° = 116°$ 　　　　　**답** $116°$

4 $\square ABCD$가 원에 내접하므로

$\angle ADC = 180° - 70° = 110°$

즉, $25° + \angle EDC = 110°$에서 $\angle EDC = 85°$

또, $\square EBCD$가 원에 내접하므로

$\angle EBP = \angle EDC = 85°$ 　　　　　**답** $85°$

4-1 $\square ABCD$가 원에 내접하므로

$\angle BAD = 110°$, 즉 $65° + \angle CAD = 110°$이므로

$\angle CAD = 45°$ 　　　　　**답** $45°$

4-2 $\angle ABC = \angle x$라 하면 $\angle PCQ = \angle x + 35°$

$\square ABCD$가 원에 내접하므로

$\angle CDQ = \angle ABC = \angle x$

$\triangle DCQ$에서 $\angle x + (\angle x + 35°) + 45° = 180°$

$\therefore \angle x = 50°$ 　　　　　**답** $50°$

3 오른쪽 그림에서

$\angle DAB = \dfrac{1}{3} \times 180°$

$\qquad\quad = 60°$

$\angle ADC = \dfrac{1}{5} \times 180°$

$\qquad\quad = 36°$

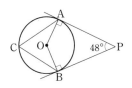

$\triangle APD$에서 $\angle APC = 60° + 36° = 96°$

답 $96°$

채점 기준	
$\angle DAB$의 크기 구하기	40%
$\angle ADC$의 크기 구하기	40%
답 구하기	20%

4 $\overline{AD}$를 그으면 $\angle ADB = \angle ADP = 90°$

$\triangle PAD$에서

$\angle PAD = 180° - (90° + 70°) = 20°$

$\therefore \angle COD = 2\angle CAD = 2 \times 20° = 40°$ 　**답** $40°$

채점 기준	
$\angle ADP$의 크기 구하기	30%
$\angle PAD$의 크기 구하기	30%
답 구하기	40%

P. 143

Step **5** 서술형 만점 대비

1 $\overline{OA}$, $\overline{OB}$를 그으면

$\angle OAP = \angle OBP$

$\qquad\qquad = 90°$

이므로 $\square AOBP$에서

$\angle AOB = 360° - (90° + 90° + 48°) = 132°$

$\therefore \angle ACB = \dfrac{1}{2}\angle AOB = 66°$ 　　**답** $66°$

채점 기준	
$\angle OAP$, $\angle OBP$의 크기 구하기	30%
$\angle AOB$의 크기 구하기	40%
답 구하기	30%

2 $\square PQCD$가 원에 내접하므로

$\angle PQB = \angle PDC = 92°$

또, $\square ABQP$가 원에 내접하므로

$\angle BAP = 180° - 92° = 88°$

$\therefore \angle x = \angle BOP = 2\angle BAP = 2 \times 88° = 176°$

답 $176°$

채점 기준	
$\angle PQB$의 크기 구하기	40%
$\angle BAP$의 크기 구하기	30%
답 구하기	30%

3000제 꼴꺽수학

03 원주각의 성질

P. 144~148

Step 1 교과서 이해

01 (ㄷ) $\angle A=180°-(75°+40°)=65°$이므로
$\angle A=\angle B=65°$

(ㅂ) $\angle A=\angle B=35°$
따라서 네 점 A, B, C, D가 한 원 위에 있는
것은 (ㄴ), (ㄷ), (ㅂ)이다.　　　**답** (ㄴ), (ㄷ), (ㅂ)

02 $60°$

03 $40°$

04 $\angle A=60°$이므로
$\angle x=180°-(60°+90°)=30°$　　　**답** $30°$

05 $\angle ADB=\angle ACB=35°$이므로
$\angle x=45°+35°=80°$　　　**답** $80°$

06 $\angle DAC=\angle DBC=50°$이므로
$\angle x=180°-(50°+105°)=25°$　　　**답** $25°$

07 $180°$

08 내대각

09 직사각형, 등변사다리꼴, 정사각형은 대각의 크
기의 합이 $180°$이다.　　　**답** (ㄱ), (ㄹ), (ㅁ)

10 (ㄱ) $\angle B+\angle D\neq180°$
(ㄴ) $\overline{AD}/\!/\overline{BC}$이므로 $\angle A=105°$
$\therefore \angle A+\angle C=180°$
(ㄷ) $\angle B=\angle D=180°-115°=65°$
$\therefore \angle B+\angle D\neq180°$
(ㄹ) $\angle ABC=180°-110°=70°$
$\therefore \angle B+\angle D=180°$　　　**답** (ㄴ), (ㄹ)

11 $\angle x=180°-80°=100°$ … **답**

12 $\angle x=180°-125°=55°$ … **답**

13 $\angle x=\angle DAB=95°$ … **답**

14 $\angle x=\angle EDC=75°$ … **답**

15 원주각

16 $\angle x=\angle TPB=60°$ … **답**

17 $\angle x=\angle TPB=112°$ … **답**

18 호 AP에 대한 원주각의 크기가 $70°$이므로
$\angle x=2\times70°=140°$ … **답**

19 $\angle T'PA=\angle ABP=60°$이므로
$\angle x=180°-60°=120°$ … **답**

20 $\angle PAB=\angle TPB=80°$이므로 △APB에서
$\angle x=180°-(80°+40°)=60°$ … **답**

21 $\angle x=\angle TPB$
$=180°-(45°+55°)=80°$ … **답**

22 $\overline{PB}$를 그으면 $\angle ABP=72°$, $\angle APB=90°$이
므로 $\angle x=18°$
△APC에서 $\angle y=72°-18°=54°$
답 $\angle x=18°$, $\angle y=54°$

23 $\overline{PB}$를 그으면 $\angle ABP=68°$, $\angle APB=90°$이
므로 $\angle x=22°$
△ACP에서 $\angle y=68°-22°=46°$
답 $\angle x=22°$, $\angle y=46°$

24 $\angle x=\angle y=\dfrac{1}{2}\times112°=56°$
답 $\angle x=56°$, $\angle y=56°$

25 $\angle x = \angle y = \dfrac{1}{2} \times 110° = 55°$

답 $\angle x = 55°$, $\angle y = 55°$

26 ㈎ : $\angle$PCB, ㈐ : $\angle$CPB, ㈑ : AA, ㈒ : $\overline{\text{PD}}$

27 $3 \times x = 4 \times 6$ ∴ $x = 8$ … 답

28 $3 \times 8 = x \times 4$ ∴ $x = 6$ … 답

29 ㈎ : $\angle$PBC, ㈐ : AA, ㈑ : $\overline{\text{PD}}$

30 $(8+4) \times 4 = (5+x) \times 5$, $48 = 25 + 5x$

$5x = 23$ ∴ $x = \dfrac{23}{5}$ … 답

31 $5 \times (5+x) = 4 \times (4+11)$, $25 + 5x = 60$

$5x = 35$ ∴ $x = 7$ … 답

32 $\overline{\text{OP}} = \overline{\text{OA}} - \overline{\text{AP}} = 5 - 2 = \boxed{3}$ 이므로

$\overline{\text{PB}} = 3 + 5 = \boxed{8}$

$\overline{\text{PC}} = \overline{\text{PD}}$ 이므로 $\overline{\text{PC}}^2 = 2 \times 8 = \boxed{16}$ 이므로

∴ $\overline{\text{PC}} = \boxed{4}$ 답 3, 8, 16, 4

33 원 O의 반지름의 길이를 $r$cm라 하면

$\overline{\text{CP}} = \overline{\text{PO}} = \dfrac{r}{2}$ cm

$8 \times 6 = \dfrac{r}{2} \times \left(\dfrac{r}{2} + r\right)$, $\dfrac{3}{4}r^2 = 48$

$r^2 = 64$ ∴ $r = 8\,(∵ r > 0)$ 답 8cm

34 원 O의 반지름의 길이를 $r$cm라 하면

$\overline{\text{PA}} = (r+2)$cm, $\overline{\text{PB}} = (r-2)$cm

$\overline{\text{PC}} = \overline{\text{PD}} = 2\sqrt{3}$cm 이므로

$(r+2)(r-2) = 2\sqrt{3} \times 2\sqrt{3}$, $r^2 = 16$

∴ $r = 4\,(∵ r > 0)$ 답 4cm

35 원 O의 반지름의 길이를 $r$cm라 하면

$\overline{\text{PA}} = (r-4)$cm, $\overline{\text{PB}} = (r+4)$cm 이므로

$(r-4)(r+4) = 8 \times 6$, $r^2 = 64$

∴ $r = 8\,(∵ r > 0)$ 답 8cm

36 원 O의 반지름의 길이를 $r$cm라 하면

$\overline{\text{PB}} = (6+2r)$cm 이므로

$6 \times (6+2r) = 8 \times (8+10)$, $36 + 12r = 144$

$12r = 108$ ∴ $r = 9$

답 9cm

37 원 O의 반지름의 길이를 $r$cm라 하면

$\overline{\text{PB}} = r$cm, $\overline{\text{PA}} = r + 2r = 3r$cm 이므로

$r \times 3r = 5 \times (5+7)$, $3r^2 = 60$

$r^2 = 20$ ∴ $r = 2\sqrt{5}\,(∵ r > 0)$

답 $2\sqrt{5}$cm

38 ㈎ : $\angle$PBT, ㈐ : AA, ㈑ : $\overline{\text{PT}}$

39 $x^2 = 4 \times (4+9) = 52$ ∴ $x = 2\sqrt{13}$ … 답

40 $x^2 = 4 \times (4+6) = 40$ ∴ $x = 2\sqrt{10}$ … 답

41 $10^2 = 5 \times (5+x)$, $5x = 75$ ∴ $x = 15$ … 답

42 $12^2 = 8 \times (8+x)$, $8x = 80$ ∴ $x = 10$ … 답

43 $7^2 = 5 \times (5+2x)$, $10x = 24$

∴ $x = \dfrac{12}{5}$ … 답

44 $4^2 = x(x+6)$, $x^2 + 6x - 16 = 0$

$(x-2)(x+8) = 0$ ∴ $x = 2\,(∵ x > 0)$

답 2

45 $6^2 = x(x+9)$, $x^2 + 9x - 36 = 0$

$(x-3)(x+12) = 0$ ∴ $x = 3\,(∵ x > 0)$

답 3

46 $6^2 = 4 \times (4+2x)$, $8x = 20$ ∴ $x = \dfrac{5}{2}$ … 답

47 $\overline{\text{PT}}^2 = 8 \times (8+10) = 144$

∴ $\overline{\text{PT}} = 12$ 답 12

01 ②

02 ② $\angle A = 180° - (40° + 60° + 35°) = 45°$이므로
$\angle A \neq \angle D$
⑤ $\angle ADP = \angle CDQ = 50°$
$\angle BAD = 100°$, $\angle BCD = 80°$이므로
$\angle BAD + \angle BCD = 180°$, 즉 □ABCD는
원에 내접한다.　　　　　　　**답** ②

03 $\angle x = 180° - 95° = 85°$
△APD에서 $\angle y = 180° - (30° + 85°) = 65°$
　　　　　　　　　　　　　　　답 ①

04 $\angle x = 180° - 80° = 100°$
$\angle y = 180° - 95° - 85°$　　　**답** ⑤

05 $\angle PAB = \angle BPT = 85°$이므로 △APB에서
$\angle APB = 180° - (85° + 40°) = 55°$
　　　　　　　　　　　　　　　답 55°

06 $\angle x = \angle BPT = 72°$　　　**답** 72°

07 $4 \times \overline{PB} = 3 \times 12$　　∴ $\overline{PB} = 9(cm)$
　　　　　　　　　　　　　　　답 ④

08 $\overline{PA} = x$라 하면 $\overline{PB} = 10 - x$
$x(10 - x) = 3 \times 8$, $x^2 - 10x + 24 = 0$
$(x - 4)(x - 6) = 0$
$x < 10 - x$에서 $x < 5$이므로 $x = 4$
　　　　　　　　　　　　　　　답 4

09 $\overline{OP} = 9 - 3 = 6(cm)$이고, $\overline{CP} = \overline{DP}$이므로
$3 \times (6 + 9) = \overline{CP}^2$, $\overline{CP}^2 = 45$
∴ $\overline{CP} = 3\sqrt{5}(cm)$
　　　　　　　　　　　　　　답 $3\sqrt{5}$cm

10 $\overline{PT}^2 = 3(3 + 5) = 24$　　∴ $\overline{PT} = 2\sqrt{6}$
　　　　　　　　　　　　　　　답 ②

11 원 O의 반지름의 길이를 r라 하면
$12^2 = 8(8 + 2r)$, $18 = 8 + 2r$　　∴ $r = 5$
　　　　　　　　　　　　　　　답 5

1 $\angle BDC = \angle BAC = 75°$이고
$\angle x + 75° + 65° = 180°$　　∴ $\angle x = 40°$
　　　　　　　　　　　　　　　답 40°

2 (ㄱ), (ㄹ) $\angle APB = \angle CPD = 180° - 85° = 95°$
(ㄴ) $\angle PBA = 85° - 50° = 35°$
(ㄷ) (ㄴ)에서 $\angle PBA = \angle PCD$이므로 네 점 A,
　　 B, C, D가 한 원 위에 있다.
　　∴ $\angle PDC = \angle PAB = 50°$
따라서 옳은 것은 (ㄴ), (ㄷ)이다.　**답** ④

3 $\angle y = 25°$이고 △ACP에서
$\angle x = 25° + 55° = 80°$
∴ $\angle x + \angle y = 105°$　　　**답** 105°

4 $\angle BAC = \angle BDC$이므로 □ABCD는 원에 내
접한다.
$\angle BCD = 180° - (37° + 69°) = 74°$　**답** ③

5 (ㄱ) $\angle AFB = \angle AEB = 90°$
(ㄷ) $\angle BDO + \angle BEO = 90° + 90° = 180°$
따라서 원에 내접하는 것은 (ㄱ), (ㄷ)이다.
　　　　　　　　　　　　　　답 (ㄱ), (ㄷ)

6 $\angle x = 40°$, $\angle y = 75°$

7 $\angle\mathrm{TAB} = \angle\mathrm{ACB} = 40°$이므로 $\triangle\mathrm{BAT}$에서
$\angle\mathrm{ABT} = 180° - (40° + 30°) = 110°$ 　　　　답 ④

8 $\angle x = \angle\mathrm{BAC}$이고
$\angle\mathrm{BAC} = 180° \times \dfrac{5}{4+5+6} = 60°$
　　　　답 $60°$

9 □ABCD가 원에 내접하므로
$\angle\mathrm{DAB} = 180° - 85° = 95°$
$\triangle\mathrm{AEB}$에서 $\angle\mathrm{DAB} = 50° + \angle\mathrm{EBA}$
$\angle\mathrm{EBA} = \angle\mathrm{BDA} = \angle x$이므로
$95° = 50° + \angle x$ 　　$\therefore \angle x = 45°$
　　　　답 $45°$

10 □ABCD가 원에 내접하므로
$\angle\mathrm{BAD} = 180° - 127° = 53°$
$\overline{\mathrm{AD}}$가 원 O의 지름이므로 $\angle\mathrm{ABD} = 90°$
$\therefore \angle\mathrm{ADB} = 180° - (90° + 53°) = 37°$
$\therefore \angle\mathrm{ABT} = \angle\mathrm{ADB} = 37°$
　　　　답 $37°$

11 $\overline{\mathrm{BD}} = \overline{\mathrm{BE}}$이므로 $\angle\mathrm{BED} = \dfrac{1}{2}(180° - 40°) = 70°$
$\angle\mathrm{CEF} = 180° - (70° + 56°) = 54°$
$\therefore \angle\mathrm{EDF} = \angle\mathrm{CEF} = 54°$
　　　　답 ④

12 $\angle\mathrm{CAE} = \angle\mathrm{B} = a$라고 하면
$\overline{\mathrm{AD}} = \overline{\mathrm{BD}} = \overline{\mathrm{AC}}$이므로
$\angle\mathrm{ABD} = \angle\mathrm{BAD} = \angle\mathrm{CAD} = a$,
$\angle\mathrm{ADC} = \angle\mathrm{ACD} = 2a$
$\triangle\mathrm{ABC}$에서 $a + 2a + 2a = 180°$
$\therefore a = 36°$
　　　　답 ③

13 $\angle\mathrm{C} = \angle\mathrm{DTP} = \angle\mathrm{BTQ} = \angle\mathrm{A} = 60°$
$\triangle\mathrm{DTC}$에서 $\angle\mathrm{TDC} = 180° - (50° + 60°) = 70°$
　　　　답 $70°$

14 $\widehat{\mathrm{AC}} = \widehat{\mathrm{BC}}$이므로 $\overline{\mathrm{AD}}$를 그으면
$\angle\mathrm{CAB} = \angle\mathrm{ADC}$, $\angle\mathrm{C}$는 공통
$\therefore \triangle\mathrm{ACP} \backsim \triangle\mathrm{DCA}$(AA닮음)
즉, $\overline{\mathrm{AC}} : \overline{\mathrm{DC}} = \overline{\mathrm{CP}} : \overline{\mathrm{CA}}$에서 $\overline{\mathrm{AC}} = x$라 하면
$x : (3+9) = 3 : x$이므로
$x^2 = 36$ 　　$\therefore x = 6 (\because x > 0)$
　　　　답 ③

15 $\overline{\mathrm{CP}} = \sqrt{5^2 - 4^2} = 3$
$\overline{\mathrm{BP}} = \overline{\mathrm{AP}} = 4$
$\triangle\mathrm{CAP} \backsim \triangle\mathrm{BDP}$(AA닮음)이므로
$\overline{\mathrm{CP}} : \overline{\mathrm{BP}} = \overline{\mathrm{CA}} : \overline{\mathrm{BD}}$, 즉 $3 : 4 = 5 : \overline{\mathrm{BD}}$
$\therefore \overline{\mathrm{BD}} = \dfrac{20}{3}$
　　　　답 $\dfrac{20}{3}$

16 원 O에서
$\overline{\mathrm{PT}}^2 = 4(4+4) = 32$
원 O'에서 $\overline{\mathrm{PT}}^2 = 3 \times \overline{\mathrm{PD}}$, 즉 $32 = 3 \times \overline{\mathrm{PD}}$이므로
$\overline{\mathrm{PD}} = \dfrac{32}{3}$
$\therefore \overline{\mathrm{CD}} = \dfrac{32}{3} - 3 = \dfrac{23}{3}$
　　　　답 $\dfrac{23}{3}$

17 원 O에서 $\overline{\mathrm{PA}} \times \overline{\mathrm{PB}} = \overline{\mathrm{PE}} \times \overline{\mathrm{PF}}$
원 O'에서 $\overline{\mathrm{PC}} \times \overline{\mathrm{PD}} = \overline{\mathrm{PE}} \times \overline{\mathrm{PF}}$
따라서 $\overline{\mathrm{PA}} \times \overline{\mathrm{PB}} = \overline{\mathrm{PC}} \times \overline{\mathrm{PD}}$,
즉 $3 \times \overline{\mathrm{PB}} = 2 \times (10 - 2)$이므로
$3\overline{\mathrm{PB}} = 16$ 　　$\therefore \overline{\mathrm{PB}} = \dfrac{16}{3}$ 　　답 ④

18 원 O에서 $\overline{\mathrm{PT}}^2 = 5 \times (5+3) = 40$
원 O'에서 $\overline{\mathrm{PT}}^2 = 4 \times (4 + \overline{\mathrm{CD}})$
즉, $40 = 4 \times (4 + \overline{\mathrm{CD}})$이므로 $\overline{\mathrm{CD}} = 6$
　　　　답 6

19 원 O에서 $\overline{PT}^2=4\times(4+5)=36$
∴ $\overline{PT}=6$
$\overline{PT'}=\overline{PT}=6$이므로 $\overline{TT'}=12$

답 12

20 ∠BAP는 공통, ∠ABP=∠AQB이므로
∴ △ABP∽△AQB(AA닮음)
따라서 $\overline{AB}:\overline{AQ}=\overline{AP}:\overline{AB}$에서
$12:\overline{AQ}=9:12$이므로
$\overline{AQ}=16$(cm)
∴ $\overline{PQ}=16-9=7$(cm)   **답** ③

21 $\overline{PT}^2=\overline{PA}\times\overline{PB}$, 즉 $\overline{PT}^2=4\times(4+12)$이므로
∴ $\overline{PT}=8$
∠P는 공통, ∠PTA=∠PBT이므로
∴ △PAT∽△PTB(AA닮음)
따라서 $\overline{PA}:\overline{PT}=\overline{AT}:\overline{TB}$,
즉 $4:8=\overline{AT}:12$이므로
$\overline{AT}=6$ **답** 6

22 ∠ATP=∠ABT이므로 ∠APT=∠ATP
즉, △APT는 $\overline{AP}=\overline{AT}$인 이등변삼각형이다.
∴ $\overline{PA}=\overline{AT}=3$(cm)
$\overline{PT}^2=\overline{PA}\times\overline{PB}$이므로 $\overline{PT}^2=3\times(3+4)=21$
∴ $\overline{PT}=\sqrt{21}$(cm)   **답** ④

23 $\overline{PT}^2=\overline{PA}\times\overline{PB}$, 즉 $\overline{PA}:\overline{PT}=\overline{PT}:\overline{PB}$이므로
△PAT∽△PTB
∴ ∠ABT=∠PBT=∠PTA=48°   **답** 48°

24 원 O′에서 $\overline{AP}^2=6\times(6+6)$
∴ $\overline{AP}=6\sqrt{2}$(cm)
∠APO′=∠AQB=90°, ∠A는 공통이므로
△APO′∽△AQB(AA닮음)
즉, $\overline{AP}:\overline{AQ}=\overline{AO'}:\overline{AB}$에서
$6\sqrt{2}:\overline{AQ}=9:12$이므로
$9\overline{AQ}=72\sqrt{2}$ ∴ $\overline{AQ}=8\sqrt{2}$(cm)
답 $8\sqrt{2}$cm

P. 155~156

Step4 유형클리닉

1 $\overline{AD}$를 그으면 □ABCD가 원에 내접하므로
∠ADC=180°-76°=104°
∠DAT=104°-64°=40°
∴ ∠x=∠DAT=40°
△ABC에서
∠ACB=180°-(76°+42°)=62°
∴ ∠y=∠ACB=62°
답 ∠x=40°, ∠y=62°

1-1 ∠x+45°=110°   ∴ ∠x=65°   **답** 65°

1-2 ∠BAT=∠BDA=70°
∠CDA+∠CBA=180°,
즉, (35°+70°)+∠x=180°
∴ ∠x=75°   **답** 75°

2 $\overline{AB}=3\times3=9$(cm)이고
$\overline{PA}\times\overline{PB}=\overline{PC}\times\overline{PD}$이므로 $\overline{PC}=x$cm라 하면
$3\times(3+9)=x\times2x$, $2x^2=36$
∴ $x=3\sqrt{2}$ **답** $3\sqrt{2}$cm

2-1 $x\times(x+x+2)=3\times(3+5)$, 즉 $2x^2+2x=24$
$x^2+x-12=0$, $(x-3)(x+4)=0$
∴ $x=3(∵x>0)$ **답** 3

2-2 $\overline{AP}=x$cm라 하면 $\overline{BP}=(10-x)$cm이므로
$x\times(10-x)=3\times3$, $x^2-10x+9=0$
$(x-1)(x-9)=0$ ∴ $x=1$ 또는 $x=9$
$\overline{AP}<\overline{BP}$, 즉 $x<10-x$이므로
$x=1$ **답** 1cm

3 오른쪽 그림과 같이 $\overline{AB}$, $\overline{OA}$의 연장선이 원 O와 만나는 점을 각각 C, D, E라 하자.

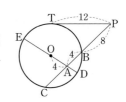

$\overline{PT}^2=\overline{PB}\times\overline{PC}$이므로

$12^2=8\times\overline{PC}$　　∴ $\overline{PC}=18$

∴ $\overline{AC}=\overline{PC}-\overline{PA}=18-(4+8)=6$

원 O의 반지름의 길이를 r라 하면

$\overline{AB}\times\overline{AC}=\overline{AD}\times\overline{AE}$에서

$4\times6=(r-4)\times(r+4)$

$r^2=40$　　∴ $r=2\sqrt{10}$

답 $2\sqrt{10}$

3-1 $\overline{PT}=\overline{PC}=2\sqrt{10}\,(cm)$이므로 $\overline{PA}=x\,cm$라

하면

$\overline{PT}^2=x(x+6)$, 즉 $40=x^2+6x$

$x^2+6x-40=0$, $(x-4)(x+10)=0$

∴ $x=4(\because x>0)$

답 $4\,cm$

3-2 $\overline{BC}=x\,cm$라고 하면 $\overline{AD}^2=2(2+x)=4+2x$

직각삼각형 BDA에서

$(2+x)^2=4+2x+7^2$

$x^2+2x-49=0$

∴ $x=-1\pm\sqrt{50}$

$x>0$이므로 $x=-1+5\sqrt{2}$

답 $(-1+5\sqrt{2})\,cm$

4 $\angle ABP=\angle AQC$, $\angle BAP=\angle QAC$이므로

$\triangle ABP\backsim\triangle AQC$(AA닮음)

$\overline{AP}=x$라 하면 $\overline{AB}:\overline{AQ}=\overline{AP}:\overline{AC}$에서

$6:(x+1)=x:5$, 즉 $x^2+x-30=0$

$(x-5)(x+6)=0$

∴ $x=5(\because x>0)$

답 5

4-1 $\angle BAE=\angle EAC=\angle EBC$,

$\angle AEB=\angle BED$이므로

$\triangle ABE\backsim\triangle BDE$(AA닮음)

즉, $\overline{BE}:4=16:\overline{BE}$에서 $\overline{BE}^2=64$

∴ $\overline{BE}=8$

답 8

4-2 $\angle BAE=\angle DAC$, $\angle AEB=\angle ACD$이므로

$\triangle ABE\backsim\triangle ADC$(AA닮음)

$\overline{AB}:\overline{AD}=\overline{AE}:\overline{AC}$, 즉 $10:4=\overline{AE}:6$이

므로

$4\overline{AE}=60$에서 $\overline{AE}=15$

∴ $\overline{DE}=15-4=11$

답 11

P. 157

Step5 서술형 만점 대비

1 오른쪽 그림과 같이 원의
중심 O에서 $\overline{BC}$에 내린
수선의 발을 H라 하면
$\angle BCT=\angle BAC$

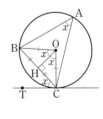

$=\dfrac{1}{2}\angle BOC$

또, $\overline{OB}=\overline{OC}=2\,cm$, $\overline{CH}=\dfrac{1}{2}\overline{BC}=\dfrac{3}{2}\,cm$이

므로 직각삼각형 OHC에서

$\cos(90°-x)=\cos(\angle OCH)$

$=\dfrac{\overline{CH}}{\overline{OC}}=\dfrac{\dfrac{3}{2}}{2}=\dfrac{3}{4}$　　답 $\dfrac{3}{4}$

채점 기준	
$\angle BCT$와 크기가 같은 각 찾기	20%
원의 중심에서 현에 내린 수선은 현을 이등분함을 알기	40%
답 구하기	40%

2 $\overline{OT}$를 그으면 ∠OTP$=90°$이므로

$\overline{PT}=x$라 하면

$\overline{OT}=\overline{OB}=\overline{OA}=x\tan 45°=x$

또, $\overline{PT}^2=\overline{PB}\times\overline{PA}$이므로

$x^2=2\times(2+2x),\ x^2-4x-4=0$

∴ $x=2\pm\sqrt{(-2)^2+4}=2\pm 2\sqrt{2}$

$x>0$이므로 $x=2+2\sqrt{2}$ 　　**답** $2+2\sqrt{2}$

채점 기준	
원 O의 반지름의 길이를 $\overline{PT}$에 대한 식으로 나타내기	40%
접선과 할선 사이의 관계를 이용하여 식 세우기	40%
답 구하기	20%

3 $\overline{PA}^2=\overline{PB}\times\overline{PC}$, 즉 $6^2=4\times\overline{PC}$에서

$\overline{PC}=9$이므로 $\overline{BC}=9-4=5$

$\triangle PAC=\dfrac{1}{2}\times 9\times 6\times\sin 45°=\dfrac{27\sqrt{2}}{2}$

$\overline{PB}:\overline{BC}=4:5$이므로

$\triangle ABC=\dfrac{5}{9}\times\triangle PAC=\dfrac{5}{9}\times\dfrac{27\sqrt{2}}{2}=\dfrac{15\sqrt{2}}{2}$

　　답 $\dfrac{15\sqrt{2}}{2}$

채점 기준	
$\overline{BC}$의 길이 구하기	30%
$\triangle PAC$의 넓이 구하기	30%
답 구하기	40%

4 $\overline{ND}$를 그으면 ∠AND$=90°$이므로

□NBCD는 직사각형이다.

$\overline{BM}^2=\overline{BN}\times\overline{BA}=\overline{CD}\times\overline{BA}=4\times 9=36$

∴ $\overline{BM}=6$(cm)

∠OMC$=90°$이므로 $\overline{BM}=\overline{CM}$

∴ $\overline{BC}=6+6=12$(cm)

∴ □ABCD$=\dfrac{1}{2}\times(9+4)\times 12=78$(cm^2)

　　답 78cm^2

채점 기준	
$\overline{ND}$를 그어 $\overline{BN}=\overline{CD}$임을 알기	30%
$\overline{BM}$의 길이 구하기	30%
$\overline{BC}$의 길이 구하기	20%
답 구하기	20%

P. 158~160

Step 6 도전 1등급

1 $\overline{AP}=\overline{BP}$, $\overline{AQ}=\overline{CQ}$이므로 두 점 P, Q는 각각 $\overline{AB}$, $\overline{AC}$의 중점이다.

따라서 삼각형의 중점 연결 정리에 의해

$\overline{PQ}=\dfrac{1}{2}\overline{BC}=\dfrac{1}{2}\times 8=4$(cm) 　　**답** 4cm

2 △ABC와 원 O'의 접점을 P, Q, R라 하고

$\overline{AP}=x$cm라 하면

$\overline{AB}=20$cm이므로

$\overline{BP}=(20-x)$cm

$=\overline{BQ}$

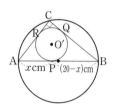

따라서 $\overline{AC}=(x+4)$cm, $\overline{BC}=(24-x)$cm이므로

$\triangle ABC=\triangle ABO'+\triangle BCO'+\triangle CAO'$

$\quad=\dfrac{1}{2}\times 20\times 4+\dfrac{1}{2}\times(24-x)\times 4$

$\qquad+\dfrac{1}{2}\times(x+4)\times 4$

$\quad=40+48-2x+2x+8$

$\quad=96$(cm^2) 　　**답** 96cm^2

3 점 O에서 $\overline{BC}$에 내린 수선의 발을 E라 하면

$\overline{AD}=\overline{BC}=\overline{AB}=\overline{CD}=25$(cm)

$\overline{OP}^2=\overline{PE}^2+\overline{OE}^2$이므로 $\overline{OP}=x$cm라고 하면

$\overline{PE}=(8-x)$cm, $\overline{OE}=(25-x)$cm이므로

△OPE에서

$x^2=(x-8)^2+(25-x)^2,\ x^2-66x+689=0$

$(x-13)(x-53)=0$

∴ $x=13\left(\because\dfrac{25}{2}<x<25\right)$

∴ $\overline{PQ}=2\overline{PE}=2\times(13-8)=10$(cm)

　　답 ③

4 $\overline{AB}:\overline{AC}=\overline{BD}:\overline{CD}$, 즉 $\overline{AB}:\overline{AC}=4:5$이므로 $\overline{AB}=4k$, $\overline{AC}=5k(k>0)$로 놓으면 직각삼각형 ABC에서

$(5k)^2=9^2+(4k)^2$ 　　∴ $k=3$

따라서 $\overline{AB}=12$, $\overline{AC}=15$이므로 내접원의 반지름의 길이를 r라 하면

$15=(12-r)+(9-r)$ $\therefore r=3$

답 3

5 $\overline{BE}$를 그으면

$\angle ABE=\dfrac{1}{2}\angle AOE=\dfrac{1}{2}\times74°=37°$

□BCDE가 원에 내접하므로

$\angle EBC+\angle CDE=180°$

$\therefore \angle B+\angle D=\angle ABE+\angle EBC+\angle CDE$

$\qquad\qquad\quad=37°+180°=217°$

답 ②

6 $\angle B=\angle x$라 하면 □ABCD가 원에 내접하므로

$\angle CDP=\angle x$

△BCQ에서 $\angle QCP=\angle x+20°$

△DCP에서 $\angle CDP+\angle DCP+34°=180°$이므로

$\angle x+(\angle x+20°)+34°=180°$

$2\angle x=126°$ $\therefore \angle x=63°$

답 63°

7 $\overline{OB}=\overline{OP}$이므로 $\angle OPB=\angle OBP=31°$

$\therefore \angle POA=31°+31°=62°$

또, $\angle OPQ=\angle BOQ=31°$이므로

$\angle POQ=180°-(\angle POA+\angle BOQ)$

$\qquad\qquad=180°-(62°+31°)=87°$

답 87°

8 $\overline{PQ}=\overline{PT}=12(cm)$이므로

$\overline{PB}=12+6=18(cm)$

$\overline{PT}^2=\overline{PA}\times\overline{PB}$이므로

$12^2=\overline{PA}\times18$ $\therefore \overline{PA}=8(cm)$

답 8cm

9 $\overline{PC}\times\overline{PB}=\overline{PD}\times\overline{PE}$이므로 $4\times\overline{PB}=5\times\overline{PE}$

$\therefore \overline{PB}=\dfrac{5}{4}\overline{PE}$

또, $\overline{PB}\times\overline{PA}=\overline{PE}\times\overline{PF}$이므로

$\dfrac{5}{4}\overline{PE}\times\overline{PA}=\overline{PE}\times30$ $\therefore \overline{PA}=24$

답 24

10 원 O에서 $\overline{PA}\times\overline{PB}=\overline{PE}\times\overline{PF}$이므로

$6(6+x)=8(8+10)$ $\therefore x=18$

원 O'에서 $\overline{PC}\times\overline{PD}=\overline{PE}\times\overline{PF}$이므로

$9(9+y)=8(8+10)$ $\therefore y=7$

$\therefore x+y=25$

답 25

11 $\angle ACB=\angle AEB$, $\angle BAD=\angle CAD$이므로

△ABE∽△ADC(AA닮음)

$\overline{AD}=x\,cm$라고 하면 $\overline{AB}:\overline{AD}=\overline{AE}:\overline{AC}$,

즉 $8:x=(x+6):5$에서 $x(x+6)=40$

$x^2+6x-40=0$, $(x-4)(x+10)=0$

$x>0$이므로 $x=4$

답 4cm

12 $\overline{CH}=\overline{HE}=d$라 하면

$\overline{AB}^2=\overline{BC}\times\overline{BE}$, 즉 $12^2=6\times(6+2d)$

$\therefore d=9$

△ODH에서 $\overline{DH}=9-6=3$이므로

$\overline{OH}=\sqrt{4^2-3^2}=\sqrt7$

답 $\sqrt7$

P. 161~164

Step 7 대단원 성취도 평가

1 원 O의 반지름의 길이를 $r\,cm$라 하면

$\overline{OD}=(r-6)cm$이므로 △OAD에서

$r^2=8^2+(r-6)^2$, $12r=100$

$\therefore r=\dfrac{25}{3}$

답 ④

정답 및 해설

2 $\overline{AP}=12\times\dfrac{3}{4}=9cm$, $\overline{BP}=3cm$

$\overline{CP}=\overline{DP}$이므로 $9\times3=\overline{CP}^2$

$\therefore \overline{CP}=3\sqrt{3}(cm)$

답 ④

3 $\overline{AF}=\overline{AD}=4$, $\overline{BD}=\overline{BE}=6$,

$\overline{CE}=\overline{CF}=3$이므로 △ABC의 둘레의 길이는

$(4+6)+(6+3)+(3+4)=26$

답 ③

4 원O와 $\overline{AB}$, $\overline{BC}$, $\overline{CA}$의 접점을 각각 P, Q, R

라 하고 $\overline{CQ}=\overline{CR}=x$cm라 하면

$\overline{BQ}=(8-x)cm$, $\overline{AR}=(6-x)cm$이므로

$\overline{AB}=\overline{AP}+\overline{BP}$에서 $5=(6-x)+(8-x)$

$\therefore x=\dfrac{9}{2}$

따라서 △DEC의 둘레의 길이는

$\overline{CQ}+\overline{CR}=\dfrac{9}{2}+\dfrac{9}{2}=9(cm)$

답 ②

5 △OBC는 $\overline{OB}=\overline{OC}$인 이등변삼각형이므로

$\angle OBC=\angle OCB=29°$

$\therefore \angle AOC=2\times29°=58°$

답 ②

6 $\overline{OD}$를 그으면

$\angle BOD=2\angle BAD=2\times26°=52°$

$\widehat{BD}=\widehat{CD}$이므로 $\angle COD=\angle BOD=52°$

$\angle AOC=180°-(52°+52°)=76°$이므로

$\angle ADC=\dfrac{1}{2}\times\angle AOC=\dfrac{1}{2}\times76°=38°$

답 ④

7 $\angle BCD=\angle BAD=15°$

△DCQ에서 $\angle ADC=15°+40°=55°$

△APD에서 $\angle APC=15°+55°=70°$

답 ⑤

8 □ABCD가 원에 내접하므로

$94°+(\angle x+30°)=180°$ $\therefore \angle x=56°$

답 ⑤

9 $\overline{AC}=\overline{AD}$이므로 $\angle D=\angle C=30°$

$\therefore \angle CAD=180°-(30°+30°)=120°$

답 ④

10 $\overline{BC}=12\times\sin60°=6\sqrt{3}(cm)$이고

$\angle BCD=\angle CAB=60°$이므로

$\overline{BD}=6\sqrt{3}\times\sin60°=9(cm)$

$\overline{CD}=6\sqrt{3}\times\cos60°=3\sqrt{3}(cm)$

$\therefore △BCD=\dfrac{1}{2}\times3\sqrt{3}\times9=\dfrac{27\sqrt{3}}{2}(cm^2)$

답 ④

11 원O에서 $\overline{PA}\times\overline{PB}=\overline{PE}\times\overline{PF}$,

원O′에서 $\overline{PC}\times\overline{PD}=\overline{PE}\times\overline{PF}$

이므로 $\overline{PA}\times\overline{PB}=\overline{PC}\times\overline{PD}$,

즉 $4\times(4+8)=6\times\overline{PD}$에서 $\overline{PD}=8$

$\therefore \overline{CD}=\overline{PD}-\overline{PC}=8-6=2$

답 ②

12 □PQDB가 원에 내접하므로

$\angle y=\angle B=93°$

□ACQP도 원에 내접하므로

$\angle A+\angle y=180°$ $\therefore \angle A=180°-93°=87°$

$\angle x=2\times\angle A=2\times87°=174°$이므로

$\angle x-\angle y=81°$

답 ②

13 무대의 양 끝을 A, B, 공

연장의 중심을 O라 하고

$\overline{AO}$의 연장선이 원 O와

만나는 점을 Q라 하자.

$\angle AQB=\angle APB=30°$

이고 $\overline{AB}=10m$이므로 공연장의 지름 $\overline{AQ}$의 길

이는

$\overline{AQ}=\dfrac{\overline{AB}}{\sin30°}=10\div\dfrac{1}{2}=20(m)$

답 ③

14 □ABCD가 원에 외접하므로

$\overline{AB}+\overline{CD}=\overline{BC}+\overline{AD}$, 즉 $9+\overline{CD}=14+6$

$\therefore \overline{CD}=11(cm)$

답 11 cm

15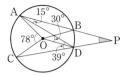

$\overline{AD}$를 그으면

$\angle BAD = \dfrac{1}{2}\angle BOD = \dfrac{1}{2}\times 30^\circ = 15^\circ$

$\angle ADC = \dfrac{1}{2}\angle AOC = \dfrac{1}{2}\times 78^\circ = 39^\circ$

$\triangle ADP$에서 $\angle APD = 39^\circ - 15^\circ = 24^\circ$

🖎 24°

16 네 점 A, B, C, D가 한 원 위에 있으므로

$\angle BDC = \angle BAC = 64^\circ$

$\angle B + \angle D = 180^\circ$이므로

$76^\circ + (\angle x + 64^\circ) = 180^\circ$

$\therefore \angle x = 40^\circ$

$\angle BAD = \angle DCE = 110^\circ$이므로

$\angle DAC = 110^\circ - 64^\circ = 46^\circ$

$\therefore \angle y = 180^\circ - (46^\circ + 40^\circ) = 94^\circ$

🖎 $\angle x = 40^\circ$, $\angle y = 94^\circ$

17 $\overline{PT}^2 = \overline{PA}\times\overline{PB} = 4\times(4+12) = 64$

$\therefore \overline{PT} = 8$

$\angle PTA = \angle PBT$, $\angle P$는 공통이므로

$\triangle PTA \backsim \triangle PBT (AA닮음)$

$\overline{PT}:\overline{PB} = \overline{TA}:\overline{BT}$,

즉 $8:(4+12) = \overline{TA}:12$이므로

$\overline{TA} = 6$

🖎 6

18 $\overline{TH}$가 원 O의 접선이므로

$\angle BTH = \angle BAT$

$\overline{AB}$가 원 O의 지름이므로 $\angle ATB = 90^\circ$

따라서 $\triangle ABT \backsim \triangle TBH (AA닮음)$이므로

$9:x = x:4$ $\therefore x = 6$

직각삼각형 BTH에서 $y = \sqrt{6^2 - 4^2} = 2\sqrt{5}$

$\therefore xy = 12\sqrt{5}$

🖎 $12\sqrt{5}$

채점 기준	
$\triangle ABT \backsim \triangle TBH$임을 알기	2점
x의 값 구하기	1점
y의 값 구하기	1점
답 구하기	1점

19 (1) $\overline{OC}$를 그으면

$\angle OCP = 90^\circ$, $\angle BOC = 2\times 30^\circ = 60^\circ$

$\overline{OC} = \overline{OB} = 6\,\text{cm}$이므로

$\overline{PC} = 6\tan 60^\circ = 6\sqrt{3}\,(\text{cm})$

$\overline{BP} = x\,\text{cm}$라고 하면

$\overline{PC}^2 = \overline{PB}\times\overline{PA}$, 즉 $(6\sqrt{3})^2 = x(x+12)$

$x^2 + 12x - 108 = 0$, $(x-6)(x+18) = 0$

$\therefore x = 6 (\because x > 0)$

(2) $\angle AOC = 180 - 60^\circ = 120^\circ$이므로

$\triangle APC = \triangle OPC + \triangle OCA$

$\qquad = \dfrac{1}{2}\times 6\sqrt{3}\times 6$

$\qquad\quad + \dfrac{1}{2}\times 6\times 6\times \sin(180^\circ - 120^\circ)$

$\qquad = 18\sqrt{3} + 9\sqrt{3} = 27\sqrt{3}\,(\text{cm}^2)$

🖎 (1) 6 cm (2) $27\sqrt{3}\,\text{cm}^2$

채점 기준	
$\overline{BP}$의 길이 구하기	4점
$\triangle APC$의 넓이 구하기	2점

기말고사 대비　　　　　　　　　　　　P. 165~169

내신 만점 테스트 3회

1 $\overline{AB}=\sqrt{3^2+4^2}=5$이므로

① $\sin A=\dfrac{3}{5}$　　　② $\cos B=\dfrac{3}{5}$

③ $\tan B=\dfrac{4}{3}$

④ $\sin B-\cos A=\dfrac{4}{5}-\dfrac{4}{5}=0$

⑤ $\tan A=\dfrac{3}{4}$이므로

　　$\tan A\times\tan B=\dfrac{3}{4}\times\dfrac{4}{3}=1$　　답 ③

2 $\tan C=\dfrac{\overline{AB}}{\overline{BC}}=\dfrac{15}{8}$이므로 $\overline{AB}=15k$, $\overline{BC}=8k$

라고 하면 직각삼각형 ABC에서

$34^2=(15k)^2+(8k)^2$, $k^2=4$

∴ $k=2\ (\because k>0)$

따라서 $\overline{AB}=30$, $\overline{BC}=16$이므로

$\triangle ABC=\dfrac{1}{2}\times16\times30=240$　　답 ②

3 (ㄱ) $\sin 90°=1$　　(ㄴ) $\cos 45°=\dfrac{\sqrt{2}}{2}$

(ㄷ) $\cos 60°=\dfrac{1}{2}$　　(ㄹ) $\cos 90°=0$

(ㅁ) $\sin 60°=\dfrac{\sqrt{3}}{2}$　　(ㅂ) $\tan 60°=\sqrt{3}$

따라서 그 값을 크기가 작은 것부터 나열하면

(ㄹ)-(ㄷ)-(ㄴ)-(ㅁ)-(ㄱ)-(ㅂ)이다.　　답 ⑤

4 $A=\sqrt{3}+1-0=\sqrt{3}+1$,

$B=\dfrac{\sqrt{3}}{2}+\dfrac{\sqrt{3}}{2}-1=\sqrt{3}-1$이므로

$A-B=(\sqrt{3}+1)-(\sqrt{3}-1)=2$　　답 ⑤

5 원의 중심에서 현에 내린 수선은 현을 이등분하

므로 $\overline{AH}=\overline{BH}$

∴ $x=7$　　답 ④

6 $\overline{PA}\times\overline{PB}=\overline{PC}\times\overline{PD}$이므로

$6\times3=x\times2$　　∴ $x=9$　　답 ③

7 사각형 ABCD가 원 O에 외접하므로

$\overline{AB}+\overline{CD}=\overline{AD}+\overline{BC}$, 즉 $6+9=x+2x$

$3x=15$　　∴ $x=5$　　답 ③

8 $\angle B=60°$, $\overline{BC}=8$cm이므로

$\triangle ABC=\dfrac{1}{2}\times5\times8\times\sin 60°=10\sqrt{3}(\text{cm}^2)$

∴ $\triangle AMC=\dfrac{1}{2}\triangle ABC=5\sqrt{3}(\text{cm}^2)$　　답 ④

9 $\overline{OD}=\overline{OE}$이므로 $\overline{AB}=\overline{AC}$

즉, $\triangle ABC$가 이등변삼각형이므로

$\angle B=\dfrac{1}{2}\times(180°-50°)=65°$　　답 ②

10 원의 중심 O에서 $\overline{AB}$에 내린 수선의 발을 E라

하면 $\overline{AB}=\overline{AC}$이므로 $\overline{OE}=\overline{OD}=3$cm

∴ $\triangle OAB=\dfrac{1}{2}\times6\times3=9(\text{cm}^2)$　　답 ②

11 $\triangle ABC$에서 $\angle A=180°-(40°+55°)=85°$

따라서 □ABCD가 원에 내접하므로 한 외각의

크기는 그 내대각의 크기와 같다.

∴ $\angle DCE=\angle A=85°$　　답 ③

12 $\overline{AC}$를 그으면 $\angle BAC=35°$, $\angle DAC=45°$이

므로 $\angle x=35°+45°=80°$　　답 ⑤

13 $\angle AFC=\angle ADC=90°$이므로 네 점 A, F,

D, C는 한 원 위에 있다.

따라서 $\overline{BF}\times\overline{BA}=\overline{BD}\times\overline{BC}$이므로

$6\times\overline{BA}=5\times(5+7)$에서 $\overline{BA}=10$

∴ $\overline{AF}=\overline{BA}-\overline{BF}=10-6=4$　　답 ①

14 점 M이 직각삼각형 ABC의 빗변의 중점이므

로 점 M은 $\triangle ABC$의 외심이다.

따라서 $\overline{AM}=\overline{CM}$이고 $\angle AMC=60°$이므로

$\triangle AMC$는 정삼각형이다.

즉, $\angle ACM=60°$이므로 $\triangle ABC$에서

$\dfrac{\overline{AB}}{\overline{AC}}=\tan 60°=\sqrt{3}$　　답 ③

15 ① $y=0$을 대입하면 $x=-4$ $\therefore$ A$(-4,\ 0)$

② y절편이 2이므로 B$(0,\ 2)$

③ $\overline{\text{AB}}=\sqrt{4^2+2^2}=2\sqrt{5}$

④ $\tan a=$(기울기)$=\dfrac{1}{2}$

⑤ 직각삼각형 AOB에서 $\cos a=\dfrac{4}{2\sqrt{5}}=\dfrac{2\sqrt{5}}{5}$

따라서 옳지 않은 것은 ⑤이다.   답 ⑤

16 $\overline{\text{BF}}=\overline{\text{BD}}$이므로

$\angle\text{BDF}=\angle\text{BFD}=\dfrac{1}{2}\times(180°-34°)=73°$

또, $\angle\text{EDC}=\angle x$이므로

$73°+65°+\angle x=180°$ $\therefore \angle x=42°$ 답 ②

17 원의 중심에서 현에 내린 수선은 그 현을 이등분

하므로 $\overline{\text{AM}}=\overline{\text{BM}}=4\,\text{cm}$

원 O의 반지름의 길이를 $r\,\text{cm}$라고 하면

$\overline{\text{OA}}=r\,\text{cm}$, $\overline{\text{OM}}=(r-2)\,\text{cm}$이므로 직각삼각

형 OAM에서 $r^2=4^2+(r-2)^2$, $4r=20$

$\therefore r=5$ 답 $5\,\text{cm}$

18 $\overline{\text{OB}}$의 연장선이 원 O와 만

나는 점을 D라 하면

$\angle\text{BAC}=\angle\text{BDC}$,

$\angle\text{BCD}=90°$

$\overline{\text{BD}}=2\times6=12\,(\text{cm})$이므

로

$\overline{\text{CD}}=\sqrt{12^2-9^2}=3\sqrt{7}\,(\text{cm})$

$\therefore \sin A+\cos A=\sin D+\cos D$

$=\dfrac{9}{12}+\dfrac{3\sqrt{7}}{12}=\dfrac{3+\sqrt{7}}{4}$

답 $\dfrac{3+\sqrt{7}}{4}$

19 $\angle$P는 공통, $\angle\text{PTA}=\angle\text{PBT}$이므로

$\triangle\text{PTA}\backsim\triangle\text{PBT}$ (AA 닮음)

즉, $\overline{\text{PT}}:\overline{\text{PB}}=\overline{\text{TA}}:\overline{\text{BT}}$에서

$8:12=\overline{\text{TA}}:9$이므로

$\overline{\text{TA}}=6$ 답 6

20 $\overline{\text{OR}}$를 그으면

$\angle\text{AOR}=2\times\angle\text{APR}=2\times55°=110°$이므로

$\angle\text{BOR}=180°-110°=70°$

$\therefore \angle\text{BQR}=\dfrac{1}{2}\times\angle\text{BOR}=\dfrac{1}{2}\times70°=35°$

답 $35°$

21 $\overline{\text{PA}}\times\overline{\text{PB}}=\overline{\text{PE}}\times\overline{\text{PF}}=\overline{\text{PC}}\times\overline{\text{PD}}$이므로

$5(5+13)=6\times(6+x)$, $6x=54$

$\therefore x=9$ 답 9

22 $\tan A=\dfrac{3}{2}$인 직각삼각형을 그

리면 오른쪽 그림과 같고

$\overline{\text{AB}}=\sqrt{2^2+3^2}=\sqrt{13}$이므로

$\cos A=\dfrac{2}{\sqrt{13}}$, $\cos B=\dfrac{3}{\sqrt{13}}$

$\therefore \dfrac{\tan A+1}{\cos A}\times\cos B$

$=\left(\dfrac{3}{2}+1\right)\div\dfrac{2}{\sqrt{13}}\times\dfrac{3}{\sqrt{13}}$

$=\dfrac{5}{2}\times\dfrac{\sqrt{13}}{2}\times\dfrac{3}{\sqrt{13}}$

$=\dfrac{15}{4}$ 답 $\dfrac{15}{4}$

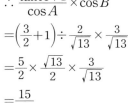

채점 기준	
$\tan A=\dfrac{3}{2}$을 만족하는 직각삼각형 그리기	2점
$\cos A$, $\cos B$의 값 구하기	2점
답 구하기	2점

23 $\overparen{\text{AM}}=\overparen{\text{BM}}$이므로 $\angle\text{AQM}=\angle\text{BAM}$

$\angle\text{QAM}=\angle\text{BAM}-\angle\text{QAP}$

$=\angle\text{AQM}-\angle\text{QAP}=\angle\text{APM}$

따라서 $\triangle\text{AQM}\backsim\triangle\text{PAM}$ (AA 닮음)이므로

$\overline{\text{AM}}:\overline{\text{PM}}=\overline{\text{QM}}:\overline{\text{AM}}$,

즉 $\overline{\text{AM}}^2=\overline{\text{PM}}\times\overline{\text{QM}}$

즉, $9^2=(6+\overline{\text{PQ}})\times6$에서 $6\overline{\text{PQ}}=45$

$\therefore \overline{\text{PQ}}=\dfrac{15}{2}\,(\text{cm})$ 답 $\dfrac{15}{2}\,\text{cm}$

채점 기준	
$\angle\text{AQM}=\angle\text{BAM}$임을 알기	1점
$\angle\text{QAM}=\angle\text{APM}$임을 알기	2점
닮은 삼각형을 찾아 식 세우기	3점
답 구하기	1점

내신 만점 테스트 4회

1 $\sin 30° \times \tan 45° - \sin 90° \times \cos 60°$

$= \dfrac{1}{2} \times 1 - 1 \times \dfrac{1}{2} = 0$ 답 ①

2 ⑤ $\angle ADB = \angle ACB = 57°$이므로 네 점 A, B, C, D는 한 원 위에 있다. 답 ⑤

3 △AHC에서 $\overline{AH} = 8 \times \cos 60° = 4$이므로 직각삼각형 ABH에서 $\overline{BH} = \sqrt{5^2 - 4^2} = 3$

$\therefore \tan x = \dfrac{\overline{BH}}{\overline{AH}} = \dfrac{3}{4}$ 답 ③

4 $\sin 60° + \cos 30° = \dfrac{\sqrt{3}}{2} + \dfrac{\sqrt{3}}{2} = \sqrt{3}$

즉, $x^2 - 2ax + 3 = 0$의 한 근이 $\sqrt{3}$이므로

$(\sqrt{3})^2 - 2\sqrt{3}a + 3 = 0$, $2\sqrt{3}a = 6$

$\therefore a = \sqrt{3}$ 답 ④

5 $\overline{OA}$를 그으면 $\angle OAB = 90°$이므로

$\angle OAC = 115° - 90° = 25°$

$\overline{OA} = \overline{OC}$이므로

$\angle ACB = \angle OAC = 25°$ 답 ①

6 $\overline{OD} = \overline{OE} = \overline{OF}$이고 원의 중심에서 같은 거리에 있는 현의 길이는 모두 같으므로 △ABC는 정삼각형이다. 또, 세 점 D, E, F는 각 변의 중점이므로 △ABC는 한 변의 길이가 4 cm인 정삼각형이다.

$\therefore \triangle ABC = \dfrac{\sqrt{3}}{4} \times 4^2 = 4\sqrt{3} (\text{cm}^2)$ 답 ③

7 네 점 A, B, C, D가 한 원 위의 점이므로

$\angle CBD = \angle CAD = 18°$

$\therefore \angle x = 80° - 18° = 62°$ 답 ④

8 원 O에서 $\overline{PT}^2 = \overline{PA} \times \overline{PB}$이므로

$(6\sqrt{2})^2 = 6 \times (6 + x)$, $6x = 36$

$\therefore x = 6$

원 O′에서 $\overline{PA} \times \overline{PB} = \overline{PC} \times \overline{PD}$이므로

$6 \times (6 + 6) = 4 \times (4 + y)$, $4y = 56$

$\therefore y = 14$

$\therefore x + y = 20$ 답 ③

9 $\overline{AD}$를 그으면 $\angle ADC = \dfrac{1}{6} \times 180° = 30°$

$\angle BAD = \dfrac{1}{5} \times 180° = 36°$

따라서 △PAD에서

$\angle x = 180° - (36° + 30°) = 114°$ 답 ②

10 $0° < A < 90°$일 때 $0 < \sin A < 1$이므로

$\sin A + 1 > 0$, $\sin A - 1 < 0$

$\therefore \sqrt{(\sin A + 1)^2} + \sqrt{(\sin A - 1)^2}$

$= \sin A + 1 - (\sin A - 1) = 2$ 답 ⑤

11 (직선의 기울기) $= \tan a = \dfrac{2}{5}$ 답 ④

[참고] $\tan a = \dfrac{2}{5}$이면

$\sin a = \dfrac{2}{\sqrt{29}}$, $\cos a = \dfrac{5}{\sqrt{29}}$

12 $\overline{CH}$, $\overline{DG}$를 그으면 □ABCH가 원에 내접하므로

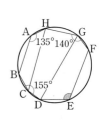

$\angle BCH = 180° - 135°$
$= 45°$

$\therefore \angle DCH = 155° - 45° = 110°$

또, □CDGH도 원에 내접하므로

$\angle DGH = 180° - 110° = 70°$

$\therefore \angle DGF = 140° - 70° = 70°$

□DEFG도 원에 내접하므로

$\angle E = 180° - 70° = 110°$ 답 ②

13 $\angle B = 90°$이므로 $\overline{AC}$는 원의 지름이다. 원의 반지름의 길이를 r라고 하면 어두운 부분인 활꼴의 넓이는

$\dfrac{\pi r^2}{4} - \dfrac{1}{2} r^2 = 2(\pi - 2)$, $r^2 = 8$

$\therefore r = 2\sqrt{2}$ 답 ④

14 $\angle BCD = \angle ABC = 30°$(엇각)이고 $\overline{OD}$를 그으면 $\angle BOD = 60°$

△OAB에서 $\angle OAB = 30°$이므로

$\angle AOB = 180° - (30° + 30°) = 120°$

$\overset{\frown}{AB} : \overset{\frown}{BD} = 120 : 60$, 즉 $\overset{\frown}{AB} : 8 = 120 : 60$이므로

$\overset{\frown}{AB} = 16$　　　　　**탑** ③

15 $\overline{AB}$의 연장선이 원 O와 만나는 점을 C라 하면

$\overline{PT}^2 = \overline{PB} \times \overline{PC}$이므로

$12^2 = 8 \times \overline{PC}$　　$\therefore \overline{PC} = 18$

$\overline{BC} = \overline{PC} - \overline{PB} = 10$이고 $\overline{OA} \perp \overline{BC}$이므로 점 A는 $\overline{BC}$의 중점이다.

따라서 $\overline{AB} = \dfrac{1}{2}\overline{BC} = 5$이고 직각삼각형 OAB에서

$\overline{OB} = \sqrt{3^2 + 5^2} = \sqrt{34}$　　　　**탑** ②

16 △CAH에서 $\angle ACH = 90° - 27° = 63°$이므로

$\overline{AH} = \overline{CH} \times \tan 63°$　　　…… ㉠

△CBH에서 $\angle BCH = 90° - 50° = 40°$이므로

$\overline{BH} = \overline{CH} \times \tan 40°$　　　…… ㉡

$\overline{AB} = \overline{AH} + \overline{BH} = 200$m이므로 ㉠, ㉡에서

$\overline{CH} \times \tan 63° + \overline{CH} \times \tan 40° = 200$

$\overline{CH} \times (\tan 63° + \tan 40°) = 200$

$\therefore \overline{CH} = \dfrac{200}{\tan 63° + \tan 40°}$(m)　　**탑** ①

17 $\overline{AC} = 10$, $\overline{BD} = 22$이므로

$\square ABCD = \dfrac{1}{2} \times 10 \times 22 \times \sin(180° - 150°)$

$= \dfrac{1}{2} \times 10 \times 22 \times \sin 30°$

$= 55$　　　　**탑** 55

18 점 A에서 밑변 BC에 내린 수선의 발을 H라 하면

$\overline{AH} = 8 \times \sin 60°$

$= 4\sqrt{3}$(cm)

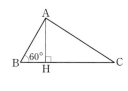

$\overline{BH} = 8 \times \cos 60° = 4$(cm)

$\overline{CH} = \overline{BC} - \overline{BH} = 11$(cm)이므로 직각삼각형 AHC에서

$\overline{AC} = \sqrt{(4\sqrt{3})^2 + 11^2} = 13$(cm)

탑 13cm

19 $\overline{PA} \times \overline{PB} = \overline{PC} \times \overline{PD}$이므로

$4 \times (4+5) = 3 \times (3+x)$, $3x = 27$　　$\therefore x = 9$

$\overline{PT}^2 = \overline{PC} \times \overline{PD}$이므로

$y^2 = 3 \times (3+9) = 36$　　$\therefore y = 6$

$\therefore x + y = 15$　　　　**탑** 15

20 $\overline{OT}$를 그으면 $\angle TOB = 2 \times 55° = 110°$

$\angle OTP = 90°$, $\angle COT = 180° - 110° = 70°$이므로 △OPT에서

$\angle CPT = 180° - (70° + 90°) = 20°$　　**탑** 20°

21 $\overline{AC}$를 그으면 $\angle APT = \angle PCA$　　…… ㉠

$\square ACDB$가 원에 내접하므로

$\angle PCA = \angle ABD = 71°$　　　…… ㉡

㉠, ㉡에서 $\angle APT = 71°$　　　**탑** 71°

22 $\overline{AB} = \overline{AC}$에서 $\overset{\frown}{AB} = \overset{\frown}{AC}$이므로

$\angle BQA = \angle ABC$

$\angle BAQ$는 공통이므로

△ABP∽△AQB (AA 닮음)

따라서 $\overline{AB} : \overline{AQ} = \overline{AP} : \overline{AB}$,

즉 $\overline{AB}^2 = \overline{AQ} \times \overline{AP}$에서

$\overline{AB}^2 = (9+3) \times 9 = 108$

$\therefore \overline{AC} = \overline{AB} = 6\sqrt{3}$　　　**탑** $6\sqrt{3}$

채점 기준	
$\overset{\frown}{AB} = \overset{\frown}{AC}$임을 알기	1점
닮은 삼각형을 찾아 식 세우기	3점
답 구하기	2점

23 원 밖의 한 점에서 원에 그은 두 접선의 길이는 같으므로 $\overline{AP} = \overline{AQ}$

$\overline{AP} = x$라 하면 △APQ$= 16$이므로

$\dfrac{1}{2} \times x \times x \times \sin 30° = 16$, $x^2 = 64$

$\therefore x = 8$ ($\because x > 0$)

$\overline{BC}$와 원 O의 접점을 R라 하면

(△ABC의 둘레의 길이)

$=\overline{AB}+\overline{BC}+\overline{AC}=\overline{AB}+(\overline{BR}+\overline{CR})+\overline{AC}$

$=\overline{AB}+(\overline{BP}+\overline{CQ})+\overline{AC}$

$=(\overline{AB}+\overline{BP})+(\overline{CQ}+\overline{AC})$

$=\overline{AP}+\overline{AQ}=2\overline{AP}=2\times8=16$ 답 16

채점 기준	
$\overline{AP}=\overline{AQ}$임을 알기	2점
$\overline{AP}$의 길이 구하기	3점
답 구하기	2점

문제은행

3000제
꿀꺽수학 하

단계별 반복 구성으로 수학에 대한 자신감 상승!
학교 시험 완벽 대비를 위한 최고의 선택!

수학은 문제 풀이로 시작해서 문제 풀이로 끝나는 과목이라고 해도 과언이 아니다. 제아무리 수학의 기본 원리와 공식을 줄줄 꿰고 있더라도 문제에 적용할 수 없다면 좋은 성적을 얻기 힘들다. 결국, 수학을 잘하기 위해서는 많은 문제를 반복해서 여러 번 풀어 보는 것이 가장 좋은 방법이다.

수학은국력 문의전화 02-6343-0992 | 정가 11,000원